近地轨道卫星设计

Low Earth Orbit Satellite Design

[美]乔治·塞贝斯丁(George Sebestyen)
[美]史蒂夫·藤川(Steve Fujikawa)
[美]尼古拉斯·加拉西(Nicholas Galassi)
[美]亚历克斯·楚赫拉(Alex Chuchra)
著

于龙江　谢亚恩　赵　晗　吴限德　译

国防工业出版社

·北京·

内容简介

本书主要介绍近地轨道卫星任务设计、电源子系统、姿态确定与控制子系统、卫星结构、展开机制、热控系统、运载器接口、地面站系统、地面运控、抗辐加固、星载软件和通信子系统等软硬件设计方法，以及低成本设计与开发和系统工程管理与项目管理等研制方法，并以航天器设计实例对全书方法进行了验证。

本书可作为航天领域工程设计人员的参考，也可作为航天专业高年级本科生、研究生的教材。

著作权合同登记 图字：军 -2020 -030 号

图书在版编目(CIP)数据

近地轨道卫星设计/(美)乔治·塞贝斯丁(George Sebestyen)等著；于龙江等译．—北京：国防工业出版社，2023.5

书名原文：Low Earth Orbit Satellite Design

ISBN 978 -7 -118 -12708 -9

Ⅰ.①近… Ⅱ.①乔… ②于… Ⅲ.①非同步卫星 - 设计 Ⅳ.①V474

中国国家版本馆 CIP 数据核字(2023)第 053805 号

※

国防工业出版社 出版发行
(北京市海淀区紫竹院南路 23 号 邮政编码 100048)
三河市腾飞印务有限公司印刷
新华书店经售
*
开本 710 × 1000 1/16 **印张** 17¼ **字数** 416 千字
2023 年 5 月第 1 版第 1 次印刷 **印数** 1—1500 册 **定价** 128.00 元

(本书如有印装错误，我社负责调换)

国防书店：(010)88540777 书店传真：(010)88540776
发行业务：(010)88540717 发行传真：(010)88540762

译 者 序

近地轨道卫星以其成本低、周期短、参与门槛低等优势,逐渐成为未来航天型号研制和发射部署的主要方向。近地轨道卫星的研制涉及学科多、技术体系庞大,包括动力学与控制、结构与机构、热控、通信、电力电子、运载器接口、地面运控、抗辐加固和星载软件等的软硬件设计。近地轨道卫星对研制成本敏感,低成本设计与开发和系统工程管理与项目管理等已经成为其型号论证和研制的重点。本书由美国 George Sebestyen 先生等所著,主要介绍近地轨道卫星各分系统研制的基本方法,结合作者工作经验,重点分析和解决近地轨道卫星的工程、设计问题。本书可作为航天领域工程设计人员的参考用书,也可作为航天专业学生的教材。

本书的英文原版由施普林格出版社于 2018 年出版,全书内容丰富、技术先进,是一本不可多得的实用教材,在航天领域广受欢迎。鉴于此,现特将此书翻译成中文,以方便国内读者使用。

本书获得装备科技译著出版基金资助出版。在本书翻译及成稿过程中,孙瑜奇、杨海岳、王佩臣、郝勇、吴畏、杨玉恒、张泽华、冯浩龙、白文彬等博/硕士给予了大量的支持与帮助,在此表示感谢。

全书由于龙江、谢亚恩、赵晗、吴限德、宋祥帅、王佩臣、郝勇、吴畏、杨玉恒、张泽华、冯浩龙、白文彬、李宇哲、马松靖、徐丞隆、孙瑜奇、麻清楠、杨海岳、王钰尧、杨若楚等历时一年进行翻译和校对。由于译者水平有限,难免会出现纰漏和不妥,恳请读者不吝赐教。

前　　言

《空间任务分析与设计》(*Space Mission Analysis and Design*)于1991年出版，这是第一本全面论述空间和航天器系统设计的专著。该书目前仍是介绍空间系统设计最全面的著作。虽然后来的版本涵盖了一些航天器硬件设计问题，但其重点仍是空间任务的分析和设计，而不是航天器硬件本身的设计。

自1991年以来，人们对LEO航天器的兴趣大幅提高，该领域的年轻工作者数量也大幅增加。立方星的出现，使得正在建造和发射的卫星数量激增。

本书旨在对《空间任务分析与设计》进行补充，其专注于航天器硬件和软件的设计，并可为新一批太空爱好者提供设计太空硬件和软件所需的工具。本书的结尾给出了一个航天器设计案例。鼓励读者使用本书中提供的电子表格和方程完成案例所提出的设计，从而巩固在本书中学到的所有知识。

乔治·塞贝斯丁

于美国弗吉尼亚州麦克林

2016年12月

目　　录

绪　论

本书主要供航天器实际设计师群体阅读,并未全面阐述地球环境、天体动力学或航天器任务设计,而是涵盖航天器硬件设计所需的内容。书中假设航天器任务已经被定义和具体化。最后给出了一个示例供读者参考。

第 1 章空间环境,描述了磁场、重力加速度、太阳辐射和反照率辐射。这些都是量化的,卫星设计师可以在开发电力、姿态控制和推进系统时使用,阐述了大气阻力和倾斜力矩计算方法,可供 ADACS 和推进系统设计师使用。

第 2 章卫星任务,描述了近地轨道卫星的各种轨道类型、卫星和小型低轨道卫星数量的增长,还包含成像卫星及其设计的详细说明,提供了设计方程和图表。本章最后讨论了卫星星座、星座部署及其轨位保持方法。

第 3 章轨道和卫星相关的几何描述,从定义航天器轨道要素开始,计算星下点轨迹、地面站访问时间和仰角,涵盖了最常用的几何关系、轨道周期、各种最小仰角的过顶持续时间、远离航天器地面轨迹的地面站如何看到航天器,以及过顶持续时间和峰值仰角如何受到地面站最近会遇点(CPA)的影响。

第 4 章电力子系统设计,详细说明了轨道平均功率(OAP)和电池容量的计算过程,讨论了如何计算一组太阳能电池板产生的瞬时功率和平均功率,最后给出了电力子系统的框图。

第 5 章卫星通信,讨论了航天器的频率分配、调制类型和前向纠错。给出了不同误码率和调制类型所需的 E_b/N_o。建立了典型航天器天线和大型碟形地面站的有关仰角函数的射频链路方程。描述了各种天线及其增益模式。最后给出了通过在链路裕度变化时改变数据速率,以及通过在高增益和低增益天线之间切换来提高航天器吞吐量的方法。

第 6 章卫星数字硬件,简要介绍了 C&DH、ADACS 和图像或实验处理数字计算机的选择。

第 7 章姿态确定与控制系统,描述了各种 ADACS 系统,以及如何使用任务需求来满足 ADACS 需求。讨论了各种姿态控制系统,重力梯度、俯仰偏置动量、三轴零动量和自旋稳定系统。介绍了 ADACS 的组件、软件开发、集成和测试以及在轨检测方法。

第 8 章航天器软件,描述了软件体系结构、航天器软件执行的功能以及如何执行这些功能,最后讨论了软件开发方法。

第 9 章卫星结构,描述了各种结构构型及其优缺点,以及详细的结构分析过程。

第 10 章展开机制,描述了太阳能电池板和天线展开以及运载火箭分离的常见机制。

第 11 章推进,描述了冷气体和肼推进系统,计算了航天器快速部署到其轨位所需的速度增量,以及轨位保持在星座内所需的速度增量。

第 12 章热设计,描述了热平衡方程,以及通过应用表面光洁度和创建传导与辐射路径来改变航天器热性能的方法,介绍了建立航天器热模型、进行温度预测、将模型预测与热真空试验数据关联的方法,最后给出了一个点设计示例。

第 13 章抗辐射性、可靠性和冗余,讨论了辐射强化、冗余和可靠性,以及屏蔽、冗余的使用和计算可靠性方法。

第 14 章集成与测试,描述了航天器的集成过程,并讨论了组件和系统级测试过程。

第 15 章运载火箭和有效载荷接口,介绍了几种运载火箭的特性以及航天器的振动环境,航天器的设计必须适应这些条件。描述了作为主要和次要有效载荷的航天器机械接口。

第 16 章地面站和地面保障设备,描述了地面站的功能以及航天器设计者必须了解的地面站操作方面内容。

第 17 章航天器运维,包括航天器运维期间使用的功能和显示。

第 18 章低成本设计与开发,描述了降低航天器成本的过程和项目管理方法。

第 19 章系统工程与项目管理,描述了从需求流到子系统规范的系统工程过程,给出了权衡分析的例子。描述了开发文档过程,并介绍了各种报告,如 PDR 和 CDR。最后给出了工作说明书和工作分解结构的一个详细示例。

第 20 章航天器设计实例,根据客户对航天器的需求声明制定技术要求,并描述航天器硬件的初步设计过程。鼓励读者根据这些要求进行自己的点设计。

第 21 章可下载数据表,描述了航天器设计中经常用到的 29 种计算。可以下载这些电子表格,并根据设计师的具体要求进行调整。

第1章 空间环境

本章讨论航天器硬件设计中的空间环境和相关问题。

1.1 空间环境

1.1.1 地磁场

在磁纬度0°时,地球表面地磁场强度约为30000nT。地磁强度与地心距的立方成反比,并随纬度的变化而变化。式(1.1)为纳特级标量磁场(Magnetic Field,MF)的简化偶极子模型。图1.1给出了地球周围的磁场图及其随高度H、磁纬度φ的变化情况。R为地球半径。根据国际地磁场模型,参考文献[71]的附录H给出了地磁场的精确模型,模型中根据高度、纬度、经度和时间来计算地磁场。

$$\mathrm{MF(nT)}=30000[R/(R+H)]^3[1+3(\sin\varphi)^2]^{0.5} \tag{1.1}$$

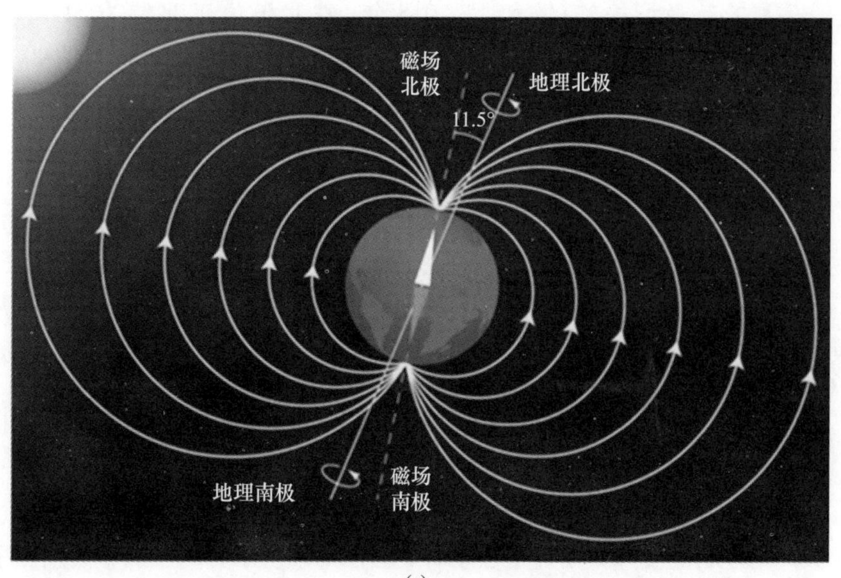

(a)

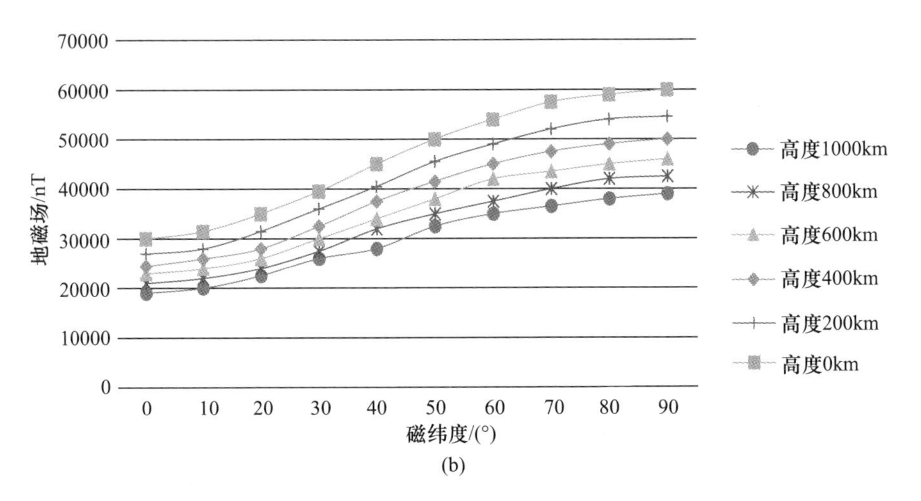

(b)

图 1.1 (a) 地磁场; (b) 地球磁场与高度和磁纬度的关系

在图 1.1(a)中,中纬度磁场的方向几乎与地球表面平行,状似被“吸入”极点。某些立方星(CubeSat)利用该场在中纬度与地球几乎平行的特性,将航天器的某一维度与当地地平线对齐。该类航天器包含一个水平磁棒。在中纬度区域,磁棒将自身与磁力线对齐,在一定程度上稳定航天器。当航天器接近极地上空时,通常会先被“吸入”再翻转。

地磁场是随时间变化的场。地磁场模型每 7 年更新一次。若要说明磁场的变化,还需参考磁场极点的运动。2015 年,磁北极位于北纬 86.27°,西经 159.18°。磁南极位于南纬 62.26°,东经 136.59°。北极每年向北漂移约 40 英里(1 英里 =1.609km)。磁场也越来越弱。

1.1.2 太阳能

航天器的热源有太阳直接辐射、地球对太阳的反照率(Albedo)和地球向外长波的辐射。太阳入射率变化范围为 1322 ~ 1414W/m^2,中值为 1367W/m^2。

地球反照率和地球向外长波辐射随高度和位置而变化。地球反照辐射基本在可见光范围内,平均反射率为 0.3,即入射太阳能的 30% 被地球全向反射。赤道附近的反射系数低于 0.25,极地反射系数约为 0.7。

如何避免大量入射热量是大多数航天器设计需要应对的挑战。

1.1.3 残余大气

大气密度与高度和太阳黑子活动有关。图 1.2 所示为高、低、中太阳黑子数时大气密度与高度的关系。

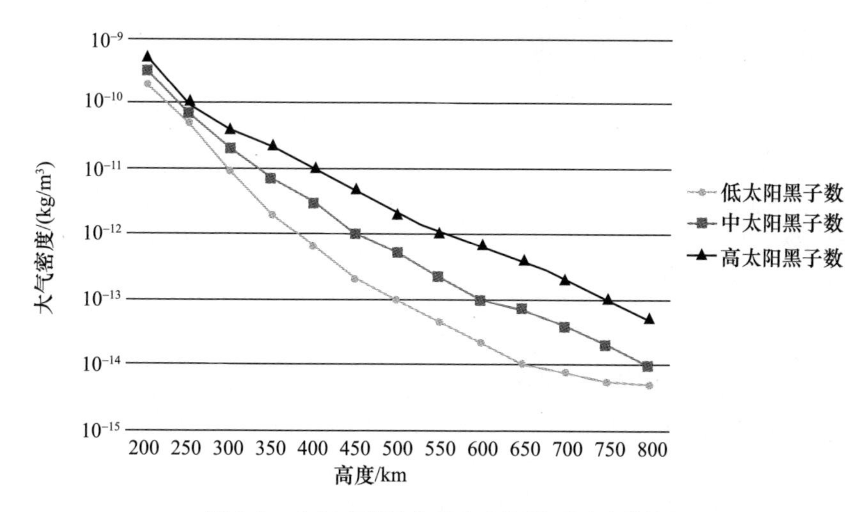

图 1.2　大气密度随高度和太阳黑子活动曲线

某一高度的大气密度随太阳黑子变化显著。太阳黑子活动遵循图 1.3 所示的“7 年周期”变化规律。虚线为预测值。

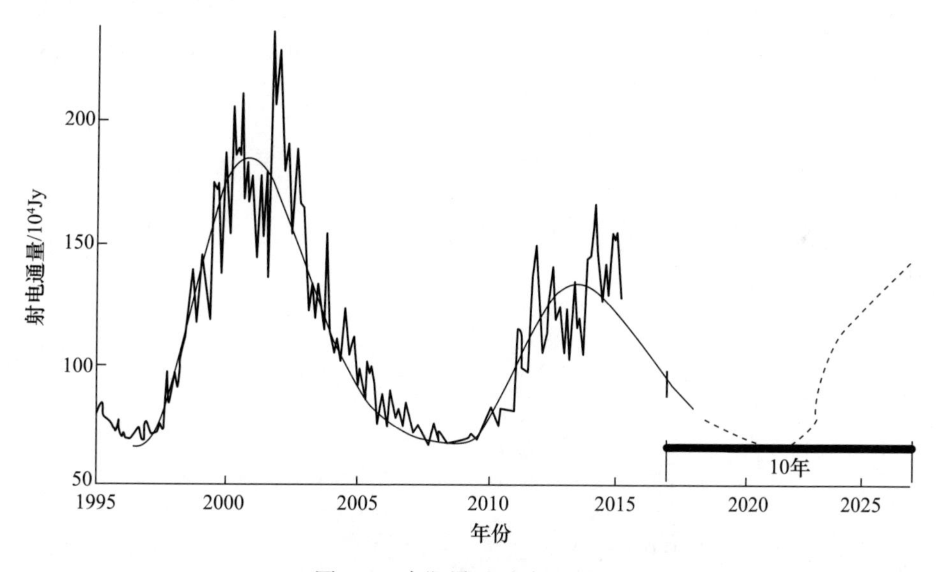

图 1.3　太阳黑子活动(NASA)

近地轨道高度(约低于 650km)上,大气密度对航天器的阻力明显,导致其高度降低。如果航天器重心(Center of Gravity,CG)和压力中心(Center of Pressure,CP)相距较远,大气阻力会产生气动力矩。由于太阳黑子活动严重影响低高度的大气密度,航天器的任务寿命中必须考虑太阳黑子活动。

1.1.4 重力和重力梯度

地球表面的重力加速度为 9.806m/s^2,与高度的平方成反比。函数关系如式(1.2)所示,其中,以 m/s^2 为单位的 $G(H)$ 是高度 H 处的重力加速度。重力加速度梯度是个非常重要的量,它决定了具有重力梯度悬臂的航天器的工作性能。此类航天器利用重力梯度为航天器质量、重力梯度悬臂和末端质量的摆锤运动生成恢复力。第 7 章将进一步介绍此方面内容。空间环境的其他详细内容见参考文献[3,36,72]。

$$G(H) = 9.806[6378.14/(6378.14 + H)]^2 \tag{1.2}$$

式中:H 为高度(km)。

1.2 地球与航天器坐标系

任意时刻在轨航天器的位置由 6 个开普勒轨道参数确定。有时会采用远地点和近地点代替偏心率与半长轴来描述轨道的大小和形状。图 1.4 为轨道要素说明。

半长轴	a	轨道长轴的一半,$a = R + (H_A - H_P)/2$,其中 H_A 为远地点,H_P 为近地点,R 为地球半径
偏心率	e	$e = (H_A - H_P)/a$
倾角	i	轨道平面和赤道平面的夹角
近地点幅角	ω	升交点和近地点间的角度距离
近地点通过时间	T	时间
升交点经度	Ω	春分点与航天器穿越赤道向北飞行时的经度差(°)

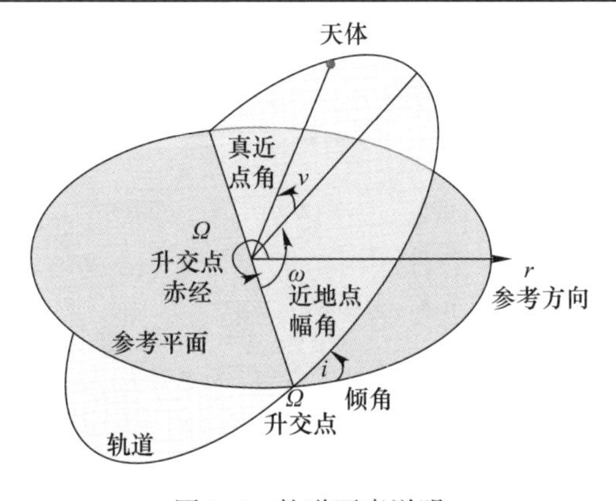

图 1.4 轨道要素说明

轨道根数偶尔会以两行根数表示。例如：

```
THOR ABLESTAR R/B1

1 00047U 60007C 96198.95303667 -.00000008 +00000-0 +24803-4 005026 2
2 00047 066.6626 011.9766 0252122 190.4009 169.1818 14.34618735877842
```

第二行包含轨道要素。具体如图 1.5 所示。

起始位	结束位	字数	描述	
1	1	1	行号识别	
3	7	5	星表号数	
9	16	8	轨道倾角 (°)	1
18	25	8	升交点赤经	2
27	33	7	十进制偏心率 w	3
35	42	8	近地点幅角	4
44	51	8	平近点角 (°)	5
53	63	11	平均运动 (每天圈数)	6
64	68	5	时间段内圈数	
69	69	1	校验模块 10	

图 1.5　两行轨道根数

1.3　其他空间环境问题

地球的自转轴相对于其围绕太阳公转的轨道平面倾斜 23.5°。因此，太阳在一年中相对于赤道平面上下移动达 ±23.5°。

日－地距离在 147166462km（1 月 3 日左右）到 152171522km（7 月 4 日左右）之间，平均距离为 149597870.7km。

太阳和月球的图像对角均约为 0.52°。星载光学仪器需要考虑角度问题，避免无意中误指向太阳或月球。

戈达德太空飞行中心（Goddard Space Flight Center，GSFC）恒星表提供了恒星的角位置信息。基于该恒星表，航天器可以根据星敏感器观测到的恒星确定卫星位置与姿态。

第2章 卫星任务

2.1 卫星轨道

使用频率最高的轨道如图2.1所示。极轨道是轨道平面穿过极点的轨道。轨道倾角为90°,通常为圆形。地球在轨道内自转,因此卫星可以观测整个地球。

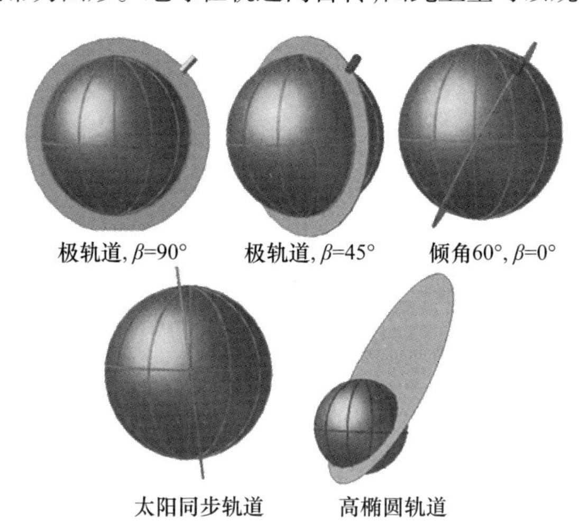

图2.1 从太阳位置看到的极轨道、倾角、太阳同步和高椭圆轨道

β角是太阳位置线和轨道平面间的角度。$\beta=0°$的极地轨道上,太阳可看到轨道边缘。$\beta=90°$(左上图)的极地轨道上,在任意时刻,太阳在垂直入射方向可看到轨道。当需要中纬度区域覆盖时,使用$\beta=45°$的极轨道及倾角为60°的轨道。前三个图也是天底指向航天器示意图。

太阳同步轨道为近极地轨道,因此,每天同一时刻航天器都可以看到地球上同一点。例如,高度540km、倾角97.8°的轨道,可以准确描述每天15条轨道情况,且航天器可以在同一时间点观测地球上的每个点。这些轨道上的航天器必然会在上午某个时间段飞过地球的特定区域,因此十分有利于成像。

若航天器必须低空飞过地球上某一指定区域,通常会选取低近地点椭圆轨道,但低轨道高度下,任务寿命较短。由于轨道是椭圆形的,卫星在较高轨道飞行时间较长，从而减少平均阻力并最大化监视时间。椭圆轨道的一个特例是Molnya大椭圆轨道。其远地点轨道高度为40000km，轨道周期为12h。该轨道上的飞行器完成一次对北半球的观测需要半天时间。

GPS卫星轨道高度为20180km，轨道倾角为55°。32颗卫星为导航系统提供了不间断的全球覆盖。

本书未提及静止轨道卫星，高度为35786km的圆形轨道，周期为24h，因此卫星看似静止于地球某点上方。这种轨道用于商业通信和电视广播行业。

2.2　卫星现状

根据维基百科数据，2015年约有1100颗在轨卫星处于运行状态，约有2600颗已停止工作。50多个国家拥有某种航天器项目。2015年共发射航天器86颗，其中包括32颗地球同步轨道（Geostationary Orbit，GEO）卫星，44颗低轨道（Low Earth Orbit，LEO）卫星。此外，2014年发射立方星33颗，不包含在2015年已发射或在轨卫星之内。到目前为止，共发射立方星约300颗，另有150颗立方星正在制造中。

GEO卫星任务主要用于通信或电视信号。另有中轨道（Middle Earth Orbit，MEO）卫星（例如GPS）为用户提供导航服务，其余几乎都为LEO卫星。低轨道卫星的服务涉及天气、科学、通信、地球观测和成像领域。从2014年至2023年，小型LEO卫星数量飞速增长，年均小型LEO卫星发射数量预计将达到115颗。

图2.2和图2.3所示为某些有代表性的LEO卫星。

图2.2　重量180磅，轨道倾角89.5°，轨道高度756×887km，重力梯度稳定的通信卫星

图 2.3　两个 170 磅的极轨数字存储转发通信卫星

图 2.2 中的卫星拥有爆炸螺栓分离系统,图 2.3 显示了卫星与运载火箭的水平对接。两颗卫星都已发射,一颗在另一颗上方。

图 2.4 ~ 图 2.7 所示卫星体现了 LEO 卫星、轨道、稳定方法、推进系统以及太阳电池阵和天线展开方法的极大多样性。

图 2.4　重量 190 磅,极轨道高度 800km,装有 17 个可展开天线的雷达校准卫星

图2.5　重量400磅、极轨道高度822km的三轴俯仰偏置动量稳定卫星。万向碟形天线(Gimbaled Dish Antenna,GDA)和可展开太阳能电池板

图2.6　重量900磅、高度548km、轨道倾角40°、肼推进、三轴稳定、带有三个反作用飞轮和有驱动装置的可展开太阳能电池板的卫星

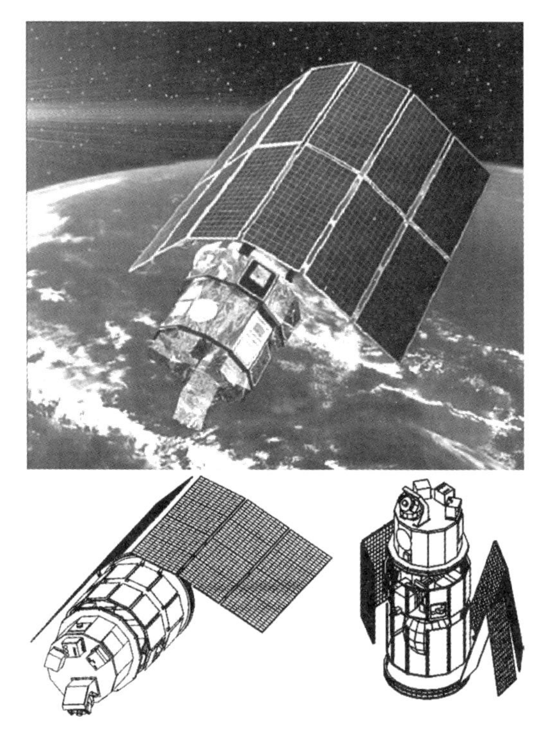

图 2.7　高度 430×1375km、倾角 68.9°的轨道上，重量 579 磅的装有三个反作用飞轮、肼推进、可展开太阳能电池板的三轴稳定卫星

2.3　卫星成像

成像卫星用于遥感和拍摄地球点阵或条带图像。为观测整个地球，遥感卫星通常在极轨道或近极轨道上运行。近极轨道普遍是太阳同步轨道，因此可以在每天同一时间观测地球上的任一指定位置。图 2.8 所示为成像卫星轨道和成像卫星示例。

如图 2.9 所示，成像卫星大体上可分为两种。某些成像卫星水平“飞行”，其望远镜与地平线平行。这类卫星利用其望远镜前端的 45°椭圆反光镜拍摄地球。要改变成像位置，只需要以俯仰滚转方式移动反光镜。无须改变卫星自身姿态即可达到对拍摄目标的俯仰偏置稳定，省去了两个反作用飞轮的成本和重量。此类卫星的优点之一是易于实现指向敏捷；另一个优点是其横截面较小，气动阻力较小。由于航天器质心和压力中心实际上是重合的，不存在气动扭矩。但是此类卫星也有缺点，如为了给望远镜前端的万向反光镜留出空间，航天器要长很多。

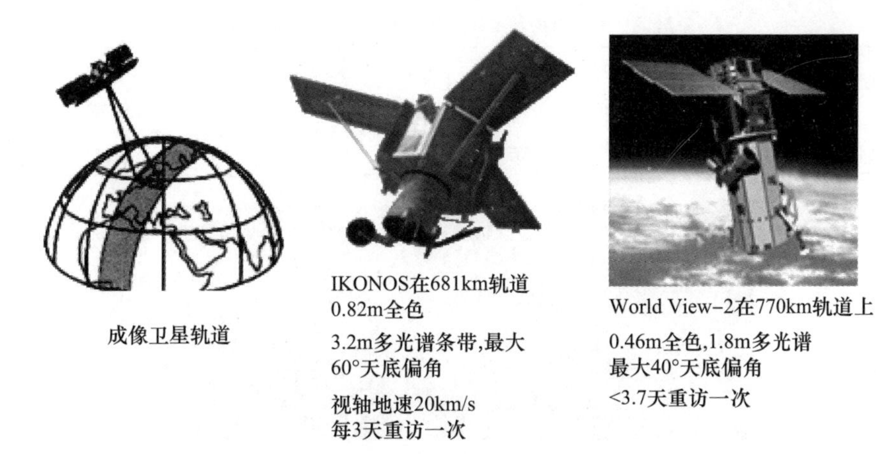

图 2.8　成像卫星轨道和成像卫星示例

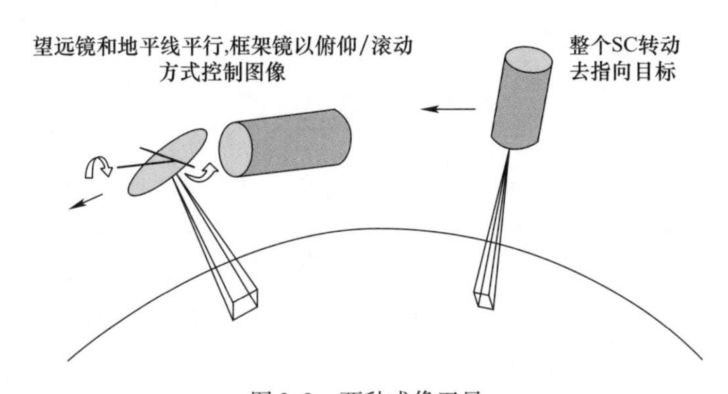

图 2.9　两种成像卫星

大多数成像卫星要指向地面目标,要切换目标点,必须改变卫星姿态。三轴稳定系统的反作用飞轮要足够大,才能实现任务所需的对目标点敏捷。

2.3.1　成像载荷原理

大多数成像卫星都装有观测地球的望远镜,成像区域在望远镜瞄准点的中心。望远镜衍射极限决定地面分辨率大小,如图 2.10 顶部的公式所示。衍射极限(DL)、望远镜孔径(Q)、轨道高度(H)和波长(λ)均以米为单位。图 2.10 给出飞行器轨道高度 540km、望远镜直径 35cm、三个波长的衍射极限。衍射极限取决于波长,在 0.753 ~ 1.223m 之间变化。

通常地面采样距离(GSD)定义为地面几何分辨率,如图 2.10 底部的公式。卫星高度(H)、望远镜焦距(FL)和摄像机像元尺寸(P)决定卫星 GSD(地心向量)。在天底偏角 ϕ 处,GSD 增加 $1/\cos\phi$。

望远镜衍射极限决定地面分辨率大小 $DL = 1.22\lambda H/D$

波长 λ/m	4.0×10^{-7}	5.0×10^{-7}	6.5×10^{-7}
望远镜孔径/m	0.35	0.35	0.35
衍射极限 (距离 540km) /m	0.753	0.941	1.223

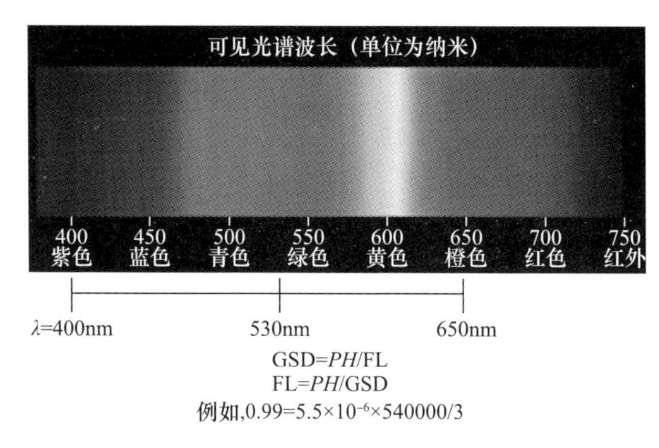

图 2.10　衍射极限和波长的函数

图 2.10 为 $\phi=0$、$H=540$km、相机像元尺寸 P 为 5.5×10^{-6}m、望远镜焦距为 3m、望远镜孔径为 35cm 的卫星的数值示例，计算 GSD = 0.99m。

可在立方星上安装一个 10cm 孔径的望远镜，实验中望远镜最大孔径为 35cm。注意，由望远镜的焦距（对于给定的像素尺寸相机）确定的几何分辨率与示例中的衍射极限高度匹配。换言之，由于直径决定了衍射极限无法提高，通过增加焦距提高分辨率并不实用。注意 $F\# = FL/D\approx 8.57$。在该示例中，相机像元尺寸是 5.5μm，如 Truesense（柯达）KAI－16050 16MP CCD 阵列，如图 2.11 所示。

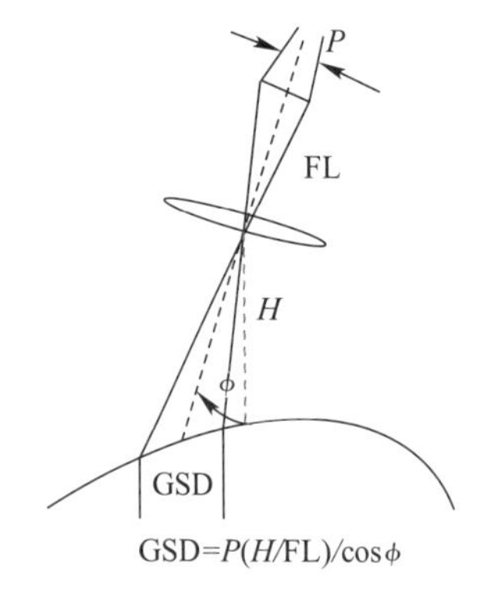

$GSD = 1.22\lambda H/D$
FL= 3.00m
P= 5.5×10^{-6}m

H /km	D /cm	GSD (天底指向)	衍射极限 /m
400	35	0.73	0.70
450	35	0.83	0.78
500	35	0.92	0.87
550	35	1.01	0.96
600	35	1.10	1.05
650	35	1.19	1.13
700	35	1.28	1.22
750	35	1.38	1.31
800	35	1.47	1.39

$F\# = FL/D = 8.57$

$GSD = PH/FL$
FL= 0.85m
P= 5.5×10^{-6}m

D /cm	GSD (天底指向)	衍射极限 /m
10	2.59	2.44
10	2.91	2.75
10	3.24	3.05
10	3.56	3.36
10	3.88	3.66
10	4.21	3.97
10	4.53	4.27
10	4.85	4.58
10	5.18	4.88

$F\# = FL/D = 8.50$

图 2.11　几何分辨率和衍射极限

2.3.2 望远镜

典型的卡塞格林(Cassagrain)望远镜如图 2.12 所示。主镜(Primary Mirror, PM)反射入射光,再由辅镜(Secondary Mirror,SM)反射到相机焦平面。但是,光线首先通过矫正透镜,见图中中心筒。由于卡塞格林望远镜将光路折叠两次,望远镜的实际长度约为焦距的一半。

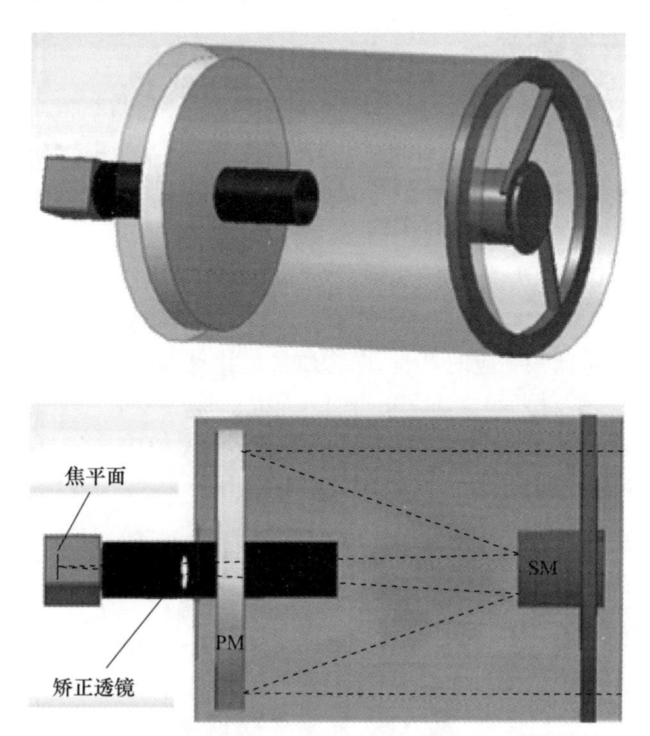

图 2.12　具备照相机和射线路径的卡塞格林望远镜

为确保望远镜遭遇空间温度变化时仍保持聚焦,望远镜几乎全部由零温度系数材料制成。确定望远镜保持聚焦可接受的尺寸变化或延伸程度是非常复杂的问题,这里不予讨论。但是,根据简单的经验法则,温度变化引起的望远镜焦距变化不会将光斑直径扩大到超过 1/2 相机 CCD(Charge Coupled Device,电荷耦合器件)像元尺寸的程度。对于直径 35cm、标称焦距 3.0m、像元尺寸 5.5×10^{-6}的望远镜,其焦距变化约为 0.047mm。由于光路是折叠的,望远镜尺寸变化不会超过 0.023mm。望远镜的热设计必须保证望远镜在空间温度变化范围内的稳定性。

这是一项非常具有挑战性的工作。望远镜构造中常用材料为铝、石墨环氧树脂和因瓦合金 36，温度系数各不相同，分别为 22.2pp/m/℃，2.1pp/m/℃ 和 1.2pp/m/℃。望远镜长度约为 1.5m。

允许望远镜结构的伸长率非常小，为 7.66ppm。如果由铝制成，最大耐受温度变化仅为 0.345℃。如果用石墨环氧树脂制成，耐受温度变化可达到 3.64℃；如果由因瓦合金 36 制成，温度变化大于 6.38℃，望远镜均不会散焦。卫星和望远镜的热设计是主要的工程挑战。

2.3.3 成像质量

从光学设计的角度来看，望远镜的性能通常以调制传递函数（Modulation Transfer Function，MTF）为表征。MTF 是光学系统的空间频率响应。在电子学中，滤波器的特点体现为频域中的传递函数，MTF 描述了光学系统传递或传输图像的能力。

图 2.13 所示为作为光学系统输入数据频率升高的正弦和矩形振幅条形图。空间频率为每毫米线对数量。每种模式的输出和系统频率响应如下。注意，当频率响应幅度大于低频响应的 10%，图像质量优异且可用。例如，在 70 线对/mm 时，MTF = 10%。线对大小为 1/70mm 或 14μm。这就是该光学系统的分辨率。若使用焦平面上像素尺寸为 5.5μm 的 CCD 相机，图像中最清晰处将大于两个像素。优秀的设计会提供更匹配像素大小的输出。

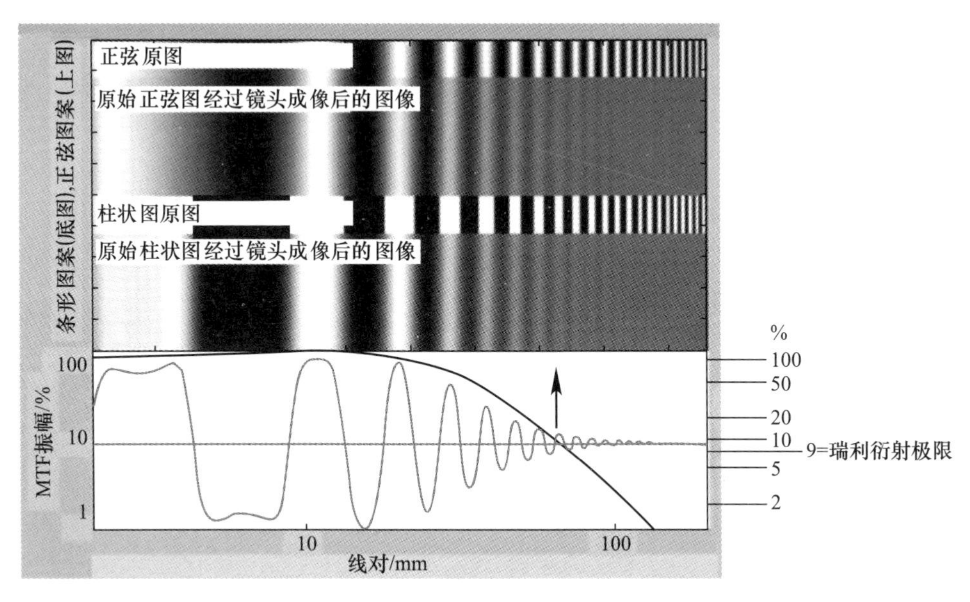

图 2.13 调制传递函数是成像系统（Normal Koren）的空间频率响应

对于典型的望远镜,MTF>10%通常用于细化指定地面采样距离GSD的输入图像指定响应。当然,MTF=10%可在图像视场各处取得,不限于中心处。

从人类观察者的角度及其释图能力,系统质量的另一个衡量标准是国家图像可解释性评定量表(National Image Interpretability Rating Scal,NIIRS)。此标准涉及多种非望远镜设计的因素,因此本书不做讨论。

2.3.4 光输入的充足性

本节讨论分辨率问题。首先确定获取优质画面所需的曝光时间。图像信噪比(Signal-to-Noise Ratio,S/N)取决于图像的强度、背景噪声强度、反照率和CCD电子噪声的强度比较,通过对系统进行辐射测量分析(望远镜、太阳角度、时间、季节、高度等)求得。图2.14所示为某时间和纬度,高度600km轨道上孔径35cm、焦距2.8m、相机曝光时间150μs(单像素点的目标停留时间)的望远镜地球观测的辐射测量分析示例。

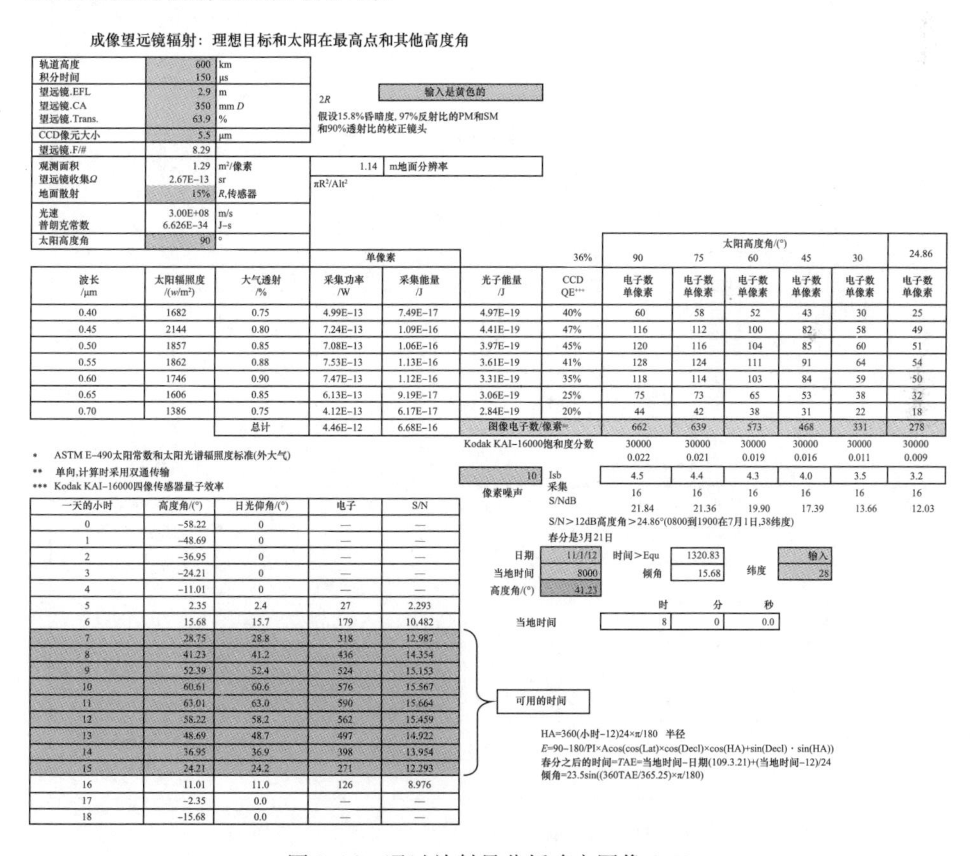

成像望远镜辐射:理想目标和太阳在最高点和其他高度角

参数	数值	单位
轨道高度	600	km
积分时间	150	μs
望远镜.EFL	2.9	m
望远镜.CA	350	mm D
望远镜.Trans.	63.9	%
CCD像元大小	5.5	μm
望远镜.F/#	8.29	
观测面积	1.29	m²/像素
望远镜收集Ω	2.67E-13	sr
地面散射	15%	R,传感器
光速	3.00E+08	m/s
普朗克常数	6.626E-34	J-s
太阳高度角	90	°

输入是黄色的

2R

假设15.8%昏暗度, 97%反射比的PM和SM和90%透射比的校正镜头

1.14 m地面分辨率

πR²/Alt²

			单像素			36%	太阳高度角/(°) 90	75	60	45	30	24.86
波长/μm	太阳辐照度/(w/m²)	大气透射/%	采集功率/W	采集能量/J	光子能量/J	CCD QE***	电子数单像素	电子数单像素	电子数单像素	电子数单像素	电子数单像素	电子数单像素
0.40	1682	0.75	4.99E-13	7.49E-17	4.97E-19	40%	60	58	52	43	30	25
0.45	2144	0.80	7.24E-13	1.09E-16	4.41E-19	47%	116	112	100	82	58	49
0.50	1857	0.85	7.08E-13	1.06E-16	3.97E-19	45%	120	116	104	85	60	51
0.55	1862	0.88	7.53E-13	1.13E-16	3.61E-19	41%	128	124	111	91	64	54
0.60	1746	0.90	7.47E-13	1.12E-16	3.31E-19	35%	118	114	103	84	59	50
0.65	1606	0.85	6.13E-13	9.19E-17	3.06E-19	25%	75	73	65	53	38	32
0.70	1386	0.75	4.12E-13	6.17E-17	2.84E-19	20%	44	42	38	31	22	18
		总计	4.46E-12	6.68E-16	图像电子数/像素=		662	639	573	468	331	278
					Kodak KAI-16000饱和度分数		30000	30000	30000	30000	30000	30000
							0.022	0.021	0.019	0.016	0.011	0.009
					10 像素噪声	Isb	4.5	4.4	4.3	4.0	3.5	3.2
						采集	16	16	16	16	16	16
						S/NdB	21.84	21.36	19.90	17.39	13.66	12.03

* ASTM E-490太阳常数和太阳光谱辐照度标准(外大气)

** 单向,计算时采用双通传输

*** Kodak KAI-16000四像传感器量子效率

S/N>12dB高度角>24.86°(0800到1900在7月1日,38纬度)

春分是3月21日

一天的小时	高度角/(°)	日光仰角/(°)	电子	S/N
0	-58.22	0	—	—
1	-48.69	0	—	—
2	-36.95	0	—	—
3	-24.21	0	—	—
4	-11.01	0	—	—
5	2.35	2.4	27	2.293
6	15.68	15.7	179	10.482
7	28.75	28.8	318	12.987
8	41.23	41.2	436	14.354
9	52.39	52.4	524	15.153
10	60.61	60.6	576	15.567
11	63.01	63.0	590	15.664
12	58.22	58.2	562	15.459
13	48.69	48.7	497	14.922
14	36.95	36.9	398	13.954
15	24.21	24.2	271	12.293
16	11.01	11.0	126	8.976
17	-2.35	0.0	—	—
18	-15.68	0.0	—	—

可用的时间(7~15时)

日期	11/1/12	时间>Equ	1320.83		输入
当地时间	8000	倾角	15.68	纬度	28
高度角/(°)	41.23				

	时	分	秒
当地时间	8	0	0.0

HA=360(小时-12)24×π/180 半径

E=90-180/PI×Acos(cos(Lat)×cos(Decl)×cos(HA)+sin(Decl)·sin(HA))

春分之后的时间=TAE=当地时间-日期(109.3.21)+(当地时间-12)/24

倾角=23.5sin((360TAE/365.25)×π/180)

图2.14 通过放射量分析确定图像S/N

CCD 传感器噪声为每像素 16 电子,30000 电子时传感器饱和。图 2.14 显示了不同太阳仰角处每像素图像的电子数。若使用 10 位 A/D 转换器来数字化图像,当太阳仰角为 90°时,图像强度仅为 4.5 位。像素噪声为 16 电子/像素;单像素的 S/N 从 21.84dB(仰角 90°)到 12.03dB(仰角 24.86°)之间。后者不算优质画面。

图 2.14 的左下方显示了一天里相机可用的时间,光线足以拍摄优质图像。虽然图像的传感器动态范围占比很小,但 S/N 足以获得优质图像。

下部阴影区域显示,上午 7 点到下午 4 点间图像质量尚可。若将图像曝光时间增加到 750μs(参见图 2.15),则可拍照时间增加 1h。

每天的小时数	标高角/(°)	日光高度角	电子数	图像信噪
0	-58.22	0	—	—
1	-48.69	0	—	—
2	-36.95	0	—	—
3	-24.21	0	—	—
4	-11.01	0	—	—
5	2.35	2.4	136	9.283
6	15.68	15.7	894	17.472
7	28.75	28.8	1591	19.976
8	41.23	41.2	2180	21.344
9	52.39	52.4	2621	22.143
10	60.61	60.6	2882	22.556
11	63.01	63.0	2946	22.654
12	58.22	58.2	2812	22.449
13	48.69	48.7	2485	21.912
14	36.95	36.9	1988	20.944
15	24.21	24.2	1356	19.283
16	11.01	11.0	632	15.965
17	-2.35	0.0	—	—
18	-15.68	0.0	—	—
19	-28.75	0.0	—	—
20	-41.23	0	—	—
21	-52.39	0	—	—
22	-60.61	0	—	—
23	-63.01	0	—	—

图 2.15　曝光时间提高到 750μs,可成像时间增加 1h

2.3.5　图像曝光时间

由以上结果可知，从每像素 150μs 曝光时间起，延长曝光时间的优点很多。增加曝光时间的方法有两种：

（1）赋予卫星一个负俯仰角速度，延长每像素允许停留的时长。

（2）使卫星指向目标，不断俯仰、滚转或偏航旋转，保持望远镜瞄准点固定。

图 2.16 所示为实现延长有效曝光时间增加所需的俯仰角速度。俯仰角速度 -0.60°/s，曝光时间可达到 600μs，基本满足大部分需求。自然，卫星俯仰角速度从 0°/s 变为 -0.6°/s 需要花费一定时间，然后角速度在拍摄图像后归 0。整个机动过程时间较长，因此单位时间内成像数量减少。

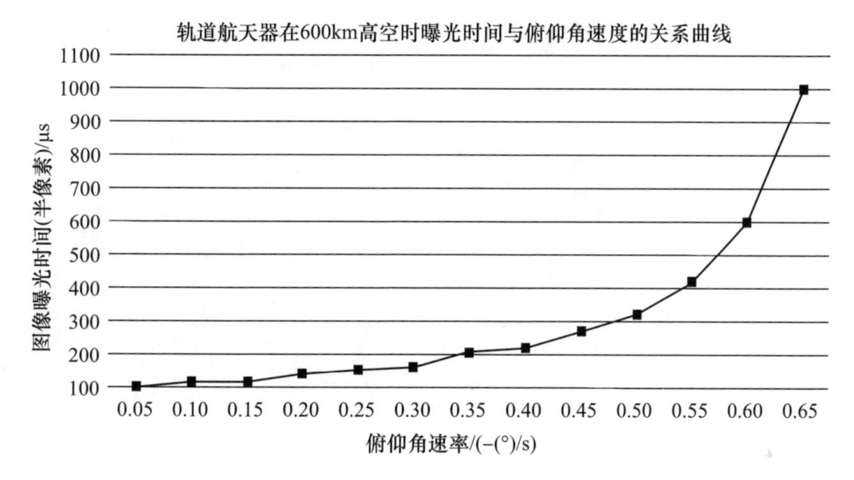

图 2.16　调整卫星负俯仰角速度，增加图像曝光的时间

另一种方法是卫星指向目标并保持姿态，直到图像拍摄完成。指向目标的方法有两种：

（1）俯仰和偏航指向目标，然后持续改变俯仰和偏航。在这种情况下，图像视野的方向不断变化。将连续图像“拼接”成条带照片更加困难。

（2）绕 x 轴滚转卫星对准星下点轨迹的平行线，滚转距离等于卫星—目标 CPA 距离，并不断改变俯仰以保持指向目标。在这种情况下，图像方向保持不变并与星下点轨迹平行。将连续图像“拼接”成条带照片要容易得多。大多数方案会倾向于采用第二种方法。

2.3.6　指向地面目标

图 2.17 所示为卫星指向目标的两种方法。

计算航天器的偏航和俯仰	计算航天器绕x轴的滚转和俯仰角速度
计算相对于经度线卫星对目标的角度	计算卫星和目标之间的大圆范围
减卫星航向角	由此计算对角
计算卫星和目标之间的大圆范围	确定CPA距离所对角度
由此计算卫星—地球中心点和目标—地球中心连线之间的地球对向角	由目标—地球中心和CPA—地球中心线确定的平面上,确定在CPA绕x轴滚转角度
在由卫星—地球中心点和目标—地球中心连线平面上,可得两条直线及夹角由此计算俯仰,可得俯仰与偏航数据	在滚转角—目标—卫星平面上,确定俯仰角度

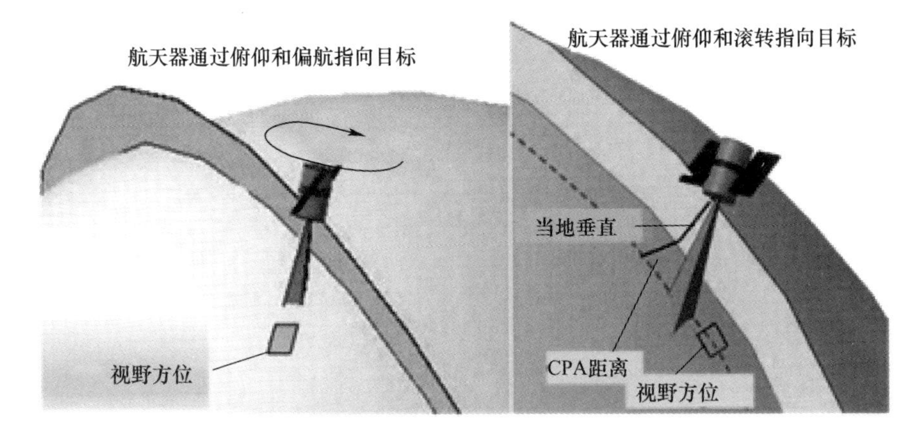

图 2.17　卫星通过俯仰和偏航或通过滚转和俯仰指向目标

图 2.18 解释图 2.17 中的计算。

指向目标所需卫星偏航和俯仰计算如下:图 2.18 上部为已知星下点和目标经纬度。已知轨道高度和瞬时卫星航向。卫星—目标方位角通过目标—卫星经纬度差计算。卫星偏航角是卫星—目标方位角和瞬时卫星航向之差。

首先计算地面距离对向角 α,然后通过余弦定理计算斜距,最终求得俯仰角。根据斜距和 α,通过正弦定理,求得天底偏角和俯仰角。

对于通过滚转和俯仰操纵来指向目标的情况,首先计算 CPA 处的交叉轨道距离所对应的角度 ζ。其次,使用余弦定理计算 CPA 的斜距。最后,使用正弦定理计算天底偏角或俯仰角。

以上结果以时间函数形式显示在图 2.19 和图 2.20 中。

偏航和俯仰指向目标

计算卫星相对目标的俯仰和偏航	
地球半径	6371.0km
卫星纬度Φ_1	45°
卫星经度λ_1	78°
卫星高度H	540km
卫星航向角ψ	−82°
目标纬度Φ_2	42°
目标经度λ_2	80°
目标方位角A_z=arctan($\Delta lon\cdot\cos(lat)/\Delta lat$)	−63.645°
卫星偏航角　ω=目标方位角−卫星航向角	−18.355°
$\alpha=(((\Phi_2-\Phi_1)/360\times2\pi\times R)^2+(\cos(\Phi_2)(\lambda_2-\lambda_1)/360\times2\pi\times R)^2)^{0.5}/R\times180/\pi$	
地球球心角α	−3.3480°
|GR|=卫星−目标地面距离=$R\times\alpha$	372.280km
如果dlat为负,则GR为正,dlat为正反之	−372.280km
SR=$(R^2+(R+H)^2-2R(R+H)\cos\alpha)^{0.5}$	664.753km
SR	664.753km
β=天底偏角=俯仰角	34.036°
仰角=E从T到卫星	52.6164°
d$lon=\lambda_2-\lambda_1$	2.000°
d$lat=\Phi_2-\Phi_1$	−3.000°
$R/\sin\beta$=SR/$\sin\alpha$	正弦定理
SR$^2=R^2+(R+H)^2-2R(R+H)\cos\alpha$	余弦定理

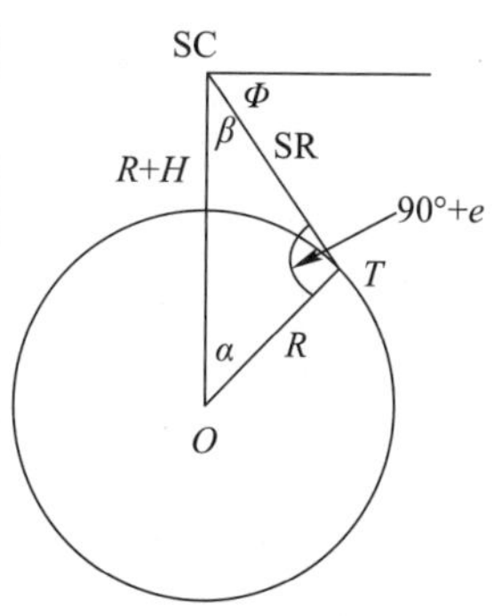

卫星—地心O—目标所在平面

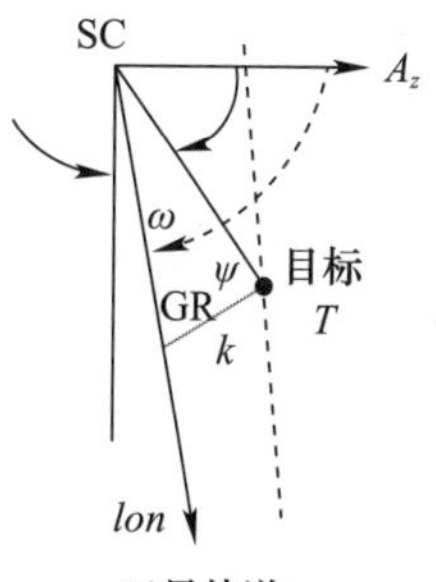

卫星轨道
卫星和目标的顶视图

计算卫星相对目标的滚转和俯仰角	
GR $\sin\omega=k$=距星下线距离=GR $\sin\omega$	(117.2)km
K对应的圆心角=ζ	0.3061°
在CPA处的SR=$((R+H)^2+R^2-2R(R+H)\cos\zeta)^{0.5}$	541.2km
θ=滚转角=arcsin(R/SR$_{CPA}\sin\zeta$)=天底偏角	−13.816°
θ 的弧度值	−0.2411rad
CPA处的仰角=E=90°−α−abs(β)	75.878°
Ω=俯仰角=90°−arccos(GR/SR)	35.503°

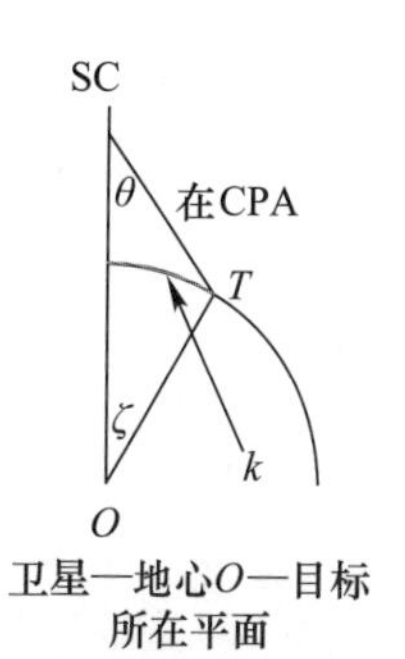

卫星—地心O—目标
所在平面

所以,卫星需要偏航角或卫星需要滚转角	18.355° 且俯仰角 34.036° −13.816°且俯仰角 35.503°

图 2.18　卫星通过偏航和俯仰或滚动和俯仰指向目标的方程和示例

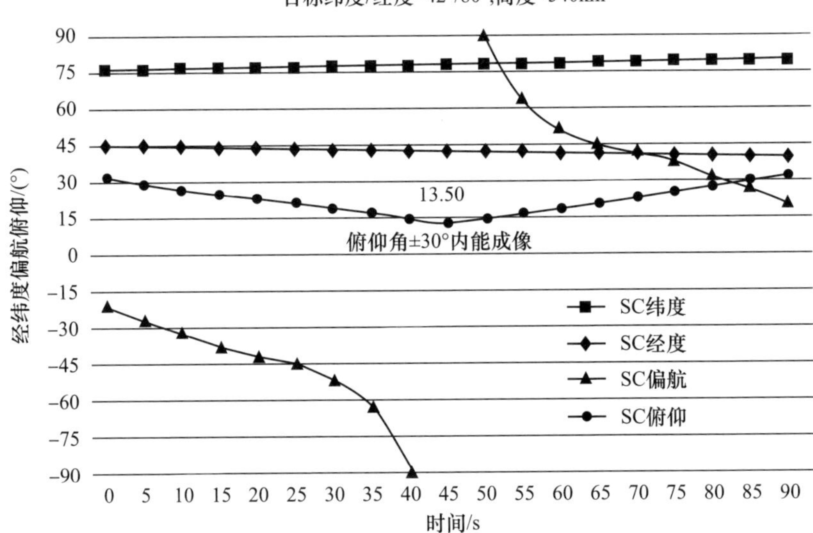

图 2.19　卫星俯仰和偏航为时间函数,保持卫星指向目标

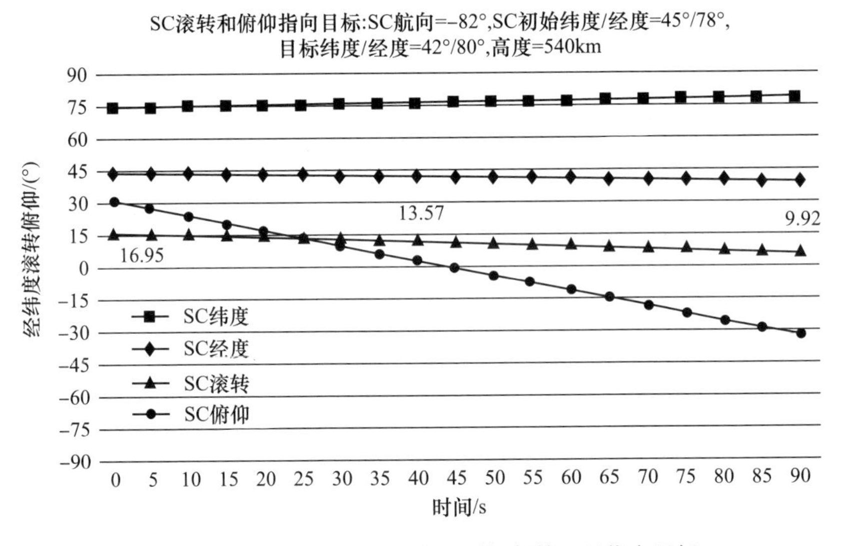

图 2.20　卫星滚转俯仰为时间函数,保持卫星指向目标

2.3.7　条带宽度

成像卫星的地面覆盖范围取决于最大的天底偏角。高度 600km 的轨道上,卫星可观测的最大地面范围如图 2.21 所示。天底偏角为 40°时,目标的地面仰

角约为 45°,接近可成像的最小仰角。此角度下,目标的地面距离约为 525km。因此,该卫星的潜在条带宽度约为 1050km。但连续轨道之间的距离要大得多,因此存在卫星无法覆盖的区域。图 2.22 所示为连续轨道之间恒定纬度的地面距离与纬度的函数关系。很明显,卫星覆盖范围只占地球总面积的一小部分。通过选择轨道高度,可以控制连续轨道观测地球不同区域的速率。

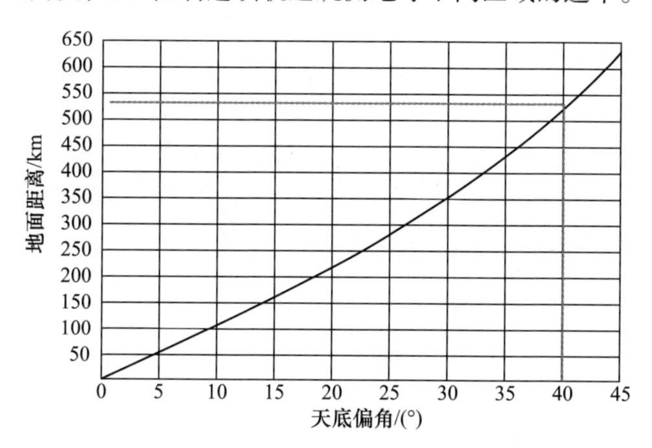

图 2.21　高度 600km 卫星,地面距离与天底偏角的关系

纬度/(°)	卫星高度 A/km								
	400	500	600	700	800	900	1000	1100	1200
0	2576	2633	2691	2749	2807	2866	2926	2985	3045
10	2537	2593	2650	2707	2765	2823	2881	2940	2999
20	2421	2475	2529	2583	2638	2693	2749	2805	2852
30	2231	2281	2330	2381	2431	2482	2534	2585	2637
40	1973	2017	2061	2106	2151	2196	2241	2287	2333
50	1656	1693	1730	1767	1805	1842	1881	1919	1958
60	1288	1317	1345	1375	1404	1433	1463	1493	1523
70	881	901	920	940	960	980	1001	1021	1042
80	447	457	467	477	488	498	508	518	529
90	0	0	0	0	0	0	0	0	0

给定纬度每条轨道的距离(km)。周期 $P(\mathrm{min}) = 2\pi((A+R)^3\mu)^{0.5}$

指定高度的地球周长 $= C = 2\pi(R+A)$

每轨道地球转动(°) $= \mathrm{OD} = 360P/1440$

纬度(°)处轨道到轨道的距离 $= R\cos(Lat)\mathrm{OD}$

图 2.22　连续轨道与纬度之间的关系

若轨道周期是一天的精确分数倍,经过几个轨道周期后,轨道会与初始轨道完全重复。轨道周期是高度的函数,因此可以通过选择高度实现上述重复。轨道将根据高度向东或向西进动。如图 2.23 所示,高度约 567km 时,轨道 7 天完全重复一次。高度 590km 处,轨道每天向西进动约 100km。纬度 38°处,轨道覆盖间距约为 2400km,轨道约 240 天完全重复一次。但条带宽度约为 1100km,因此完成目标成像需要(2400 - 1100)/100 = 13(天)。两次成像时机间隔依然很长。600km 高度,卫星飞行轨道每日漂移增量约为 225km,有机会在(2400 - 1100)/225 ≈ 5.8 天内对目标成像。这一情况显示了高度选择对成像卫星的工作效果的显著影响,因此深入研究高度的影响十分必要。

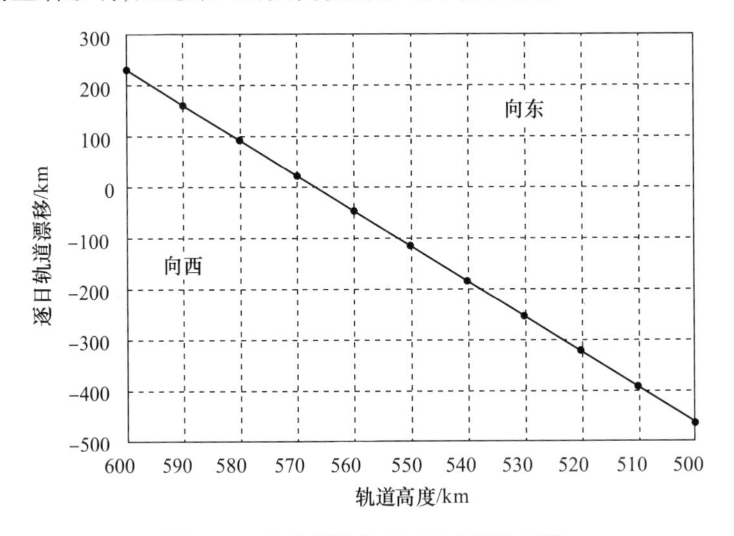

图 2.23 轨道漂移作为卫星高度的函数

2.3.8 卫星敏捷性和目标定位

在典型的成像场景中,任务目的都是对尽可能多的目标进行成像,但是受卫星敏捷能力限制,仅能对既定路径上的目标集合进行成像。目标必须位于相应天底偏角内的条带范围内。例如,若卫星能以 4°/s 的平均速度(敏捷度很高的卫星)机动,则(忽略机动加速度、减速度和稳定时间)在 200km 高度处从地面轨迹一侧的某目标到另一侧目标,需要绕 x 轴滚转 40°。通常完成这一操作需要 10s,在此期间卫星向前飞行约 70km。增加加速度、减速度和稳定时间,完成绕 x 轴滚转 40°,卫星在两个目标之间的航向距离远大于 70km。为了确定卫星的敏捷性要求,需模拟典型场景。保证卫星敏捷需要大尺寸反作用飞轮或控制力矩陀螺。姿态控制的章节中将介绍尺寸确定问题。

2.3.9　成像卫星姿态测量与控制要求

成像卫星给姿态测量和控制子系统带来了极大的挑战。例如,600km 高度,以 100m 精度定位图像中心,要求能够以 0.00477°(16.92 弧秒)的精度测量航天器的姿态,并以 0.00955°的精度控制指向。卫星成像姿态控制精度通常是姿态感测精度的 1/2。星敏感器具备这种精度。价格适中的小型星敏感器精度约 25 弧秒;最好的大型星敏感器精度可以达到约 3 弧秒(0.00083°)。利用此星敏感器,600km 高度目标精度可达到 8.7m。

任务要求决定了指向精度要求。例如,若任务仅要求目标位于所拍摄的照片中,则图像视场指向精度无须高于 10%。地面采样距离为 1.0m 的 10 万像素图像,尺寸为 2.582km × 3.873km,10% 约为 250m。精度 0.0119°(42.9 弧秒)的姿态传感器可以控制卫星达到目标指向精度。即使是较便宜的小型星敏感器,也可以达到这种程度。另外,若需要以 20m 精度在地球上定点,则 0.0019°或 6.8 弧秒的星敏感器能满足精度要求。两种星敏感器在成本、尺寸和重量上相差较大。

典型的星敏感器视场约为 15° × 15°,成像卫星工作时通常要用到两个星敏感器。

除了保证指向准确性,如上所述,任务对回转速度也有要求。

2.3.10　数据量和下行数据速率

拍摄条带图像对数据存储和下行数据传输率要求很高。上述例子中,1.0m 地面采样距离下,10 万像素图像大小为 2.582km × 3.873km。若长边沿着卫星星下点轨迹方向,且假设连续图像之间会有 10% 的重叠,则每秒必须拍摄约 2 张照片。因此,卫星以 20MP/s 的速率累积图像数据。换言之,若图像被数字化为 24b/像素,则图像数据累积速率为 480Mb/s(在前向纠错和加密之前)。

如果条带照片覆盖 20km 卫星星下点轨迹,那么该条带照片包含 6 个图像,即 1.44Gb 的数据。数据传输速率为 4Mb/s 时,地面站需要 6min(常规时长)才能获得一个条带图像。

通过 JPG 压缩图像,下行链路数据传输时间可以减少到 1min(每个图像 10s)。如此,每次传输可发送 36 幅图像。

当任务需求高于此传输量时,可通过几种方法提高卫星图像的下行链路吞吐量。例如,提高下行链路数据传输速率。另外,可利用近极地地面站,在卫星每次经过时下载图像数据并通过地面装置发送到目标地面站。或者利用数据中继(如地球同步卫星)将更多连续数据转储到地面站。

2.3.11 成像场景

以下述成像场景为例。图2.24所示为英格兰和爱尔兰的成像场景。图中示出高度600km的近极地轨道卫星星下点轨迹及±300km的条带宽度,对应最大±30°的最大天底偏角限制。

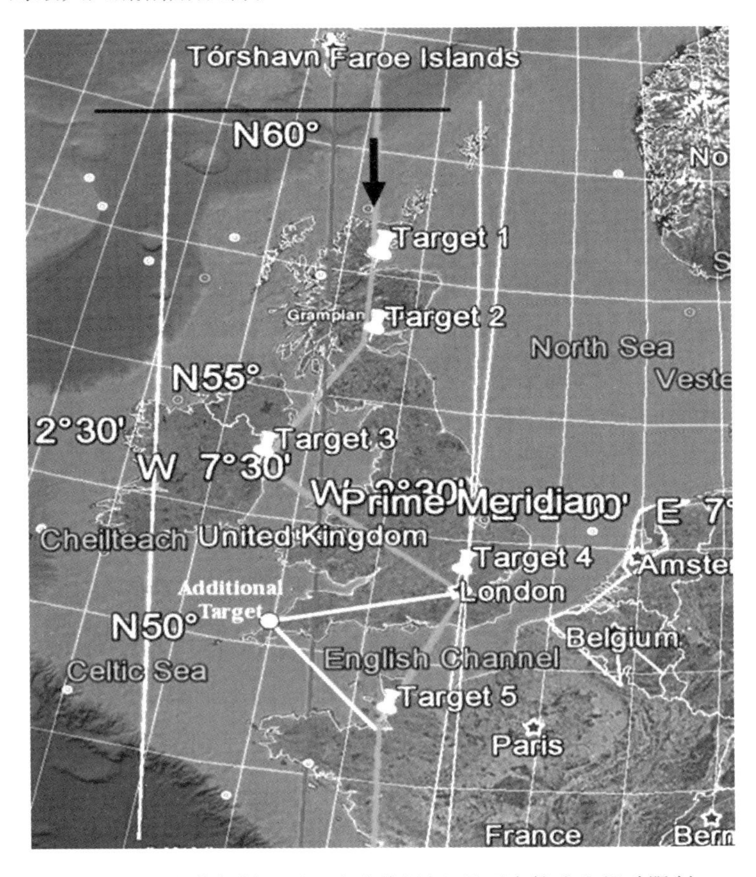

图2.24 成像场景显示5个成像目标、星下点轨迹和机动限制

目标坐标(纬度和经度)如图2.25所示。此图中的时间是卫星到达每个目标最近会遇点的时间(以秒为单位),整个过程历时140s。图像经度是距离卫星星下点轨迹的千米数。

最后一列为卫星从一个目标到下一个目标的平均滚动角速率(°/s)。

滚动角速率峰值出现在目标3和4之间,平均滚动角速率为-0.209°/s。这是卫星可以实现的滚动角速率。

但是,若增加一个目标(白色),则最大平均滚动角速率将变为0.6°/s,卫星无法实现。在这种情况下,卫星此次经过时将无法对目标成像。

目标	目标纬度/(°)	目标经度/(°)	卫星经度/(°)	目标纬度长/km	目标经度长/km	时间/s	平均滚动角速率/(°/s)
1	57.616453	4.015961	1.500	0.000	150.003	0.00	0.000
2	56.165594	3.773844	1.451	-161.508	143.983	23.07	-0.010
3	53.479483	6.285197	1.311	-299.015	329.544	65.79	0.059
4	51.656939	0.218353	1.109	-202.884	-61.496	94.77	-0.209
5	48.760064	1.681853	1.200	-322.477	35.360	140.84	0.032

图 2.25　目标纬度/经度、卫星最近会遇点时间、平均滚转速率

2.4　卫星星座

2.4.1　现存卫星星座

使用卫星星座的目的是扩大地表观测覆盖范围,减少重访时间。已有数个卫星星座,计划或在建星座众多。现存星座多为中地球轨道卫星组成的导航星座,或者低轨道卫星组成的通信星座。其主要轨道特征如图 2.26 所示。GPS 和全球星轨道图片如图 2.27(a)、(b)所示。

名称	用途	国家	卫星	平面	卫星/平面	轨道高度/km
GPS	导航	美国	24	6	4	20180
GLOSSNAS	导航	俄罗斯	24	3	8	19100
铱星	电话通信	美国	66	6	11	781
奥博姆	存储转发通信	美国	30	4	6-8	825
全球星	通信	EU	24	8	3	1400
Galileo	导航	EU	30	3	8 + spares	23222
北斗	区域导航	中国	4	N/A	N/A	GEO
Quasi-Zenith	区域导航	日本	4	N/A	N/A	42164
区域性导航	印度区域性导航系统	印度	4	N/A	N/A	36000

图 2.26　卫星星座主要轨道特征

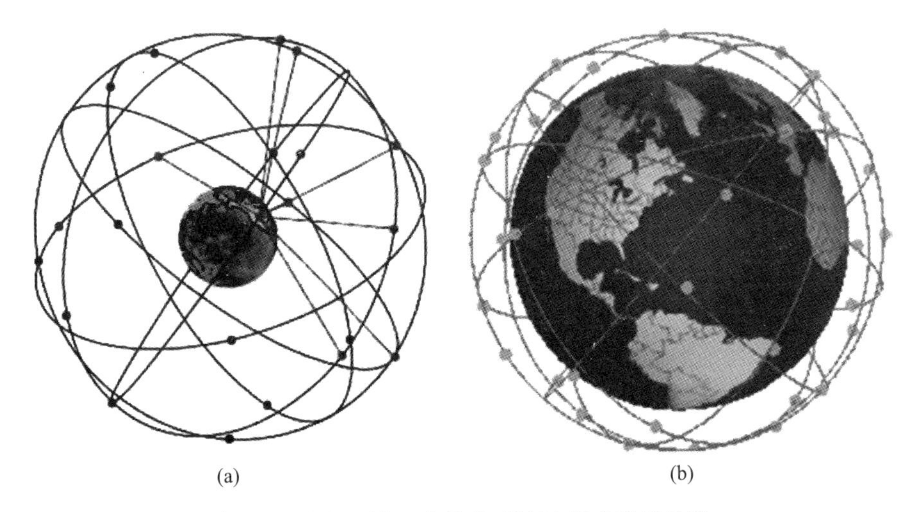

图 2.27 (a)24 星 GPS 星座;(b)24 星全球星星座

卫星星座构型要根据任务执行需求、覆盖(或允许覆盖间隙)、平面数和卫星发射的数量、轨道高度和成本进行设计。图 2.28 所示为多星星座中 8 颗卫星构成的极面。可见所有卫星的轨道高度都为 550km。锥体代表卫星的覆盖范围。每个锥体在覆盖范围边界处与地球表面相交。相邻航天器之间的覆盖范围存在空白区。

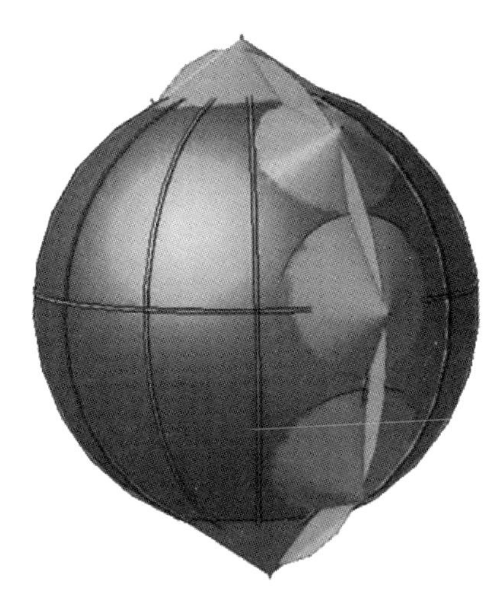

图 2.28 轨道高度为 600km 的极轨道星座平面对地球的覆盖

接下来根据平面上的卫星数量、平面数量和卫星高度,确定星座的地面覆盖范围。其他倾角轨道的覆盖性能确定方法与极轨道星座类似。

2.4.2　覆盖区域和空白区

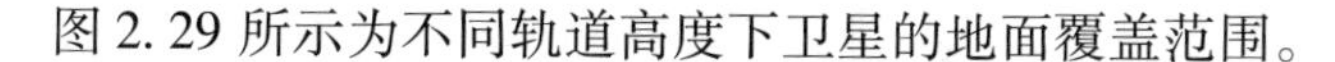

图 2.29 所示为不同轨道高度下卫星的地面覆盖范围。

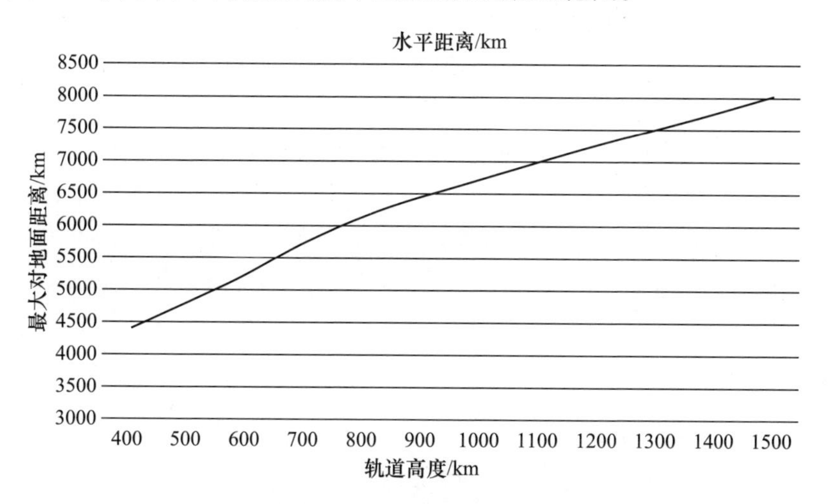

图 2.29　地面距离与高度

当一定数量的卫星等距离分布在已知高度的轨道上时，相邻卫星的覆盖范围可能存在空白或重叠，见图 2.28。图 2.30 所示为覆盖区域空白区（或重叠区）长度与同一平面上卫星高度和数量的函数关系。若每个平面 9 颗卫星，在 400km 低高度轨道上，相邻卫星的覆盖范围恰好相接。轨道高于此高度，卫星覆盖范围将重叠，重叠长度如图所示。若一平面仅有 8 颗卫星，轨道高度要增加到 540km，相邻卫星的覆盖范围才能相接。

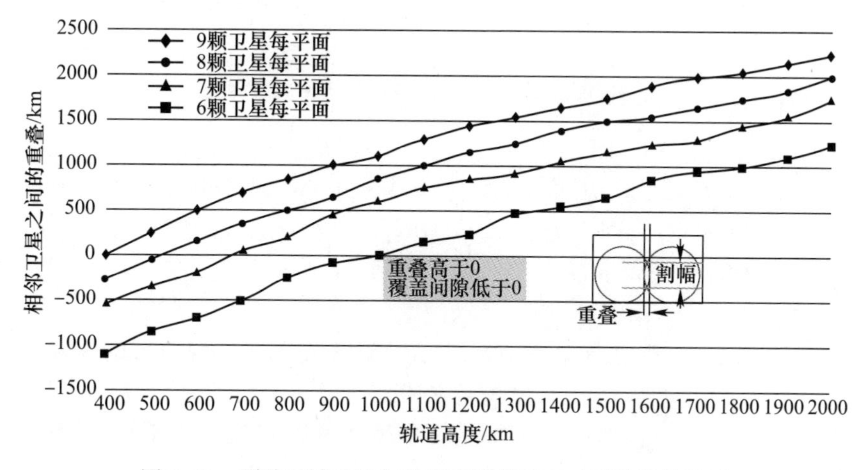

图 2.30　覆盖区域重叠与特定高度每平面卫星数量的关系

重叠数量决定了实现连续覆盖的条带宽度。例如 Orbcomm 星座,在 825km 的轨道高度上,若每个平面约排布 6.5 颗卫星,则覆盖范围出现重叠。Orbcomm 星座每个平面上有 6~8 颗卫星。铱星轨道高度为 781km,每平面 11 颗卫星,满足了连续语音通信任务对连续覆盖区域充分重叠的要求。与铱星不同,Orbcomm 是一个存储转发系统,不要求覆盖区域重叠。然而,在只有 6 颗卫星的平面上,最小空白区域也会达到 300km(约 43s)。

条带宽度为每平面卫星数量的函数,图 2.31 所示为轨道高度。可以看出,在每个平面 6 颗卫星的情况下,只要高度不超过 1100km,条带宽度非常小。若每个平面有 8 颗卫星,为得到满意的条带宽度,轨道高度可降低至 700km。

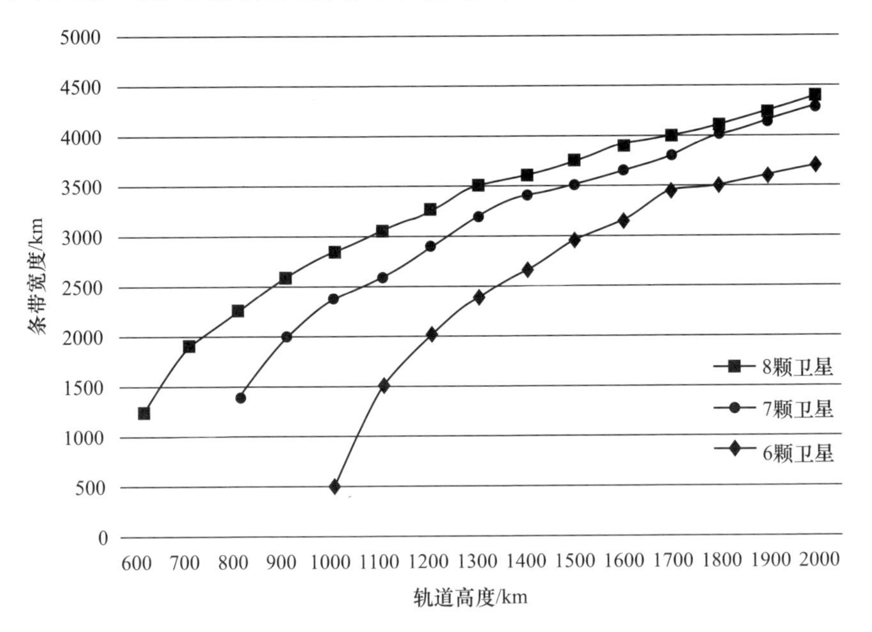

图 2.31 条带宽度与每平面卫星数量和轨道高度的函数关系

平面之间的重叠(或覆盖范围空白区)还取决于纬度。例如,对于极轨道星座,每个平面的卫星都覆盖极地区域。高于某纬度时,相邻平面出现重叠。低于该纬度,将出现覆盖区域空白区。图 2.32 说明了重叠区域出现时的纬度与等距分布平面数量和条带宽度的函数关系,其纵坐标是空白区或重叠区的长度。

图 2.33 所示为轨道高度 700km、倾角 65°的轨道上均匀分布的 8 颗卫星。信号覆盖区轻微重叠,基本可连续覆盖条带宽度。

如图 2.34 所示,显然三个 8 颗卫星平面就可以实现地球任意点的持续覆盖。因此,24 星(通信卫星)星座足以持续覆盖整个地球。

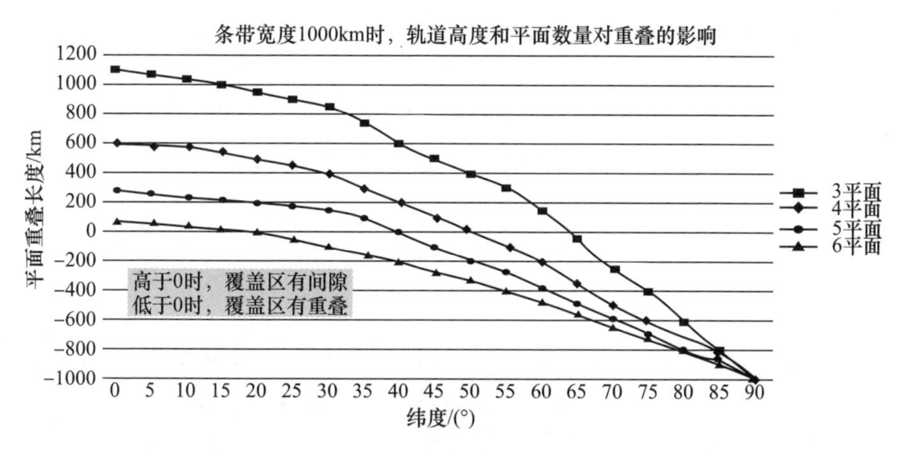

图 2.32　高于某个纬度，平面重叠；低于该纬度，出现空隙。正轴为间隙区大小，负轴为重叠区大小

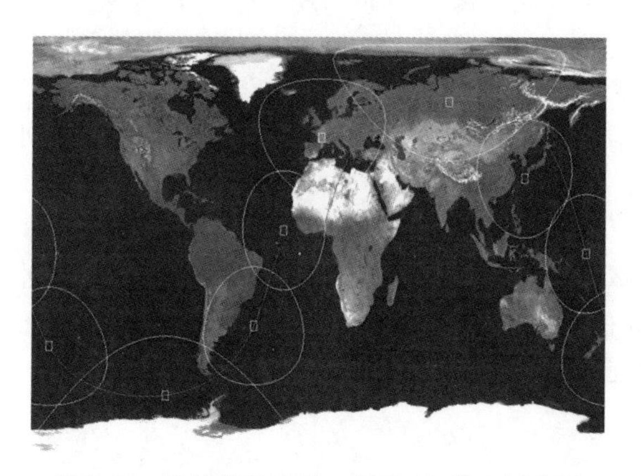

图 2.33　轨道高度 700km、倾角 65°的 8 星平面

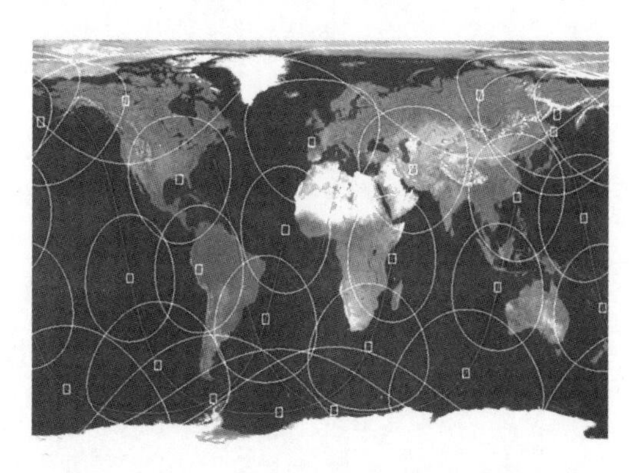

图 2.34　三个轨道高度 700km、倾角 65°的 8 星平面可基本实现持续覆盖

2.4.3 其他卫星星座影响因素

(1) 运载火箭。星座由多个平面的卫星组成。重点是同一平面上所有卫星轨道高度与倾角相同。因此,在条件允许的情况下,同一平面上所有卫星,包括在轨备份,都应使用同一运载火箭搭载。

同一平面的卫星,可以通过运载火箭将其搭载至指定位置,或者通过卫星自有推进系统到达指定位置。前者要求运载火箭装有可重启引擎,因此第二种方法更为常用。

(2) 位置保持。位置保持可由地面站人工操作。若24星星座每72天完成一次星座构型保持控制,则每3天就要执行一次卫星位置保持控制。因此,位置保持控制必须自动化。

(3) 最大天底偏角。某些任务(如成像任务)需要限制天底偏角。例如,轨道高度600km时,若星座要以大于30°的视角为目标成像,则卫星天底偏角不能超过52.3°。到星下点最大地面距离为843km,该距离所对应的天底偏角为52.3°。距离地平线2631km,成像的最大有效范围大大缩小。因此,要满足成像覆盖需求,就要增加每个平面的卫星数量,或者覆盖空白区大小可接受。所以,成本也会大大提高。

(4) 星座通信。某些任务仅要求间歇性卫星对地通信。例如,存储转发数字通信系统Orbcomm。成像卫星系统也可以仅使用单向对地通信处理图片。但连续双向卫星通信的成像卫星系统必须使用地面站通信中继、GEO卫星中继(如TDRS)或卫星间链路(如铱星)。

第3章 轨道和卫星相关的几何描述

3.1 重力加速度、速度和周期

高度 H 处的重力加速度 $g(H)$ 与 H 的平方成反比。$g(H)$ 方程如下：

$$g(H) = g_0 [R/(R+H)]^2 \tag{3.1}$$

其中，$g(H)$ 在地表的值是 g_0，约为32.2英尺/s^2 或9.8m/s^2；R 为地球半径；H 为轨道高度(km)。

圆形轨道上，卫星切向速度为 V，离心径向加速度为 $a_r = V^2/(R+H)$。如果卫星飞行轨道稳定，重力加速度一定等于离心加速度。求解 V，可得方程为

$$\begin{aligned} V &= R \cdot (g_0)^{0.5} [1/(R+H)]^{0.5} \\ &= 631.3363183 \times (6378.137 + H)^{-0.5} \text{km/s} \end{aligned} \tag{3.2}$$

轨道周期 P，轨道周长 $C = 2\pi(R+H)$，$P = C/$轨道速度，P(min)为

$$P = 0.00016587 \times (R+H)^{1.5} \tag{3.3}$$

上述关系式见图3.1的600km轨道高度上的卫星。

地球半径 R	6378.137	km	
高度 H	600	km	
g_0	9.797919335	m/s^2	
在 H 处的重力加速度	$g(H) = g_0 R^2/(R+H)^2$	m/s^2	8.18545
周期 P/min	$P = 0.00016587\ (R+H)^{1.5}$	min	96.68900
轨道周长 C	$C = 2\pi(R+H)$	km	43844.93
轨道速度 V_H	$V_H = C/(60P)$	km/s	7.55772
径向加速度 a_r	$a_r = V_H^2/(R+H)$	m/s^2	8.18545
重力的径向加速度	$g(H) - a_r$	m/s^2	0

图3.1 高度、速度、周期和径向加速度

若轨道为椭圆形，公式相同，但椭圆轨道的半长轴应为($R+H$)。若 A 为轨道远地点，PE 为轨道近地点，则半长轴公式为

$$半长轴 = R + (A + PE)/2 \tag{3.4}$$

例如,Molniya 轨道近地点 860km,远地点 39610km,半长轴 26613km,周期为 12h。

3.2 卫星位置关于时间的函数

利用卫星轨道要素,可确定卫星在某一时刻的位置,如图 3.2 所示。

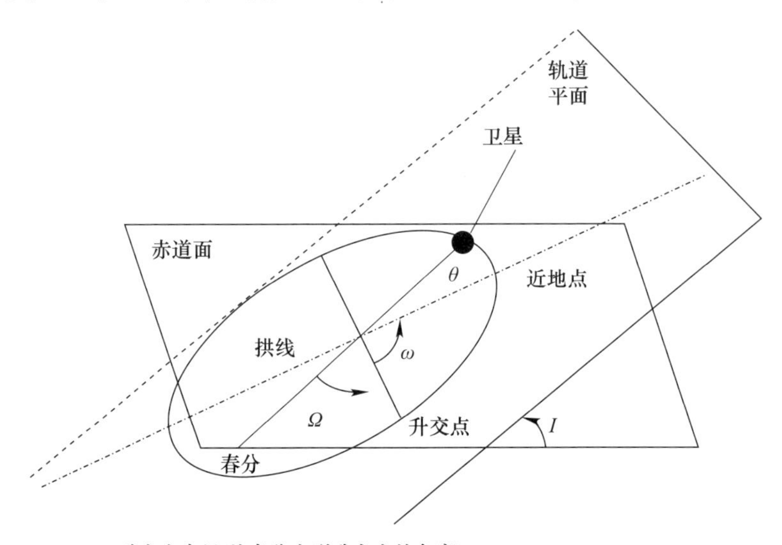

Ω—升交点赤经(从春分点到升交点的角度)

I—轨道倾角

a—半长轴(地球半径+0.5×(远地点+近地点))

E—偏心率=(远地点-近地点)/(远地点+近地点)

ω—近地点幅角(从升交点到近地点的轨道平面角度)

θ—真近点角(从近地点到卫星当前位置的轨道平面角度)

图 3.2　轨道根数说明和描述

轨道上的卫星运动也可以通过轨道根数描述。除真近点角,其他轨道根数保持不变,每个轨道周期的真近点角为 360°。轨道周期(分钟)$P = 2\pi(a^3/\mu)^{0.5}$,其中 $\mu = GM$,a 是半长轴(m),G 是引力常数(m^3/s^2),M 为地球质量。注意,周期仅由半长轴决定。$R_E = 6378.1$km。半长轴描述的周期为

$$P = 0.000106587(R_E + a)^{1.5} \tag{3.5}$$

式中:P 单位为 min;R_E 和 a 以 km 为单位。

高度 600km、倾角 60°的圆形轨道,卫星星下点轨迹为时间函数形式,如图 3.3(a)所示。几个星下点轨迹计算性能优异的软件有 Analytical Graphics 的

Satellite Tool Kit、AMSAT 的 NOVA 等。已知访问华盛顿特区的时间为 2 天，如图 3.3(b)所示。

1.远地点=600km　　4.升交点经度=239.46°
2.倾角=60°　　5.偏心率=0
3.近地点幅角=0°　　6.真近点角=0°

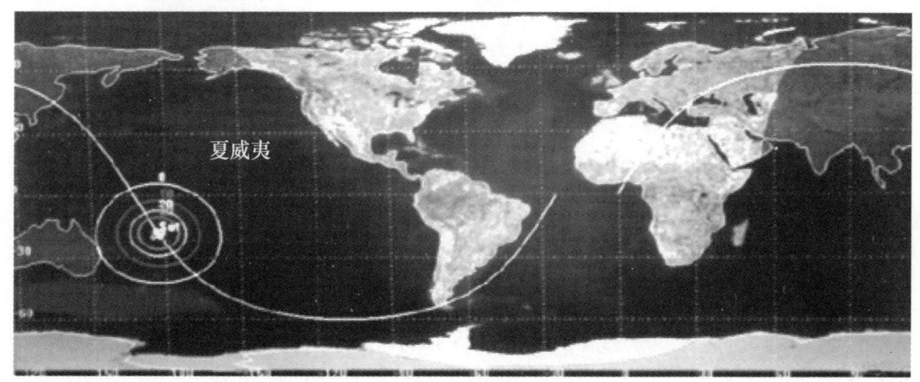

(a)

访问	开始时间	结束时间	时长/s
1	2016.08.31 04:26:44.649	2016.08.31 04:40:06.258	801.610
2	2016.08.31 06:07:21.438	2016.08.31 06:18:33.846	672.408
3	2016.08.31 18:34:18.880	2016.08.31 18:43:05.994	527.113
4	2016.08.31 20:11:13.687	2016.08.31 20:24:34.033	800.346
5	2016.08.31 21:52:18.323	2016.08.31 22:04:21.323	723.000
6	2016.08.31 23:35:46.300	2016.08.31 23:44:24.396	518.095
7	2016.09.01 01:18:11.672	2016.09.01 01:26:49.920	518.248
8	2016.09.01 02:58:14.680	2016.09.01 03:10:17.845	723.165

(b)

图 3.3　(a)高度 600km、倾角 60°卫星的星下点轨迹；(b)2 天内的华盛顿特区访问时间

注意，从星下点到 0°仰角的地面距离为 2631km。但是，由于地形遮挡，为保证通信畅通，地面站到卫星仰角普遍大于 10°，此时地面距离只有 1740km。卫星有效条带宽度(通信角度)为 3480km，有效地面站访问时间小于图 3.3(b)所示时间。

3.3　卫星仰角、斜距、最近会遇点 CPA、地面覆盖

本节介绍卫星圆轨道中最常用的几何关系。其一为计算射频链路裕度所需的斜距与仰角间几何关系。图 3.4 所示为轨道平面的几何关系。

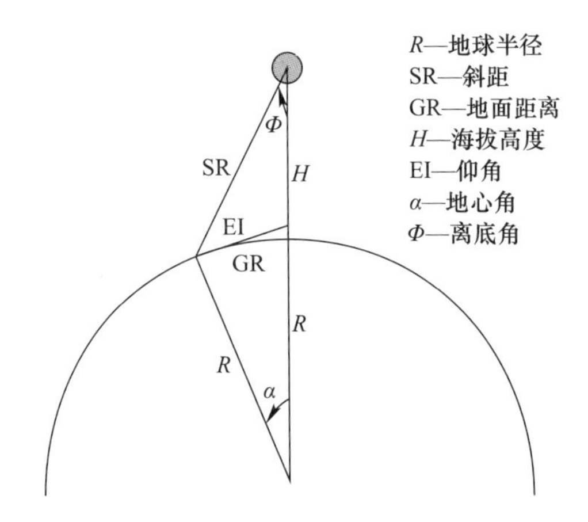

图 3.4　卫星与地球几何关系

斜距和地面距离的公式如下，图 3.5 所示为不同轨道高度、仰角、斜距和地面距离的关系曲线。

$$\mathrm{SR} = R\cos(90 + \mathrm{EI}) + [R(\cos(90 + \mathrm{EI}))^2 + (R + H)^2 - R^2]^{0.5} \tag{3.6}$$

$$\mathrm{EI} = A\cos((R + H)/R\sin\Phi) \tag{3.7}$$

$$\mathrm{GndRng} = (90 - \Phi - \mathrm{EI}) \times \pi \div 180 \times R \tag{3.8}$$

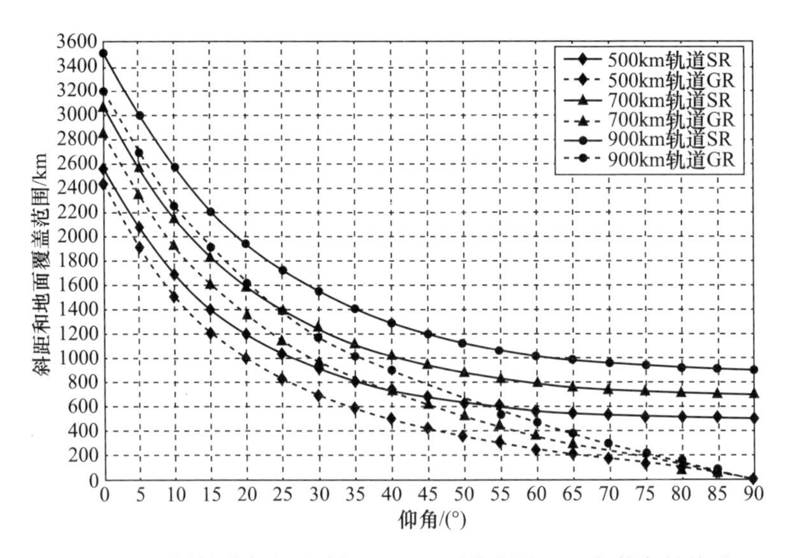

图 3.5　不同轨道高度下，斜距和地面覆盖范围(km)与仰角的关系

图 3.6 所示为高度 H 的卫星和距卫星星下点轨迹 CPA 距离的地面站间的关系。卫星星下点与地面站之间的地面距离是 GR，从星下点到 CPA 的地面距

离是 GR_{CPA}。GR 所对地心角为 α，GR_{CPA} 所对地心角为 ω，CPA 距离所对地心角为 ψ。

在高度 600km、CPA 距离 250km、仰角 5°情况下，左侧列为数值结果，右侧列为其方程式。

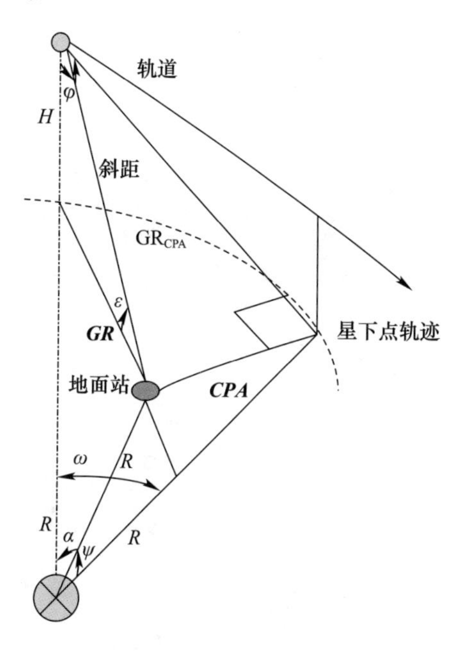

R	6378.3	km	
H	600	km	
EI	5	(°)	
CPA到地面站	200	km	
CPA对角φ	1.797	(°)	φ=CPA/(2πR)×360
斜距=S			
斜距=S	2329	km	SR=$R\sin(-E\pi/180)+((R\sin((-E)\pi/180))^2+(R+H)^2-R^2)^{0.5}$
地面距离(GR)	2162	km	GR=$R\arcsin/(\text{SR}\sin(90+\text{EI})/(R+H))$
GR对角ψ	19.420	(°)	GR/(2πR)×360
SR在地面站对角	19.503	(°)	$\Omega=(\varphi^2+\psi^2)^{0.5}$
SR S		km	
俯仰角(d)	65.815	(°)	SC对角=d=arcsin(R/(R+H))cos(EI)
天底偏角(θ)	24.185	(°)	天底偏角=90−d
轨道周期P	96.692	min	$P=0.00016587(R+H)^{1.5}$
通过持续时间T	9.535	s	持续时间=T=2P/(2π(R+H))GR
轨道速度V_O	7.558	km/s	轨道速度=2π(R+H)/P/60
地面速度V_G	6.908	km/s	地面速度=R/(R+H)·轨道速度

图 3.6　考虑 CPA 的 600km 轨道及通用方程的几何关系和示例

首先要注意的是,随着 CPA 的增加,卫星过顶期间的最大仰角变小,通过时间缩短,如图 3.7 所示。轨道高度升高,相同 CPA 距离处,峰值仰角也增加。此图基于 CPA 的地面距离,因此还体现了仰角与时间的关系(通过卫星地面速度将地面距离转换为时间)。方位角与 CPA 的距离如图 3.8 所示。

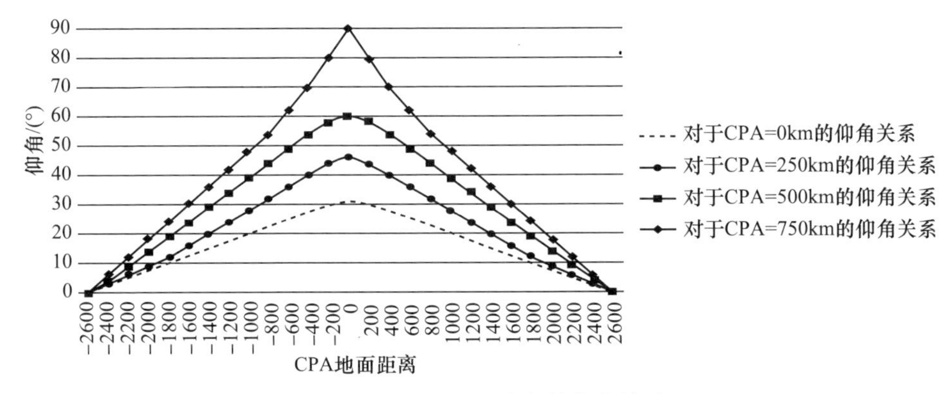

图 3.7 CPA 地面距离与仰角的关系

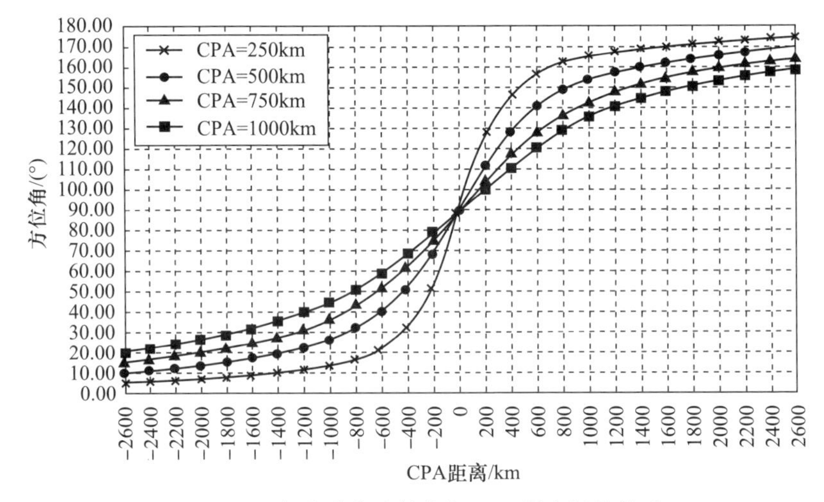

图 3.8 目标方位角或偏航与 CPA 距离间的关系

CPA 增加时,卫星过顶时长缩短,如图 3.9 所示。此处,过顶时长为最小仰角的函数,最小仰角处为卫星经过的开端。这样计算的理由是:在达到给定的最小仰角(如 5°或 10°)之前,卫星经过遮挡物时所得数据不是有效数据。

图 3.9 显示,当 CPA 为 500km,最小仰角为 15°时,卫星过顶时长为 6min。当 CPA = 1000km,过顶时间仅持续 4.5min。

图 3.10 表明,过顶时长随轨道高度而增加(CPA = 0)。

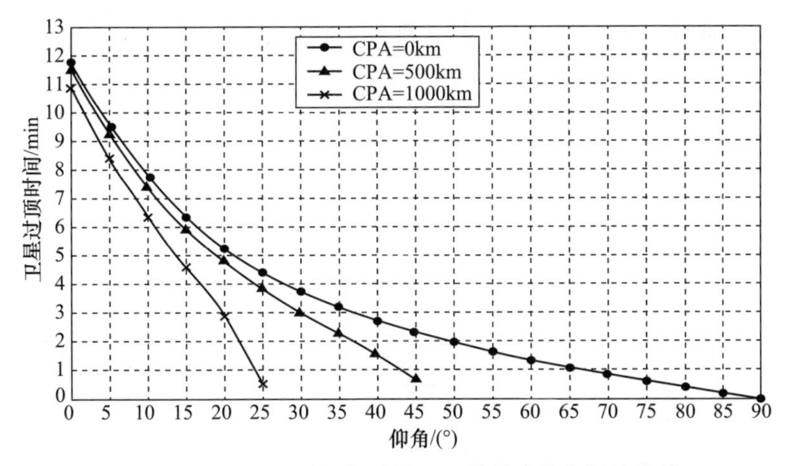

图 3.9　卫星过顶时间与不同 CPA 的最小仰角间的关系

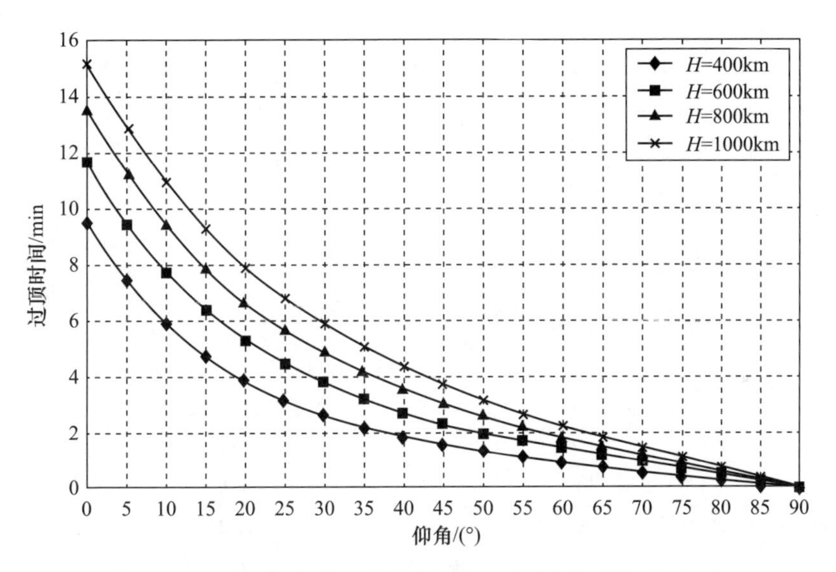

图 3.10　过顶时间是最小仰角的函数(不同轨道高度,CPA = 0)

3.4　卫星指向地面目标

许多情况下,如在卫星对地面目标成像时,卫星的俯仰角和偏航角必须保证能够指向目标。目标并不在星下点轨迹上,而是在卫星 CPA 距离范围内。图 3.11(a)所示为几何图示,图 3.11(b)所示为卫星、地球中心和目标所定义的平面,此图仅用于辅助相关方程推导。图 3.12 所示为高度 600km、CPA 距离

500km 轨道的相关方程。

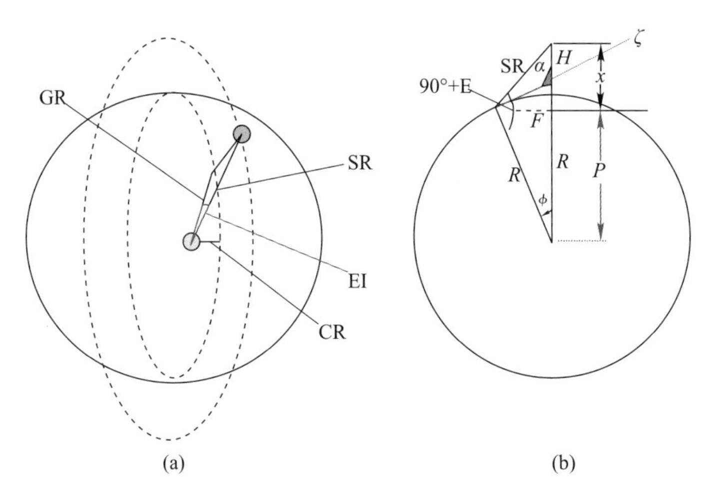

图 3.11　目标位于距离星下点轨迹 CPA 距离(km)处,与卫星和地心构成一个几何平面

参数	符号	单位	大小	方程
地球半径	R	km	6378.3	
高度	H	km	600.0	输入
CPA	CPA	km	500.0	输入
CPA 地面距离	GR_{CPA}	km	2000.0	输入
CPA 对角	c	(°)	4.491	$c = 180/\pi \cdot (CPA/R)$
GR_{CPA}对角	φ	(°)	17.966	$\varphi = 180/\pi \cdot (GR_{CPA}/R)$
	P	km	6067.3	$P = R\cos\varphi$
	F	km	2068.2	$F = R\tan\varphi$
	X	km	911.0	$X = H + R - P$
天底偏角	α	(°)	66.228	$\alpha = \mathrm{atan}(F/X)$
	α	(°)		$\alpha = 180/\pi \cdot \mathrm{atan}(R\tan(GR_{CPA}/R)/(H + R - R\cos(GR_{CPA}/R)))$
俯仰角	p	(°)	23.772	$p = 90 - \alpha$
目标方位角	az	(°)	14.036	$az = 180/\pi \cdot \tan(CPA/GR_{CPA})$
天底偏角	α	(°)	66.228	$180/\pi \cdot \mathrm{atan}(R\tan(GR_{CPA}/R)/(H + R - R\cos(GR_{CPA}/R)))$
仰角	ε	(°)	5.806	$\varepsilon = 90 - \alpha - \varphi$

图 3.12　不同 CPA,卫星指向地面目标的俯仰角和偏航角

图 3.12 中卫星对地面目标的视角通过俯仰和偏航表示。但多数情况下,通过卫星滚转和俯仰表示更为便捷。2.3 节为方程式推导过程。图 3.13 所示为轨道高度 600km、目标 CPA500km 的俯仰、偏航和仰角。

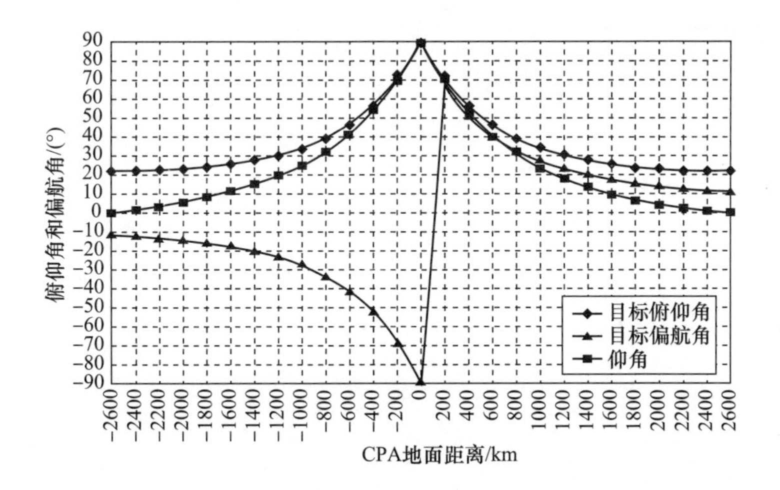

图 3.13　卫星到目标的俯仰和偏航角(高度 600km,CPA500km)

3.5　卫星弹道系数和在轨寿命

弹道系数是卫星质量与其阻力的比,即 $B = M/C_D A$,其中 M 为质量,C_D 为阻力系数,A 为卫星横截面积。例如,重 200 磅、尺寸 24 英寸 ×24 英寸 ×30 英寸(1 英寸 =2.54cm)的天底指向卫星,横截面积为 720 平方英尺($0.465m^2$);质量为 6.23 斯勒格(90.9kg);阻力系数为 2;弹道系数为 97.7。常见的卫星弹道系数变化范围在 50 ~200。图 3.14 所示为轨道寿命和大气密度,图 3.15 所示为轨道衰变率和轨道寿命与高度和弹道系数的关系。

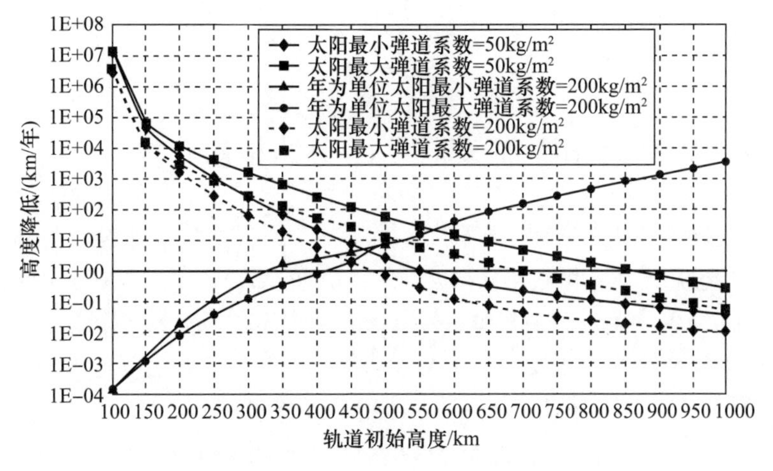

图 3.14　轨道寿命和大气密度

高度/km	预估轨道寿命			
	太阳最小值 50kg/m² (天)	太阳最大值 50kg/m² (天)	太阳最小值 200kg/m² (天)	太阳最大值 200kg/m² (天)
0	0	0	0	0
100	0. 04	0. 06	0. 06	0. 06
150	0. 24	0. 18	0. 54	0. 48
200	1. 65	1. 00	5. 99	3. 60
250	10. 04	3. 82	40. 21	14. 98
300	49. 90	11. 0	196. 7	49. 2
350	195. 6	30. 9	615. 9	140. 3
400	552. 2	77. 4	1024	346. 9
450	872	181	1497	724
500	1205	393	2377	3110
以下各行单位为年				
550	4. 5	2. 2	15. 0	13. 1
600	9. 0	7. 0	38. 6	36. 7
650	15. 2	12. 5	78. 1	76. 4
700	36. 7	34. 5	146	144
750	67	66	270	268
800	115	112	480	477
850	209	208	842	840
900	348	342	1427	1425
950	605	575	2337	2334
1000	934	931	3739	3732

图 3. 15　轨道衰变率和轨道寿命与高度和弹道系数(NASA)的关系

访问 https://www. orbitaldebris. jsc. nasa. gov/mitigation/das. html 下载 NASA 用于计算轨道寿命软件。

3. 6　计算太阳在航天器平面上的投影

要计算卫星太阳能电池板产生的电量,首先要计算每块电池板上太阳的投影。单位面积电池板上,太阳的投影是真近点角和 β 的函数。不考虑卫星蚀,当前时刻,5 个主要面板($+X$, $-X$, $+Y$, $-Y$ 和 $+Z$)电量可通过第 21 章中表格计算。

通过太阳在这 5 个主要面板上的投影可以计算电池板上其他方向的太阳投影。底板($-Z$)的系统是独立的,通常不能用于发电。

接下来考虑卫星蚀。卫星蚀是 β 角和轨道高度的函数。图 3. 16 所示为高度 600km 和 800km 轨道的卫星蚀时间与 β 的关系。

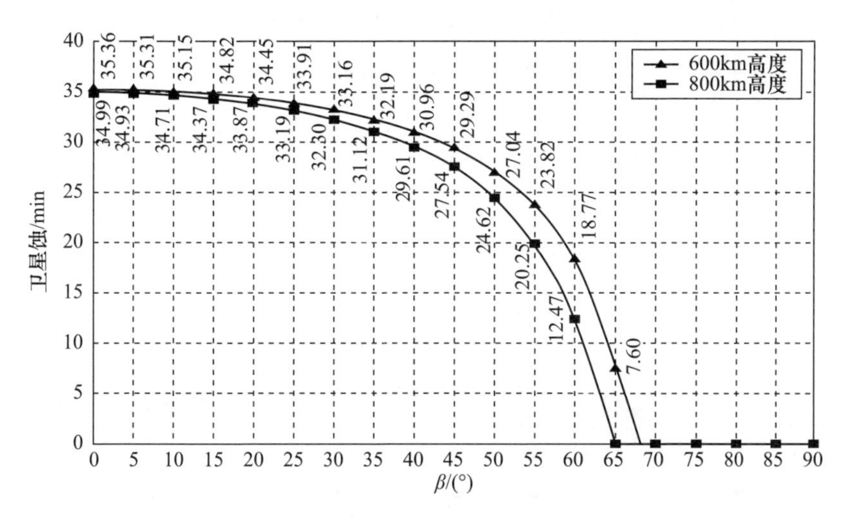

图 3.16　高度 600km 和 800km 轨道的卫星蚀持续时间与 β 的关系

注意:①高度变化时,β 变化不大;②当 β 约大于 65°,无卫星蚀,卫星一直处于日光直射中。

卫星蚀时间与超过 0°真近点角的角度有关(当太阳位于赤道平面时)。例如,当 $\beta=0°$,卫星蚀为 35.36min,由于轨道周期为 96.518min,卫星蚀持续到真近点角达到 131.89°时。真近点角范围为 360 − 131.89/2 = 294.055° ~ 131.89/2 = 65.945°。

图 3.17 ~ 图 3.20 所示为 5 块面板的瞬时功率及轨道平均功率(OAP)之和。相关数据来源详见第 21 章。

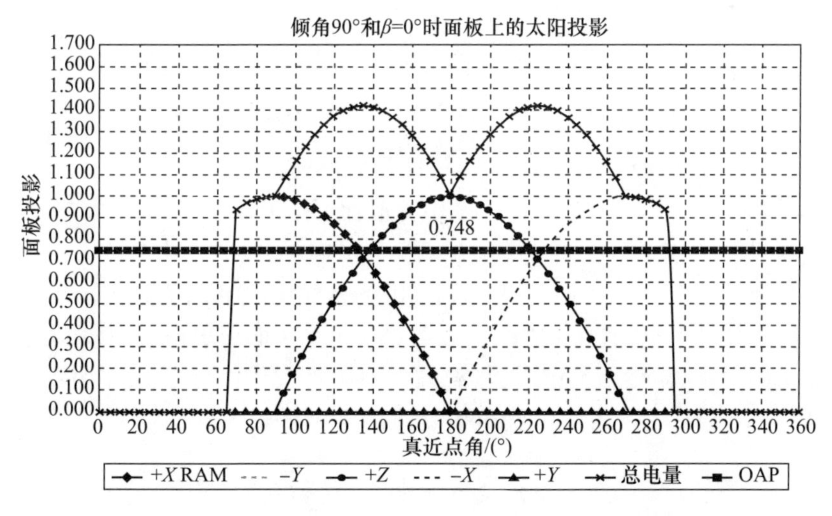

图 3.17　$\beta=0°$,倾角 = 90°时,仅 $+X$, $-X$, $+Z$ 电池板供电

注意,OAP(若 5 块电池板均为单位面积)为 0.748。5 块电池板所生产的 OAP 占太阳能电池总功率的 14.96%。其中,顶部(+Z)板几乎占总 OAP 的一半。如果不使用(+Z)板,剩余 4 块电池板的 OAP 将下降到 9.35%。β 加大(至 45°和 90°)发电的电池板数量增加,卫星蚀时长更短,OAP 随之上升,如图 3.18所示。

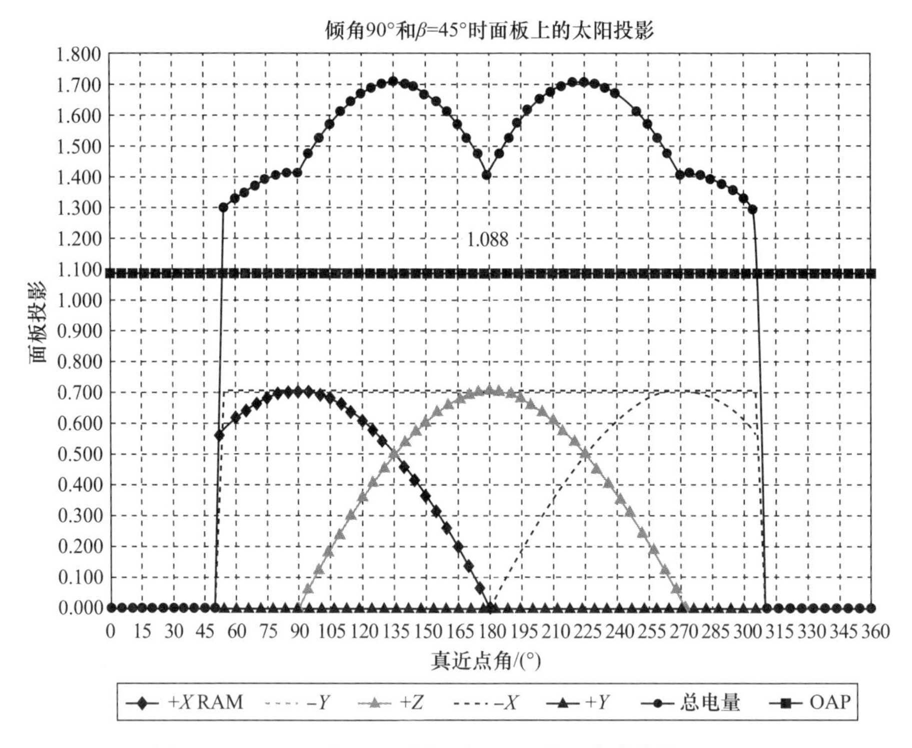

图 3.18 β=45°时,OAP 增加到 1.088 或星载功率的 21.76%

此时,−Y 电池板开始工作,而卫星蚀跨度仅为 109.25°。

β=90°时,如图 3.19 所示,未出现卫星蚀,OPA 为 1.213 或星载功率的 24.26%。

倾角降低到 65°,OAP 略降低(至 1.107),整体 OAP 效率降低至 22.14%。

如需计算其他电池板的功率,可以通过以上 5 个面板求得。例如,为了计算一个向上倾斜 45°电池板的电量,只需将 +Z 板和 +X 板的 0.707 作为真近点角函数,将 OAP 随真近点角从 0°到 360°变化。

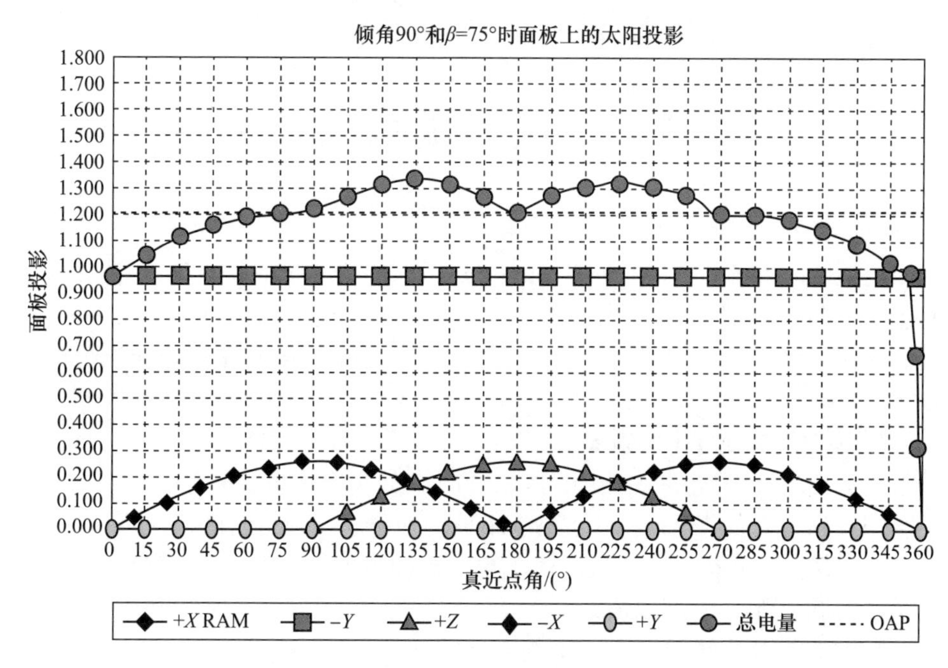

图 3.19　$\beta=75°$时，没有卫星蚀

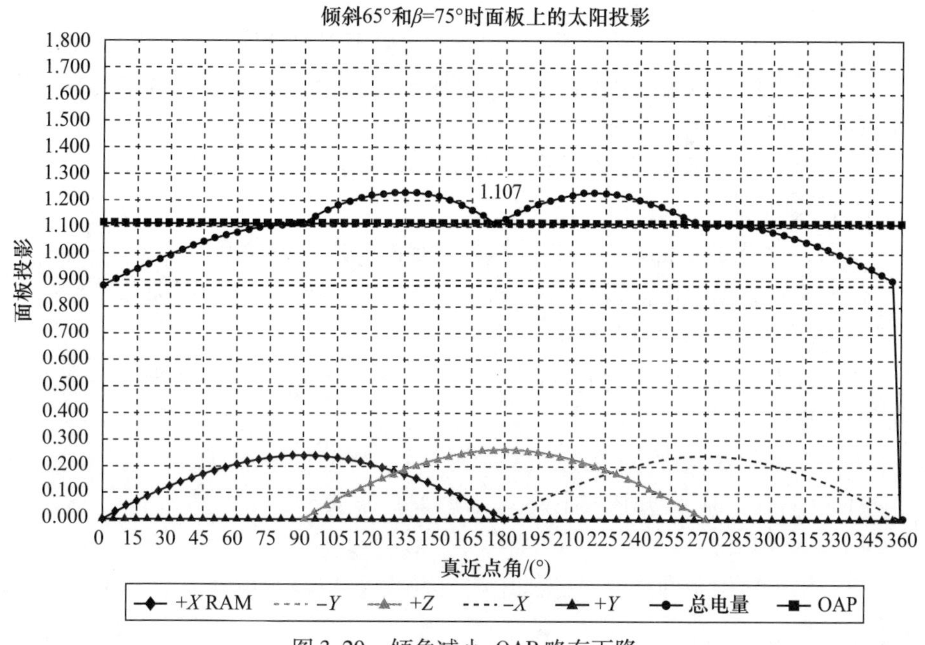

图 3.20　倾角减小，OAP 略有下降

第 4 章　电力子系统设计

卫星的电力子系统(Electric Power Subsystem,EPS)庞大且昂贵,它占卫星总重量的 25%,也占卫星总成本的 25%。对电力需求的低估,经常导致电力供给无法支撑卫星“飞行任务矮化”。以下讲解 EPS 设计过程,详细讨论和说明每个步骤。

1. 确定卫星轨道平均功率

(1) 列出卫星的所有电子组件以及每个组件所需的电压和电流。

(2) 确定卫星各运行模式下每个组件的功率。选择合适的 DC/DC 转换器效率,扩大电流,获得卫星各运行模式下每个电压源的轨道平均功率(OAP)。

(3) 确定所需 OAP 峰值。

2. 确定电池容量需求,选择电池母线电压

(1) 根据卫星蚀期间功耗(最长卫星蚀持续时间),确定电池容量需求。

(2) 选择电池。

(3) 根据电池输出与输入功率间的关系,确定卫星蚀期间所需电池容量。

(4) 选择最大放电深度,低于该放电深度,电池不再放电。设置放电深度以及高安全系数,可得需安装的电池容量。

(5) 串联电池的电池数量 = 电池母线电压/电池电压。并联电池串的数量 = 电池总电流/每个并联电池组的电流。

3. 确定太阳能电池板布局并计算其满足的轨道平均功率

(1) 确定太阳能电池板布局(每个电池板相对于卫星轴的方向和区域),并确定所有面电池板的蓄电和放电方式。

(2) 计算卫星在轨运行时,各电池板的瞬时功率。可得总功率与时间的关系,即 OAP。

(3) 在不同 β 角度(太阳矢量和轨道平面之间的角度)下,重复此计算,确定 OAP 最小值。保证 OAP 最小值 $\geqslant$ 卫星 OAP 需求。

4. 绘制 EPS 框图

(1) 根据电池板布局、电压需求、电池组数量、电池组电池数量,可绘制 EPS 框图。

(2) 考虑哪些组件模块需加装开关,以及应该在 DC/DC 转换器为组件供电之前或之后打开开关。

5. 其他 EPS 设计步骤

(1) 通常,EPS 计算机还要负责接收 EPS 健康状态、电池容量状态、组件温度和 EPS 状态的遥测。该计算机还可用于打开/关闭各种电子组件的电源。

(2) EPS 还要有运载火箭分离开关及卫星运行开关。该功能的启用或禁用,保证航天器从前期阶段到发射阶段不会电力耗尽,并在航天器轨道上被释放。

4.1　轨道平均功率需求

上述过程以三轴稳定卫星为例,该卫星装有两个用于确定姿态的星敏感器、一个相机和图像处理器的有效载荷、S 波段下行链路通信发射器和 UHF(Ultra High Frequency,特高频)上行链路指令系统。还有一个单独的命令和数据处理(Command&Data Handling,C&DH)计算机。

卫星三种运行模式如下:

(1) 空闲模式:未进行通信或成像任务,但其他系统都在运行。在此模式下,CMD 接收器开启。

(2) 成像模式:相机和图像处理计算机工作,但没有下行链路通信。

(3) 通信模式:卫星下行传输遥测和图像数据,并从地面站接收指令。在该示例中,设下行链路数据传输持续 5min(包含在 90min 总轨道周期内)。

图 4.1 所示为各部件功耗及其电压。第一项为每个 DC/DC 转换器所需的峰值电量以及 DC/DC 转换器效率(%)。

第二、三、四项为三种卫星模式下各组件的利用率。基于三种模式的 DC/DC 转换器效率,各运行模式下 OAP 行为 OAP 数据。最后一行为 EPS 设计必备的 OAP 峰值需求,均为三种运行模式中每种 OAP 需求的最大值。

卫星 OAP 要求	不同电压下的功率			空闲模式功率				成像模式功率				通信模式功率			
	5V	12V	28V	%	5V	12V	28V	%	5V	12V	28V	%	5V	12V	28V
命令和数据处理	1.5			100	1.5			100	1.5			100	1.5		
EPS 处理器	0.2			100	0.2			100	0.2			100	0.2		
成像载荷															
相机		4.0						10		0.4					

图 4.1　卫星轨道开发的平均功率要求

卫星 OAP 要求	不同电压下的功率			空闲模式功率				成像模式功率				通信模式功率			
	5V	12V	28V	%	5V	12V	28V	%	5V	12V	28V	%	5V	12V	28V
图像处理器	3.0							15	0.5						
ADACS															
俯仰反作用飞轮			3.5	100			3.5	100			3.5	100			3.5
滚转反作用飞轮			3.5	100			3.5	100			3.5	100			3.5
偏航反作用飞轮			3.5	100			3.5	100			3.5	100			3.5
星敏感器#1	0.5			100	0.5			100	0.5			100	0.5		
星敏感器#2	0.5			100	0.5			100	0.5			100	0.5		
航向太阳敏感器	0.4			100	0.4			100	0.4			100	0.4		
3 磁力矩器		0.8		100		0.8		100		0.8		100		0.8	
通信															
TTM& 图像发送器		30.0										5.5		1.6	
CMD 接收器		1.5		100		1.5		100				100		1.5	
峰值和最大功率	6.1	36.3	10.5		3.1	2.3	10.5		3.6	1.2	10.5		3.1	3.9	10.5
DC/DC 转换器效率%	87	85	85		87	85	85		87	85	85		87	85	85
各电压源下轨道平均功率	7.0	42.7	12.4		3.6	2.7	12.4		4.1	1.4	12.4		3.6	4.6	12.4
各模式的 OAP						18.7				17.9				20.7	
不同 OAP 下的设计		20.7													

图 4.1　卫星轨道开发的平均功率要求(续)

4.2　电池容量和电池系统设计

4.2.1　电池容量

选择卫星蚀中卫星运行模式,通常为空闲模式。每个轨道上,卫星蚀最长时间约 35min,此时航天器完全由电池供电。该例中,空闲模式功率为 18.622W,卫星蚀期间所需电量为:卫星蚀功率需求 × 最长卫星蚀时间/60min = 18.622 × 35/60≈10.863W · h。

常规电池输出与输入效率比为 85% ,即需要 1.176(100/85)倍电池容量,才能保证电池输出电量。因此,上述情况中电池容量需求提高到 12.780W · h。

下一步,考虑 EPS 必须支持的预期任务和电池寿命。低地球轨道(LEO)

上,卫星每天绕地球飞行 15 圈。因此,电池每年充放电达 5000 次。电池的使用寿命取决于平均放电深度(Depth of Discharge,DOD)。放电深度越小,电池寿命越长。常规锂离子电池循环寿命与放电深度间的关系如图 4.2 所示。

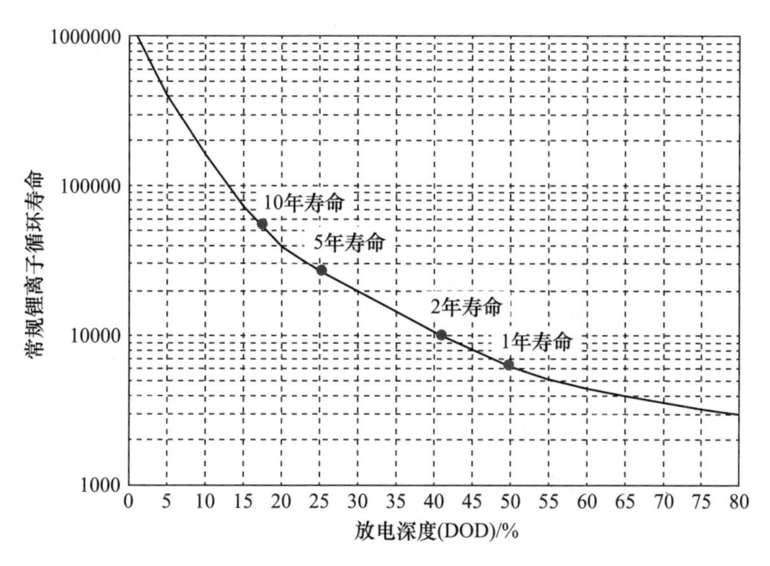

图 4.2　常规锂离子电池循环寿命与放电深度间的关系

图 4.2 中,若要求电池寿命为 5 年,DOD 应低于 15%。若要求为 10 年,DOD 要低至 10%。因此,电池容量必须是卫星蚀期间所需电量的很多倍。

此外,电池要有充足裕量,可补偿电池温度下降、太阳能电池容量下降和任务蠕变等需求。图 4.3 所示考虑以上因素的电池容量表。

W·h (星载电量) = (W·h 卫星蚀电量) ×(100/效率) ×(100/DOD) ×(1 + 电池裕量/100)

项目	数量	单位
卫星蚀期间所需电量	10.863	W · h
电池效率	85	%
放电深度	10	%
裕量	25	%
星载电池容量	159.8	W · h

图 4.3　计算星载电池容量

以上表明,10 年的卫星寿命,所需电量约为所需电池容量的 15 倍。

看似过多,但是事实证明并不多。电池蓄电量多多益善!

4.2.2　电池选择

2000 年以前,卫星电池都是镍镉(NiCd)电池。某些需要在低温下进行电池充电和放电的卫星使用密封铅酸电池。近年来,锂电池被广泛应用在卫星上。图4.4所示为星上不同电池的特性比较。表格数据均为近似值。因电池类型繁多,且电池制造工艺更新迅速,进行比较时要依据制造商的产品规格。

电池类型	铅酸	镍镉电池	镍氢电池	锂电池
电压/电芯	2.0	1.2	1.2	3.6
28V 总线的串联电池数量	14	24	24	8
密度 W·h/kg	30~50	45~80	60~120	150~250
充电温度/℃	-20~+50	0~+45	0~+45	0~+45
放电温度/℃	-20~+50	-20~+65	-20~+65	-20~+60
自放电周期/月	3~6	1~2	2~3	数年
注	勿放空电量	可放电	可放电	需要电芯保护
150W·h 电池估计重量	3.75kg	2.5kg	2.1kg	0.8kg

图4.4 不同类型电池的特性比较

镍镉电池在卫星上的应用经验和数据非常丰富。但是,最近几年,出于锂电池的能量密度高、低温表现出色等特性,卫星应用越来越倾向于选择锂电池。因此,建议使用锂电池。

不同制造商生产的锂离子电池差别很大,即使是同一制造商生产,电池型号不同,性能也不相同,因此选择电池之前应仔细阅读电池说明。此外,由于电池容量随温度降低而降低,星载电池容量要提高至足够补偿设备老化和温度引起的电量损失。

4.3 太阳能电池阵排列

常见的太阳能电池阵排列方式有三种。

(1) 壳体式太阳能电池:首先将太阳能电池安装在基板上,组成太阳能电池板,然后再将电池板安装到卫星上。这种排列方式虽然很简单,但产生的轨道平均功率(OAP)普遍只能占到星载太阳能电池功率的一小部分。

(2) 可展开太阳能电池:由于太阳能电池板角度可以调整到更接近垂直于太阳入射光线的角度,因此可提高OAP。但其展开和释放机制增加了电池阵列的复杂性。

(3) 旋转式太阳能电池:电池板通过连续旋转(一个或两个轴)保持电池板垂直于太阳入射光线,从而优化星载太阳能电池的使用,电量需求大时会使用这种电池板。大多数地球同步卫星使用旋转式太阳能电池板。

图4.5所示为太阳能电池排列图。第一组是4面、6面或8面卫星，太阳能电池安装在本体的立面上，也可安装于顶部。

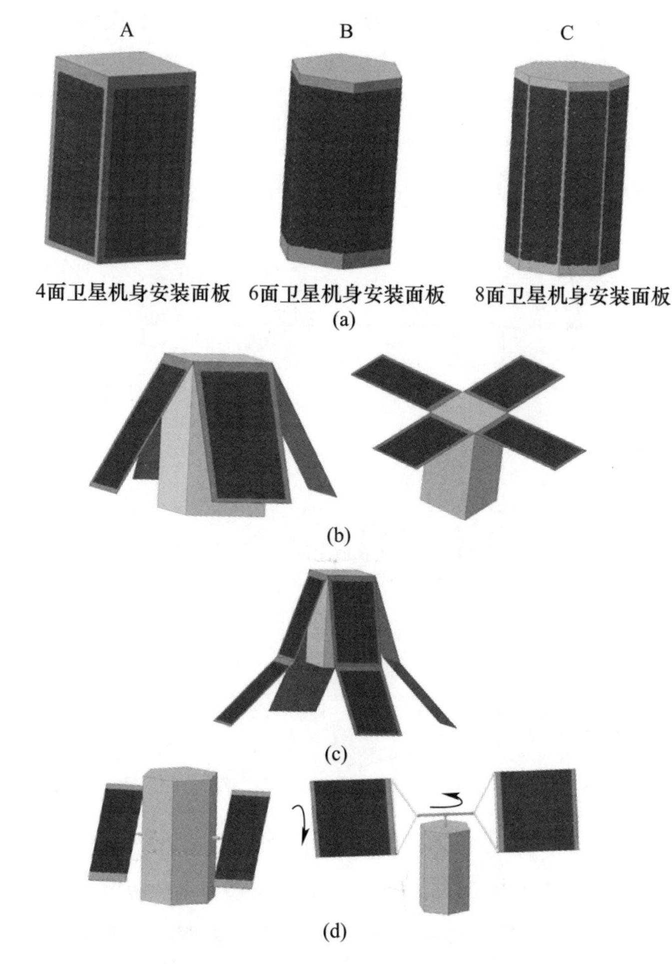

图4.5　(a)几种壳体式太阳能电池阵构型；(b)电池板相对卫星本体倾斜角度为30°和90°；(c)长板倾斜30°和45°；(d)单轴或双轴太阳能电池阵列卫星

第二组的两个卫星，电池板与卫星本体成30°和90°角。

图4.5(c)中，长电池板上半部分与卫星本体成30°，下半部分成45°。这种电池板倾斜角度可更好地满足任务期间不同β角对OAP的要求。

某些卫星选用单轴太阳能电池，某些使用双轴太阳能电池。双轴太阳能电池可实现电池板始终垂直于太阳入射光线，从而提高电池效率。但其驱动器和展开部件复杂且昂贵。

使用单轴太阳能电池阵的航天器也可以保证大部分时间电池板垂直于太阳

入射光线。若航天器可偏航,则单轴太阳能电池阵非常高效。

某个轨道上与时间相关的电量可以通过卫星真近点角步进来计算(卫星绕其轨道步进一周)。在每个步骤中,计算从太阳到航天器的矢量,然后计算该矢量和面板法向矢量之间的点积。点积乘以每块电池板的峰值输出功率并求和,可得到总输出功率。由此,卫星功率可视作真近点角(时间)的函数,然后可计算 OAP。最后,重复每个 β 角的 OAP 计算。

图 4.6 所示为高度 560km、倾角 90°的轨道上,立方体卫星(图 4.5(a)中 A 型)的计算结果。β 角介于 0° ~ 90°。$\beta = 0°$,太阳电池功率仅为星载功率的 11% 。

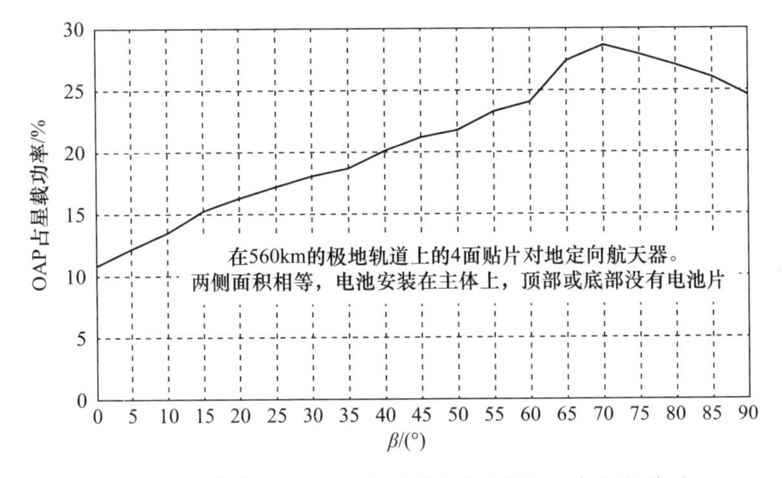

图 4.6　极轨道卫星,OAP 占星载功率比例与 β 角间的关系

通过倾斜电池板可以显著增加所有 β 角所对应的 OAP,见图 4.5(b)。将面板向上倾斜 15°,最小 OAP(对于 $\beta = 0°$)占星载功率比例从 11% 提高到 17% 。角度增加到 30°,最小 OAP 占比提高到 22% 。$\beta = 0°$时,继续加大电池板倾斜角度,OAP 继续上升,从 $\beta = 90°$开始,OAP 开始减小。若保证航天器在任意 β 角下均可正常工作,倾斜 30°的电池板效果最优。此时,OAP 是壳体式太阳能电池阵功率的两倍。高度 500km 极轨道航天器的 OAP 可视作 β 的函数,如图 4.7 所示。电池板倾斜以参数形式表示。

在赤道(0°倾角)轨道上,见图 4.5(b),电池板倾斜 90°,OAP 可达到星载功率的 33% 。

随着轨道倾角降至 75°、60°、45°、30°和 0°,OAP 与 β 的关系发生变化。图 4.8 所示为最小 OAP 与每块电池板倾斜角度 β 的关系。所有轨道倾角下,电池板倾斜 30°时最小 OAP 最佳,但接近赤道轨道,电池板 90°倾斜角度最优。

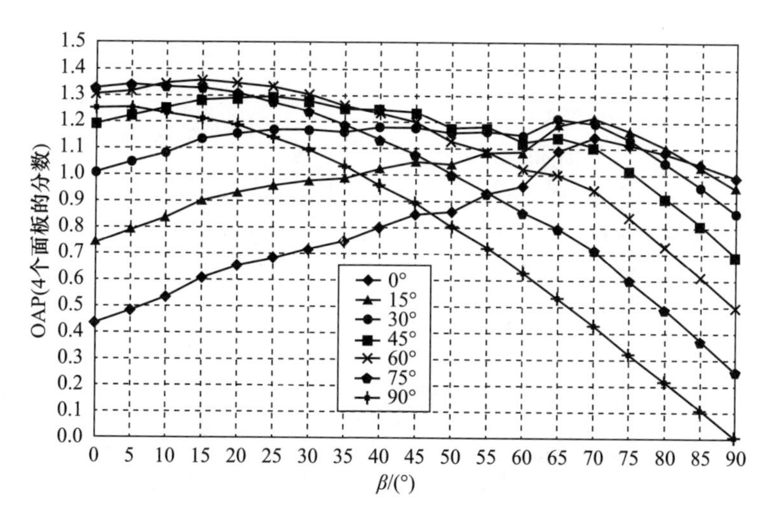

图 4.7　高度 500km、倾角 90°的立方体卫星，
电池板上斜不同角度时(0°~90°)，OAP 与 β 的关系

注意，在地球静止轨道上，装有驱动器的天底指向航天器的太阳能电池板可以一直垂直于太阳入射光线方向（卫星蚀期间除外），OAP 可达到星载功率的 95%。

轨道倾角/(°)	电池板倾斜/(°)	最小 OAP 与 β 的关系	β/(°)
90	30	占比 22%	0
75	30	占比 23%	0
60	30	占比 23%	0
45	30	占比 23%	0
30	45	占比 25%	90
0	90	占比 33%	任意 β

图 4.8　最小 OAP 为电池板倾斜角度的函数，所对应 β 最小。4 块太阳能电池板

图 4.9 所示为 β 角和倾斜角度的变化。

3.6 节介绍了任意方向的太阳能电池板提供瞬时功率和 OAP。基于以上关系，4 种电池板排布形式下 OAP 如图 4.10 所示。①壳体式太阳能电池阵；②4 块电池板与卫星夹角 30°；③4 块电池板，上半段与卫星夹角 15°，下半段 30°；④4 块电池板，面板与卫星夹角 45°，下半段 60°。

图 4.10 中显示，电池板倾斜 30°，OAP 明显提高（相对于壳体式太阳能电池排列）。电池板倾斜 45°、60°，小 β 角情况下，OAP 继续增加；但大 β 下，OAP 减小。通过比较最低点可知，倾斜 30°时效果最好。

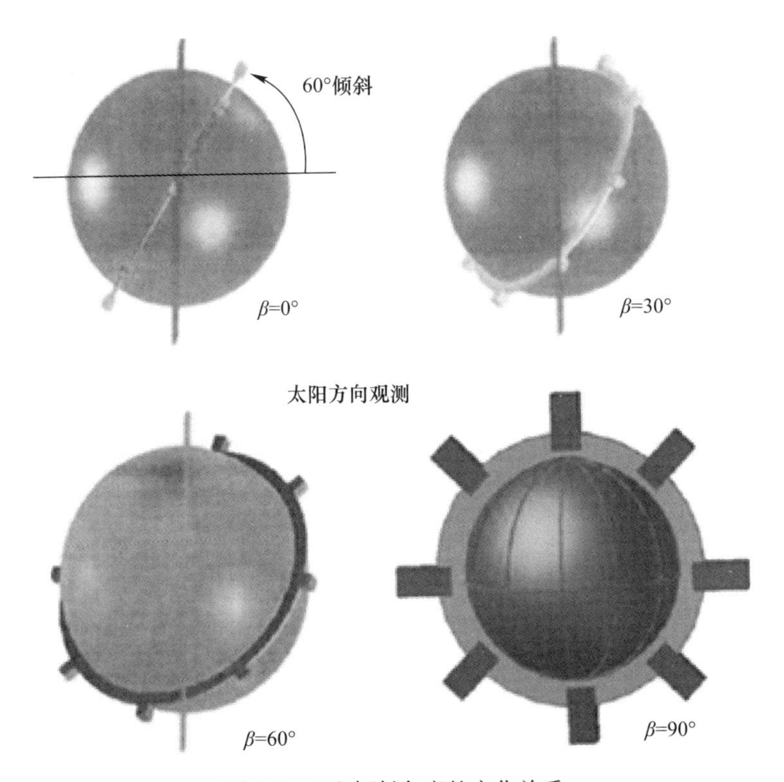

图 4.9　β 和倾斜角度的变化关系

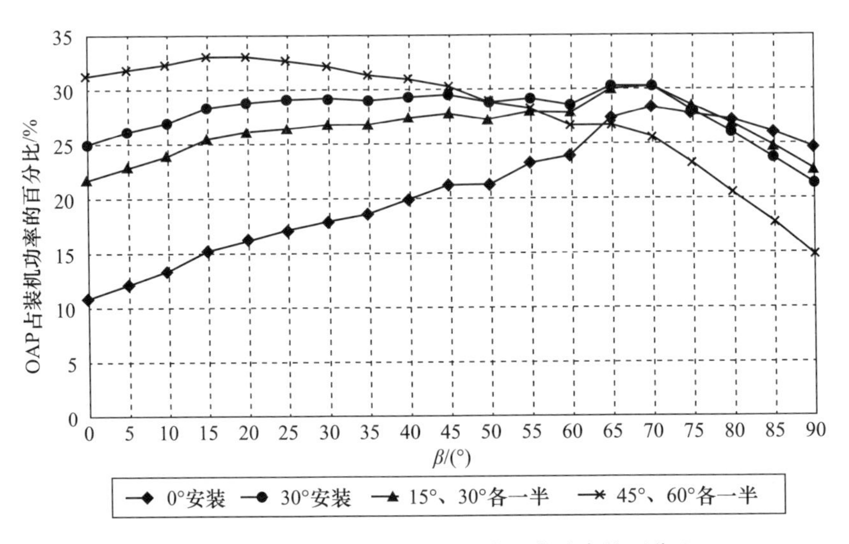

图 4.10　4 种电池板排布下 OAP 占星载功率的百分比

4.4　β 角与时间的关系

从太阳能发电量与 β 关系可看出,在规划任务时,β 角范围应在考虑范围内。β 角与时间、轨道倾角、发射时间相关的复杂函数。见附录。图 4.11 所示为 β 在某年的变化。

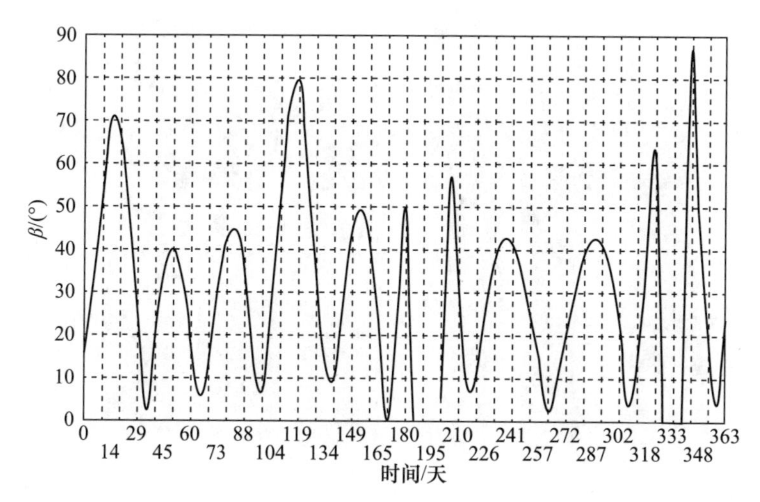

图 4.11　高度 600km,倾角 60°的轨道上,1 年周期内,β 与时间的函数关系

注意,β 全年未超过 80°。因此,如果卫星整个任务期间 β 都不超过 80°,可选用 $\beta<80°$时能够获得最大 OAP 的太阳能电池板排布。太阳能电池成本明显降低。

4.5　太阳能电池和电池排布

太阳能电池技术正在迅速提高太阳能电池的效率。在 20 世纪 90 年代,锗电池效率仅为 15% 左右。今天,光谱仪超三重结砷化镓电池的效率约为 28.3% 。太阳照度密度为 135.3mW/cm^2 时,常规 40mm × 70mm 电池在 28℃ 时产生约 1W 的输出功率。最大功率时,电池电压为 2.350V,电池电流为 425mA。裸电池重 84mg/cm^2,加上防护玻璃罩会略重。

由于太空辐射,电池容量在 7 ~ 10 年后下降 5% 。具体下降程度视轨道而定。电池输出功率也随温度降低而降低。电池退化细节需咨询制造商。

串联的电池数量取决于航天器选用的母线电压。对于传统的 28V 航天器总线,一般可连接 14 ~ 18 节串联电池。32.9 ~ 42.3V 的太阳能“电池组”输出,足以保证电池电压过充,补偿电荷调节器中的电压降。串联电池通过二极管分隔(见图 4. 13)。另外,基板上的布线与电池组的电流方向相反,可抵消电池板产生的磁场。

产品规范要求基板上串联电池之间的间隙至少为 1mm。“电池组”之间的间距至少为 2mm。两块太阳能电池板上的常见电池排列如图 4. 12 所示。

图 4. 12　两块电池板,每块 3“串”电池组,每“串”9 块电池,为 14. 4V 电池总线提供 21V 电压。每块电池板功率约 27W

4. 6　EPS 框图

典型的电力子系统框图如图 4. 13 所示。太阳能电池板输出与阻断二极管相结合。每块电池板的电流由(可选)电力子系统微处理器监控,并通过遥测发射器将其信息发送到地面站。

每个串联电池组通过单独的调节器充电,该电荷调节器确保每节(锂)电池电压不超过 4. 2V。常规 28 条母线,连接 8 个串联电池。该电池组需要 8 × 4. 2 = 33. 6(V)的充电电压,因此太阳能电池阵输出要有几伏的余量。多个电池和充电调节器并联。电池组到母线的阻断二极管确保无反向电流流入电池。电池电压和电流均被监控。

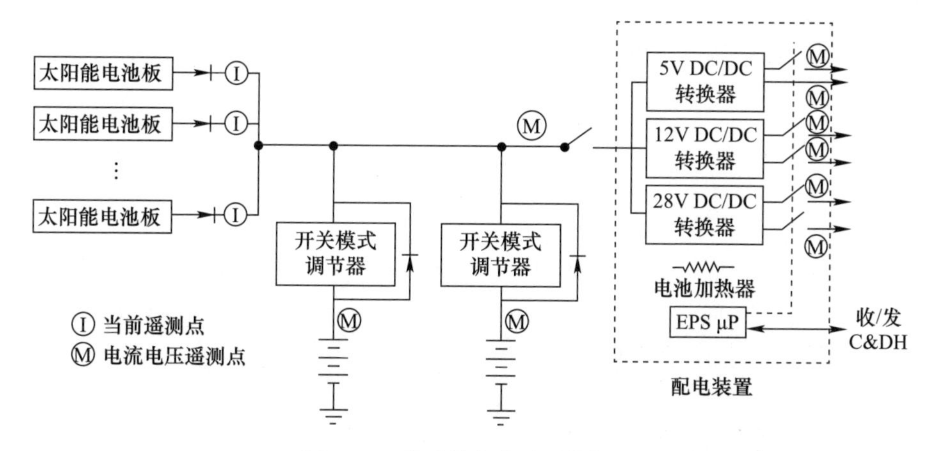

图 4.13 典型的电力子系统框图

电池母线为配电单元(Power Distribution Unit,PDU)供电。PDU 包含卫星电子元件所需的各种 DC/DC 转换器,可以根据需要打开/关闭每个组件。注意,某些 DC/DC 转换器输出不设开关,连续输出。为 C&DH 供电的 5V DC/DC 转换器输出不设开关,不会被关闭(此转换器关闭会终止卫星工作)。

EPS 微处理器控制开关键,并接收 EPS 遥测信号,与 C&DH 计算机通信,接收 C&DH 指令并向其发送 EPS 遥测信号。

航天器分离开关发出航天器和运载火箭已经分离的信号。该开关通常串联在电池总线和 PDU 之间。

此外,若电池配有加热器,电池上的温度传感器或 EPS 处理器则可打开/关闭电池加热器。

图 4.13 仅体现卫星部件不同电压对应的一个 DC/DC 转换器。但是更分散的架构会用到多个 DC/DC 转换器,通常一个转换器要与所有卫星组件相关联。

此外,图 4.13 还显示了 DC/DC 转换器输出端的电源开关。有些设计倾向于选择切换转换器的输入电流,避免组件关闭时消耗 DC/DC 转换器的电池电量。

图 4.13 为所有充电调节器对整串串联电池充电的图示,该设计中电池应配对,但是有些充电调节器可以单独为每节电池充电。

EPS 设计流程见前文。当然影响因素还有很多(如 EPS 的热设计),但此处不作讨论。EPS 其他注意事项见本书后续章节。

第5章　卫星通信

地面站通过 RF(Radio Frequency,射频)通信对航天器发出指令、接收卫星健康状况和状态(遥测)及有效载荷数据。本章讨论卫星频率、通信链路裕度、误码率(Bit Error Rate,BER)和射频硬件。

5.1　频率分配

卫星只允许在分配的频段内发送和接收信号。图 5.1 和图 5.2 所示为业余爱好者、研究人员和商业组织的卫星操控频率划分。数据来源为 FCC(Federal Communications Commission,美国联邦通信委员会)频率划分表(2016 年 7 月 28 日)。FCC 表中其他限制条件本书不做讨论。

频率范围/MHz	典型用途或用户
137 ~ 138 VHF	星对地低速率数据传输
145 ~ 146 VHF	业余卫星
148 ~ 150 VHF	低数据速率卫星的上行链路
240 ~ 270 UHF	军用卫星
400 ~ 403 UHF	移动通信
432 ~ 438 UHF	业余卫星
2025 ~ 2300 S 波段	天对地和地对天数据传输
8000 ~ 9000 X 波段	X 波段高数据传输率卫星
超过 20000	忽略天气恶化衰减使用

图 5.1　航天器使用的频率简表

甚高频(Very High Frequency,VHF)适用于低速数据传输。卫星天线较大,因此通常是全向的(或地球覆盖)且固定的(不可操纵)。考虑天线展开尺寸及在轨运行时展开,天线必须妥善安置。由于地面上的射频干扰使地面站 RF 噪声高于 KTB 噪声水平 10dB 以上,如要保证通信成功,卫星发射机功率要足够大或使用高增益地面站天线。

特高频(UHF)也适用于低速数据传输。但卫星天线较小(或增益更大)。

地面噪声虽然高于 KTB 水平,但低于甚高频,安装高增益天线的地面站规模较小。以上都可以保证实现更高的数据速率(通常为每秒几百千比特)。

从/MHz	至/MHz	划分
7.000	7.1000	业余卫星
14.000	14.250	业余卫星
19.068	18.168	业余卫星
21.000	21.450	业余卫星
24.890	24.990	业余卫星
137.000	138.000	天对地
144.000	146.000	业余卫星
148.000	149.900	地对天
149.900	150.050	地对天
161.9625	161.9875	地球（移动）到太空
162.0125	162.0375	地球（移动）到太空
399.900	400.050	地对天
400.150	401.000	天对地
401.000	402.000	天对地和地对天数据传输
402.000	403.000	地对天
1164.000	1215.000	无线电导航卫星天对地、天对天
1215.000	1240.000	无线电导航卫星天对地、天对天
1240.000	1300.000	
1300.000	1350.000	无线电导航
1400.000	1427.000	地球探测与卫星研究
1525.000	1535.000	天对地
1535.000	1559.000	天对地
1559.000	1610.000	无线电导航卫星天对地、天对天
1610.600	1613.800	地对天（移动、航空导航）
1626.500	1660.000	移动通信地对天
1660.000	1675.000	移动通信地对天
1675.000	1695.000	气象天对地
1695.000	1710.000	气象天对地
1761.000	1850.000	空间操作地对天

图 5.2　卫星使用的频率表(不高于 20GHz)

从/MHz	至/MHz	划分
2000.000	2020.000	手机到卫星地对天
2025.000	2110.000	空间研究,地对天,天对天
2200.000	2290.000	天对地,天对天
2310.000	2345.000	广播卫星
2483.500	2500.000	天对地
2655.000	2700.000	空间研究,被动
3100.000	3300.000	地球探测与空间研究
3600.000	4200.000	静止卫星天对地传输
4500.000	4800.000	静止卫星天对地传输
5000.000	5010.000	无线电导航地对天传输
5010.000	5030.000	无线电导航天对地传输
5150.000	5250.000	静止卫星地对天传输
5250.000	5460.000	地球探测与空间研究
5460.000	5570.000	地球探测与空间研究
5839.000	5850.000	业余卫星天对地传输
5850.000	7075.000	静止卫星地对天传输
7145.000	7235.000	空间研究地对天传输
7250.000	7850.000	静止卫星天对地传输
7900.000	8215.000	地对天传输
8215.000	8400.000	地球探测天对地传输,移动通信地对天传输
8400.000	8450.000	深空探测天对地传输
8450.000	8500.000	空间研究天对地传输
8550.000	8650.000	地球探测与空间研究
9300.000	9500.000	地球探测与空间研究
10600.000	10700.000	地球探测与空间研究，被动
10700.000	12200.000	静止卫星天对地传输
12200.000	12700.000	广播卫星
12700.000	13250.000	静止卫星地对天传输
13250.000	13750.000	
13750.000	14470.000	地对天传输
14500.000	15350.000	空间研究

图 5.2　卫星使用的频率表(不高于 20GHz)(续)

从/MHz	至/MHz	划分
16600.000	17100.000	深空研究地对天传输
17200.000	17300.000	地球探测与空间研究
17300.000	17700.000	广播卫星
17700.000	17800.000	静止卫星地对天传输
17800.000	20200.000	静止卫星天对地传输

图 5.2　卫星使用的频率表(不高于 20GHz)(续)

在 S 波段,地面噪声干扰很小,高增益卫星天线更容易建设和对准。因此,S 波段操作只需几个兆赫兹的数据速率。

所有 S 波段属性也符合 X 波段。此外还有其他波段可用。因此,可以实现数十兆赫兹的数据速率。但是,必须考虑雨衰减影响。

以上频率的 FCC 要求地面光照密度小于 5mW/cm^2,有效约束了最大可用卫星发射机功率和天线增益。

5.2　调制类型

选择一种调制方式与航天器进行数据通信往来。最常用的调制类型及其特性如图 5.3 所示。调制类型按相同误码率(BER)所需的 S/N(Serial Number)比降序排列。

调制类型	描述	评价
FSK(非相干)	载波频率在两个值之间切换	传统调制、简单、多普勒不敏感,调制指数为 0.3
FSK(相干)	载波频率随连续相移而变化	对于相同的 BER,需要较少的 S/N
GMSK(高斯最小频移键控)	在应用于 FSK 之前,二进制数据首先进行高斯舍入	与 FSK 类似,但频谱更多
PSK(相移键控)	载波相位发生变化 ±90°	改善 BER 性能
BPSK(双相移键控)	载波由 +1 或 -1 的信号调制	高效但多普勒敏感
QPSK(正交相移键控)	载波相位变为四个相位之一	提高频谱效率,每步 2bit,每 2bit 信息发生相位变化
偏置四相相移键控	两个相位变化之一被延迟 1bit	提高频谱效率,每一比特相位发生变化

图 5.3　最常用的调制类型及其特性

5.3 误码率和前向纠错

在可以设计通信链路并且可以确定所需的接收 S/N 之前，必须评估不同调制技术的特性。根据所选调制的类型，可靠通信所需的信噪比存在明显差异。误码率表明了这一点。误码率为信号位能量/噪声功率密度（E_b/N_o）的函数。图 5.4 所示为最常用的调制类型的 BER 与 E_b/N_o。

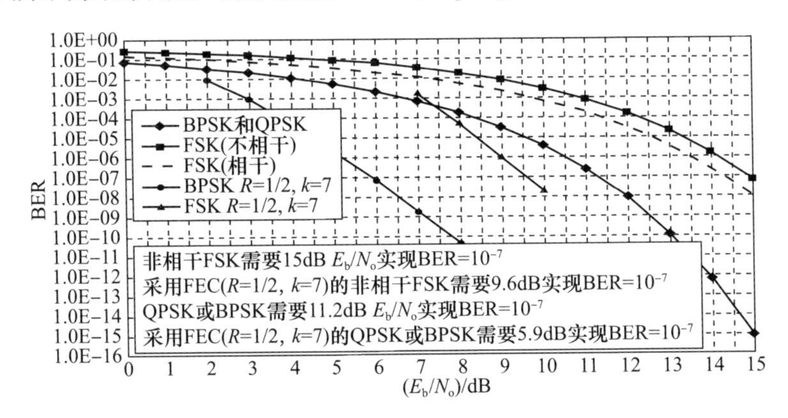

图 5.4　不同调制类型和 FEC 的误码率与 E_b/N_o 关系

前向纠错（Forward Error Correction，FEC）通常用于减少 E_b/N_o，增加信息的比特数，让消息不易受噪声或其他干扰影响。纠错码性质多样，数目巨大。此处，我们仅采用最常用维特比解码率为 1/2，卷积码 $k=7$。

比特率保持不变时，应用 FEC 可降低有效消息数据速率；若数据传输速率保持不变，则需要增加比特率和带宽。由此可见，FEC 是把“双刃剑”。

图 5.4 为 FSK、BPSK、QPSK、经过 FEC 的 FSK、经过 FECQ 的 PSK 的 BER 与 E_b/N_o 关系图示。可以看出，引入 FEC 明显减小 BER 的 E_b/N_o 需求。图 5.5 所示为 $10^{-5}\sim10^{-7}$BER 所需的 E_b/N_o。

调制类型	E_b/N_o 需求估计/dB		
	BER = 10^{-5}	BER = 10^{-6}	BER = 10^{-7}
FSK（非相干）	13.2	14.2	14.8
BPSK 或 QPSK	9.8	10.6	11.7
带有 FEC * 的 FSK	7.8	9.0	9.6
带有 FEC * 的 QPSK	4.5	5.6	5.9
* FEC 为卷积码 $k=7$ 的维特比解码率为 1/2			

图 5.5　不同调制类型和 BER 的 E_b/N_o 要求简表

5.4　链路方程

下行 RF 链路方程表示在地面站接收的信号和噪声,包括卫星发射机功率、卫星天线增益、频率相关路径损耗、数据传输速率、接收天线增益、指向损耗、地面接收机噪声系数、地站接收机噪声和给定调制类型的 FEC。同理,上行链路方程表示在卫星接收器接收的信号和噪声。图 5.6 中,链路裕量为地面仰角的函数。该航天器安装 10W 的 FSK 发射器,以及四分之一波长(全球覆盖)四线天线。航天器在 S 波段(2.250GHz)运行。

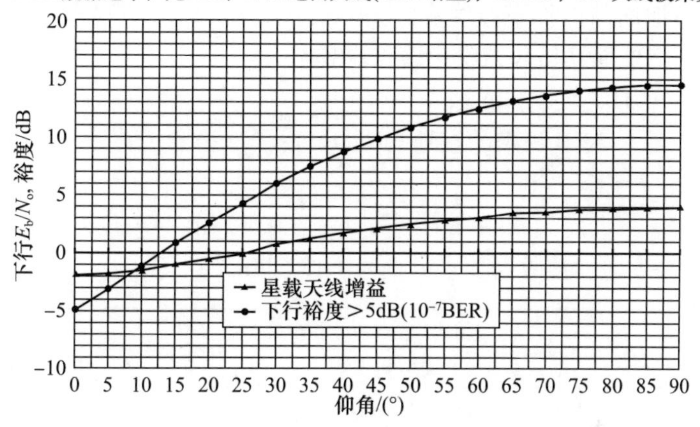

图 5.6　S 波段下行链路裕度示例

下行链路数据传输速率为 1Mb/s,未使用 FEC。地面站安装一个 3.9°波束宽度的 2.4m 天线。地面站接收器噪声系数(Noise Figure,NF)为 3dB。此外,假设接收器损耗为 3dB。在 BER 为 10^{-7} 情况下运行,E_b/N_o 应高于 15dB。最小 E_b/N_o 为 +15dB,图 5.6 中已有体现。链路方程见图 5.6。

可以看出,地面仰角在 12°以上时,E_b/N_o 出现裕度,卫星可以关闭天对地链路。若 FEC 维特比解码率为 1/2,$k=7$,则链路传输性能将提高 5.2dB(图 5.5),卫星可以在地平线处关闭下行链路。

可下载的软件中,包含详细的与轨道高度、地面观测点到卫星地面仰角的链路裕度方程,以及所有变量(图 5.7)。

$$S_{\mathrm{GR}} = \text{地面站接收信号强度} = P_T + \mathrm{AG_{SC}} - \mathrm{ML} - \mathrm{SL} + \mathrm{AG_{GS}} - \mathrm{PL}$$

$$S_{\mathrm{Required}} = \mathrm{KTB} + \mathrm{GN} + \mathrm{NF} + \mathrm{NBW} + \mathrm{IL} + (E_b/N_oR)$$,其中

$$SL = 37.8 + 20\log(\text{Freq} - \text{MHz}) + 20\log(SR)$$

$$KTB = -174\text{dBm/Hz}$$

$$\text{LinkMargin} = S_{GS} - S_{\text{Required}}$$，以 dB 为单位

式中 P_T——卫星发射机功率(dBm)；

AG_{SC}——卫星天线的地面站方向增益(dBic)；

SL——空间损耗(与地面站斜距的平方成反比)(dB)；

AG_{GS}——地面站天线增益(dBic)；

ML——调制损耗(dB)；

PL——地面站天线指向损耗(dB)；

S_{GR}——地面接收器输入信号(dBm)；

NF——地面站接收器噪声系数(dB)；

NBW——地面站接收器噪声带宽(dB/Hz)；

KTB——KTB 噪声(dBm)；

GN——超过 KTB 噪声的接地噪声(dB)；

IL——执行损耗(dB)；

E_b/N_oR——考虑到调制、BER 需求和 FEC(以 dB 为单位)的 E_b/N_o；

S_{Required}——地面接收器要求的信号强度(dBm)。

数量	描述	算例值
P_T	卫星发射机功率	40.00dBm
AG_{SC}	卫星天线在地面站方向的增益	-1.45dBm
ML	调制损耗	-0.50dB
SL	空间损耗（仰角 15°、高度 600km 的卫星到地面）	-163.70dB
AG_{GS}	地面站天线增益	32.04dB
PL	地面站天线指向损失	0.00dB
S_{GS}	地面站接收器输入端接收信号强度	-93.11dBm
NF	地面站接收器噪声系数	3.00dB
NBW	地面站接收器噪声带宽（1Mb/s 数据速率）	60.79dB
KTB	KTB 噪声密度（每赫兹）	-174.00dBm
GN	地面噪声超过 KTB 噪声的部分	0.00dB
IL	执行损耗	2.00dB
E_b/N_oR	E_b/N_o 需求(对于 FSK,无 FEC,BER $=10^{-7}$)	15.00dB
S_{Roquired}	关闭链路的地面站接收器输入信号强度需求	-93.21dBm
	链路裕度	0.10dB

图 5.7 链路裕度示例

若使用 FEC,链路裕度将增加到 5. 3dB;BER 为 10^{-7} 条件下可关闭水平方向上的链路。

使用具备 FEC 的 QPSK 链路裕度会增加约 8. 9dB。超出的裕度可用于关闭水平方向上的链路(4. 8dB 用尽),并将数据速率提高到 2Mb/s。

其他提升必须通过增加卫星天线增益实现。

5.5 航天器天线

低轨航天器最常用的天线有 N 匝螺旋天线、半波长四臂螺旋天线、绕杆式螺旋天线、块状天线、喇叭形天线和碟形天线。

5.5.1 N 匝螺旋天线

螺旋天线非常适用于卫星,增益可高达 15dB,还可以被压扁(类似弹簧床面),因此螺旋天线安装所需空间很小。在轨运行时,天线的线圈可展开至原长度。相邻线圈之间的弹性连接线可保证天线展开至即定长度。

图 5. 8 所示为不同匝数下天线增益值参考,图中为保守值。研究人员在不同航天器上使用了 2. 5 圈和 5 圈螺旋天线,2. 5 圈螺旋天线增益约为 5. 5dB。

螺旋天线特征					
频率			f	2. 250	GHz
Lambda			30/f(GHz)	13. 333	cm
匝间的距离			0. 22169λ	2. 960	cm
俯仰角度			12. 5°	12. 5	(°)
直径			λ/π	4. 24	cm
接地板直径			0. 8λ	10. 66	cm
匝数	增益/dBic	3dB BW/(°)	天线长度/cm	接地板直径/cm	直径/cm
1	3. 76	110	2. 96	10. 66	4. 244
2	6. 77	78	5. 91	10. 66	4. 244
3	8. 53	64	8. 87	10. 66	4. 244
4	9. 78	55	11. 82	10. 66	4. 244
5	10. 75	49	14. 78	10. 66	4. 244
6	11. 54	45	17. 74	10. 66	4. 244
7	12. 21	42	20. 69	10. 66	4. 244
8	12. 79	39	23. 65	10. 66	4. 244
9	13. 30	37	26. 60	10. 66	4. 244
10	13. 76	35	29. 56	10. 66	4. 244

图 5. 8 N 匝螺旋天线增益、波束宽度和长度

5.5.2 半波长四臂螺旋天线

四臂天线最早出现于 20 世纪 70 年代。图 5.9 中,半波天线带宽 1GHz,天线增益峰值约 4dB,可实现低轨卫星的地面覆盖。

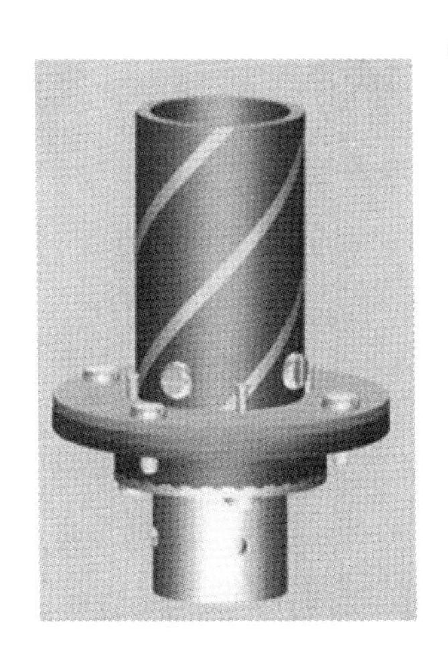

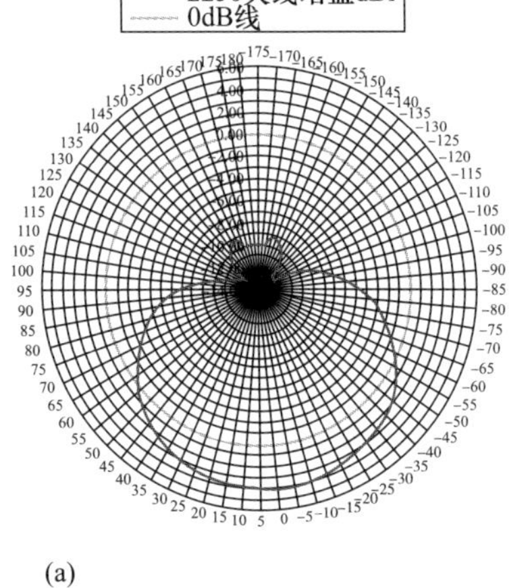

(a)

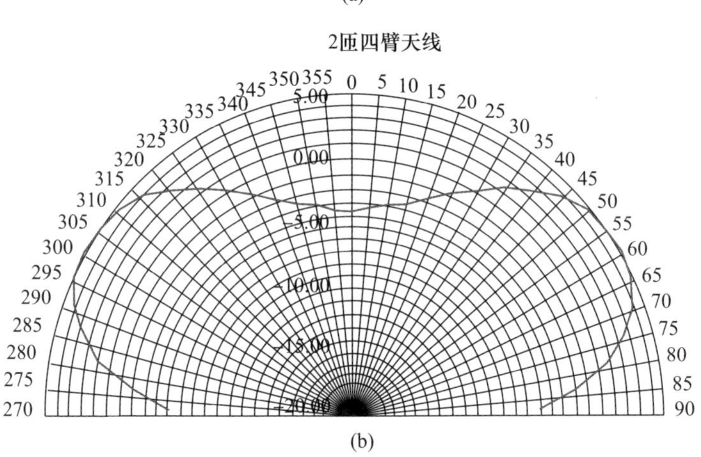

(b)

图 5.9 (a)在 2.250GHz 处的 0.75 英寸直径半波长四臂天线;(b)2 匝四臂天线更好地弥补了路径与角度损耗

全波四线天线改善了增益,但使用该天线主要是因为其辐射方向图在 60°处(从卫星水平向下 30°)达到峰值,大约为高度 600km 的地平线角度。此外,天线增益在最低点减小,更好地匹配倾斜范围路径损耗。图 5.9(b)为全波四线的天线辐射图。除了替换全波四线天线,与图 5.6 相同条件下的链路裕度与仰角的关系如图 5.10 所示。

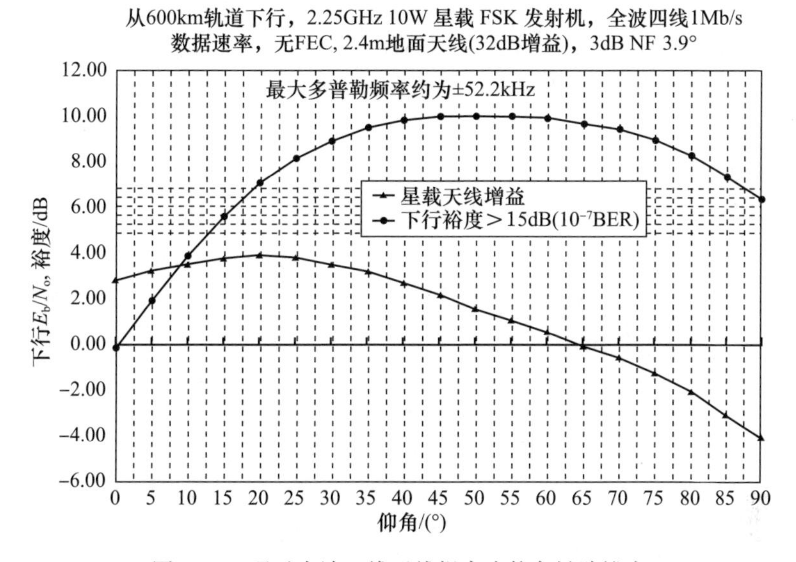

图 5.10　通过全波四线天线提高小仰角链路裕度

5.5.3　绕杆式螺旋天线

绕杆式天线非常适用于轨道高度低于 800km 的航天器实现椭球地面覆盖。这种天线既小(在 S 波段,大约 2 英寸 ×2 英寸)又有刚性,可以轻松承受运载火箭的载荷(图 5.11)。

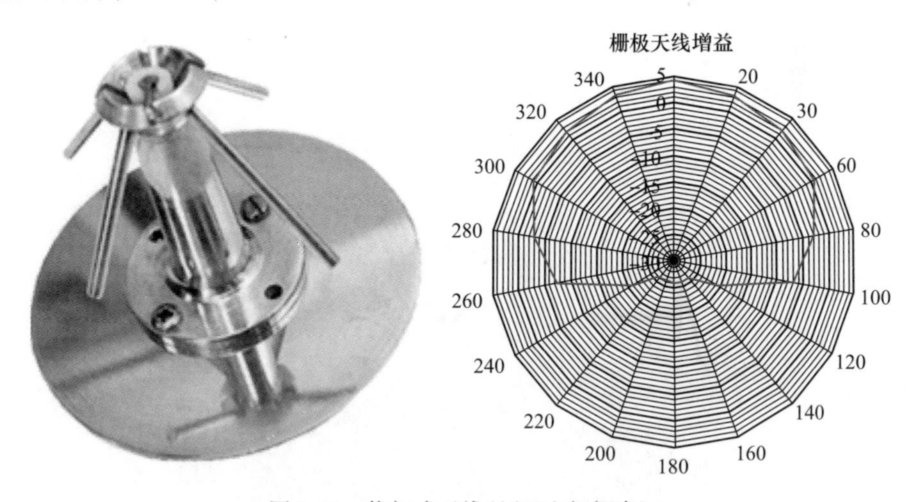

图 5.11　绕杆式天线(用于空间探索)

5.5.4 片状天线

想要获得更高的增益,可以使用圆扁片状天线(曲面天线)。曲面天线是一种矩形扁平天线,增益范围从 3dB 到 15dB。商用 2.4GHz、8dBic 增益片状天线(曲面天线)尺寸通常为 11.4cm×11.4cm×2.3cm。

另一种片状天线(曲面天线)是为 S 波段(2.2~2.3GHz)的卫星提供遥测而设计,此天线必须满足地面覆盖,保证卫星在地面站视场(Field of View,FOV)内都可以访问地面站。天线尺寸为 1.9 英寸×1.9 英寸×0.050 英寸,天线增益如图 5.12 所示。注意,地平线在卫星下约 30°。天线在地平线上增益为 0dBi,朝向地心时增益达到 4dB。

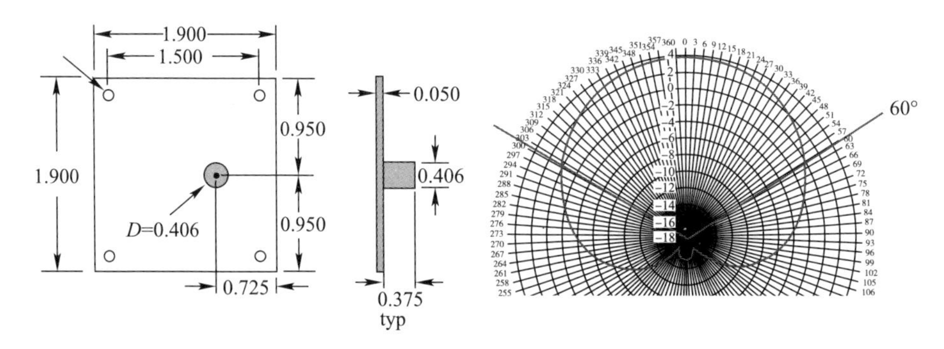

图 5.12 低增益地面覆盖片状天线(曲面天线)

5.5.5 喇叭形天线

在微波频率下,喇叭形天线可以提供中等偏上的天线增益。在 X 波段,喇叭形天线随时可提供 10dB、15dB、20dB 增益。典型的 10dB 喇叭形天线(线性极化)如图 5.13 所示,该图还显示了 15dB 喇叭形天线的物理特性。

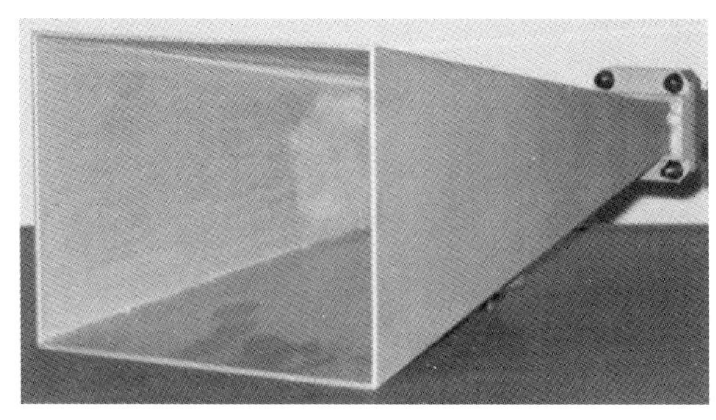

图 5.13 X 波段喇叭形天线

5.5.6　碟形天线

碟形天线可获得更高增益。图 5.14 所示为直径 D 的抛物面碟形天线增益及其波束宽度：

$$\text{Gain} = 10\log(k(\pi/\lambda)^2), \quad \text{BW}(°) = 70\lambda/D$$

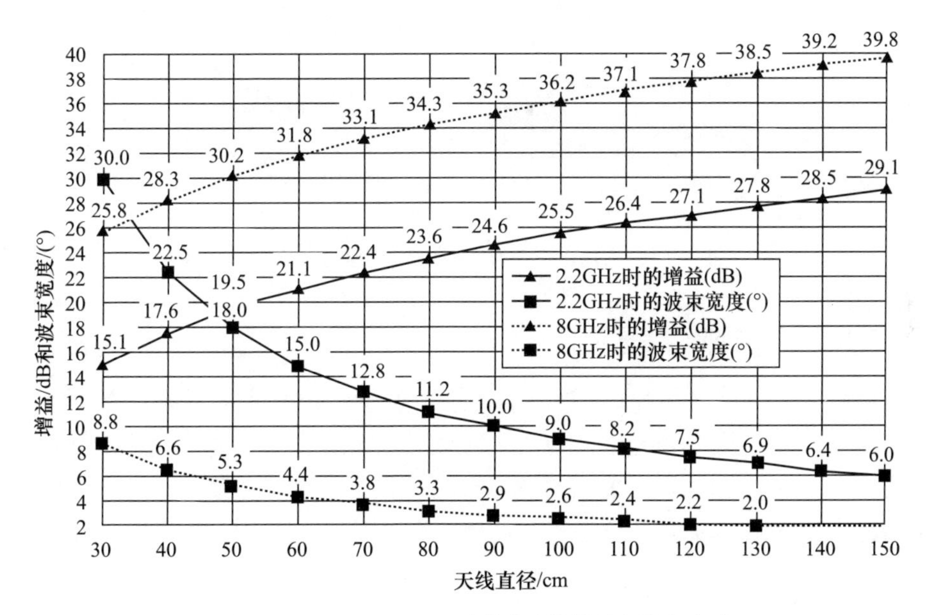

图 5.14　2.2GHz、8GHz 下碟形天线增益和波束宽度

5.5.7　星间链路和可控天线

某些卫星应用需要很高的天线增益。例如，23.2GHz 的星间链路如果要以 25Mb/s 的比特率与 3500km 距离的另一颗卫星通信，大约需要 30dBic 的航天器天线增益。这种天线的波束宽度约为 5.3°。因而此天线捕捉航天器并在快速变化的几何环境中保持瞄准非常困难，所以这种天线一般是机械指向。但转向过程中，天线的角动量和重心的变化都会影响航天器姿态，因此卫星姿态控制系统必须考虑二者影响。

图 5.15 展示了两个机械控制微波天线（萨里卫星技术公司）。图（a）为 19dB 8GHz 天线，图（b）为可操纵碟形天线。这些天线通常用于卫星对地通信，以及在卫星过顶期间跟踪地面站。

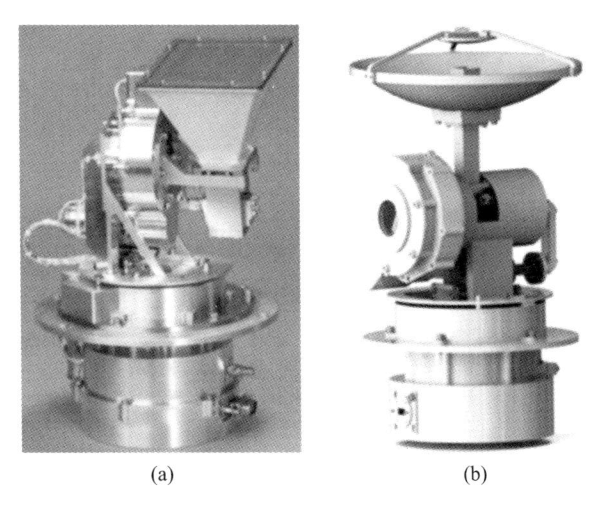

(a) (b)

图 5.15　机械控制微波天线(萨里卫星技术公司)

5.5.8　相控阵天线

相控阵天线可以快速转向并且提供中等增益。转向仰角和方位角限于±45°范围内。天线各单元以低功率运行,数字化相移。其主要优点是可以实现天线方向的迅速变换,同时充当多波束天线。其主要缺点是移相器对航天器电量消耗过大,小卫星普遍无法达到其功率要求因而无法使用此种天线。

5.5.9　可展开天线

需要安装大尺寸天线的大型航天器,普遍会选择可展开天线。可展开天线的示例如图 5.16(ATS－6 和 2m 的 APL 混合充气反射器)所示。

图 5.16　可展开天线

5.6　通过改变比特率或切换天线来增加吞吐量

如图 5.10 所示，0dB 的链路裕度处数据速率限制为 1Mb/s。但是随着仰角增大，E_b/N_o 达到 10dB，然后在最低点下降到约 6dB。利用较高仰角处的链路裕量，提高数据传输速率。例如，仰角为 10°时，数据速率可提高到 2Mb/s，仰角 17°时可高达 4Mb/s。虽然航天器飞行过程主要是低仰角，但改变航天器过顶期间的数据速率，也可以明显提高吞吐量。

增加吞吐量的另一种方法是（除了天底指向四线天线）额外使用两个水平前/后向指向高增益天线。图 5.17 所示为天线可达到的最大增益。若使用 11.54dB 峰值增益的 6 匝螺旋天线，链路方程将发生变化，如图 5.18 所示，整个卫星过顶过程数据传输率可达到 4Mb/s。

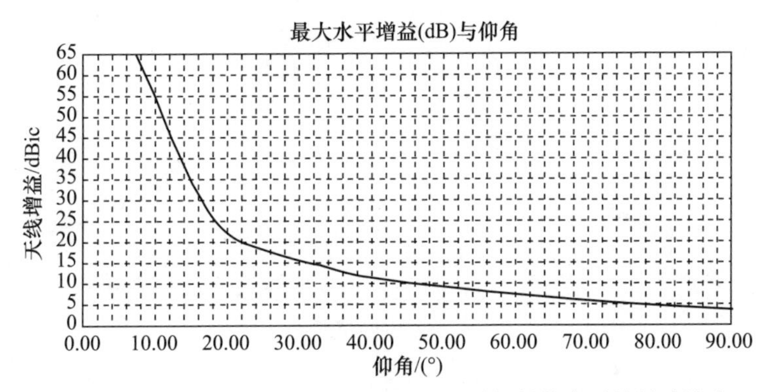

图 5.17　利用水平瞄准天线的最大增益，增加低仰角时的链路裕度

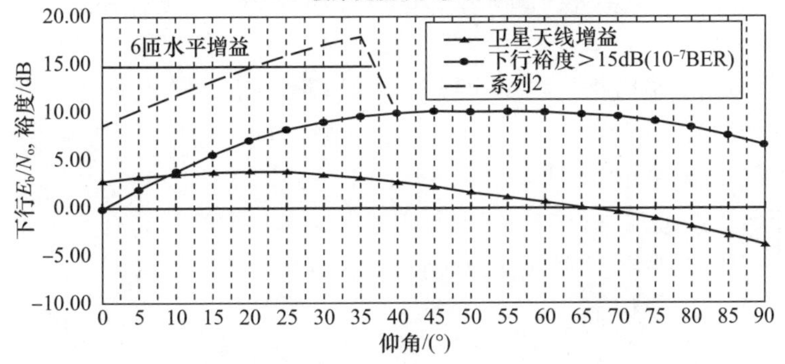

图 5.18　卫星过顶期间切换天线可以将数据速率提高到 4Mb/s

5.7 天对地通信的几何约束

低轨卫星飞过地面站的持续时间相对较短，且地面覆盖范围上的最大天线增益低，严重限制了卫星过顶期间的数据传输量。如图5.19显示，轨道高度为600km时，地面站在卫星星下点轨迹不同CPA距离处，卫星过顶时长。

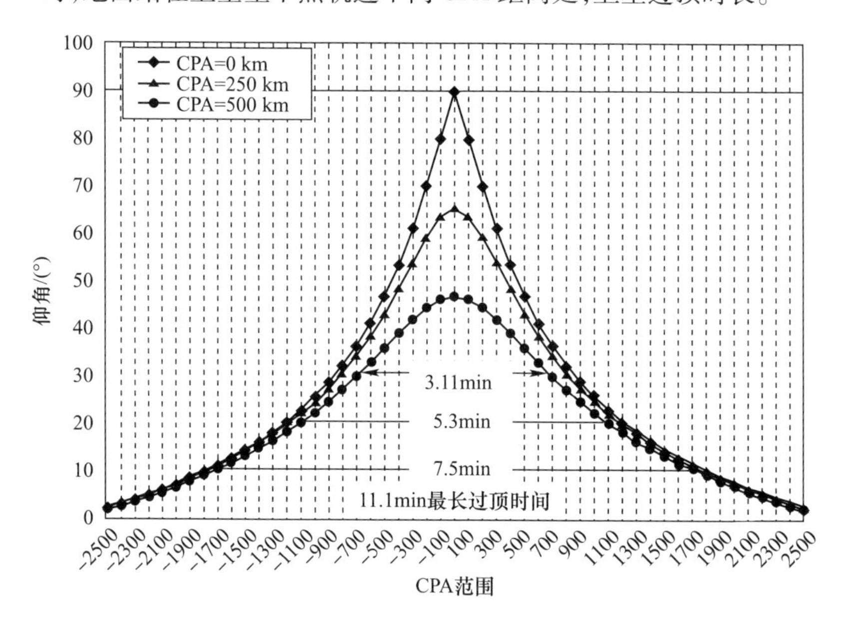

图5.19　距星下点轨迹CPA处的地面站通信时，仰角与地面距离和过顶时长的关系

随着卫星星下点轨迹到地面站CPA距离的增加，过顶持续时间变短，最大仰角变低。例如，CPA为500km且仰角大于20°时，卫星过顶时间仅约5min。

使用全球覆盖卫星天线和大型（2.4m）地面站碟形天线，数据速率1Mb/s，卫星一次过顶过程，可下行传输的最大数据量约为300Mb或37.5MB。CPA距离越大，可下行传输数据量越少，严重限制了LEO卫星在大数据转储中的性能。

跟踪地面站的可转向卫星天线能提供足够大的天线增益，从而将下行链路传输的数据量提高到地球覆盖卫星天线的10倍以上。

卫星每天绕地球飞行15次，但每天连接指定地面站只能有5次。因此，卫星每天可以下行到指定地面站的数据总量仅约1.5Gb。使用可转向天线，下行数据量可提高10倍以上。

提高卫星下行数据能力的方法还有：①使用多个地面站；②使用日可见轨道数较多的高纬度地面站，至少可见大倾角轨道；③使用对地静止中继卫星。

5.8　射频子系统框图

图 5.20 所示为典型的 LEO 航天器 RF 子系统。假设数字硬件或 C&DH 计算机中的软件会运行 0 DC 组件平衡数据流信息分包和随机选择、前向纠错和加密。待传输数据流进入 S 波段 10W 发射机,并进行 QPSK 调制。数据可能是遥测(TTM)或有效载荷数据。

该设计采用天底指向主天线和天顶指向的辅助天线,确保即使航天器发生姿态控制异常,或者卫星刚刚脱离运载火箭正在翻转时,遥测数据仍可以发回地面。

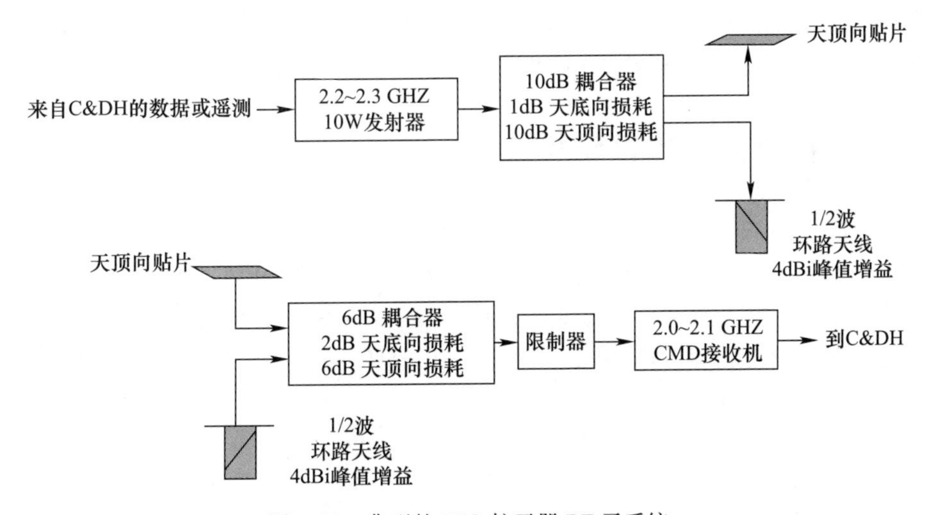

图 5.20　典型的 LEO 航天器 RF 子系统

与主任务有效载荷的数据速率相比,遥测的数据速率非常小,因此使用功率分配器将大部分功率导向主天线,小部分功率馈入地心指向片状天线(曲面天线)。此例中主天线馈入 1Mb/s 数据,遥测数据率仅为 9.6kb/s。因此,卫星倒转时,当卫星指向天底,TTM 到地面的传输速率等于主数据功率密度。

该结论同样适用于接收 CMD 上行链路数据传输。地面站可能安装大功率发射器,且命令上行链路的数据速率较低,因此即使卫星上下翻转,其接收信号也很强。

第6章　卫星数字硬件

计算机的速度和存储容量与日俱增,航天器的计算机选择已不再是难题。因此,计算机的选择过程无须再过多考虑尺寸和存储容量。抗辐射性、单离子翻转(Single Event Upsets,SEU)敏感性、功耗和输入输出(I/O)功能是影响数字处理器选择的重点因素。影响因素有体系结构(一台中央计算机或一组分布式计算机)、软件与操作系统、指令系统、每字的比特数、I/O 能力、抗辐射性、可靠性、冗余、内存容量、速度、成本、重量和功耗。

6.1　计算机体系结构

空间处理信息的设备集合包括执行大多数功能的单个集中处理器与分布式架构中的几个小型低功耗处理器(与卫星子系统相关联)。空间处理信息的设备集合还有一些人喜欢使用低的高科技低成本 COTS 处理器和非常昂贵的 RAD 硬处理器,其在技术和速度上都普遍落后于 COTS 处理器。使用分布式计算机架构是大趋势。

分散的分布式计算机架构的优点是:

(1) 性能较弱的计算机可用于命令、处理单个子系统和从单个子系统接收信息,而不是用于所有子系统。

(2) 计算机速度要求降低。

(3) 每台计算机所需 I/O 通道更少。

(4) 功耗通常较少。

(5) 分布式系统设有固有冗余(一台计算机故障不会导致整个卫星瘫痪)。

(6) 如果每个人仅为一台计算机编程,集成所有卫星软件(由多人编写)就会更容易。

(7) 分布式系统成本要低很多。

图 6.1 所示为复杂卫星的分布式数字架构,其主要任务是对地球上的目标成像。该航天器装有 4 台计算机。C&DH 主要与内部管理和通信功能相关,同时控制着航天器上其他有效载荷,内存需求很大。ADACS 计算机承担任务最重,速度也达到最快。图像处理器也是高速处理器且内存要求大。通信处理器

(独立于 C&DH 计算机)速度适中,内存要求很小。计算机之间的互联不作描述。

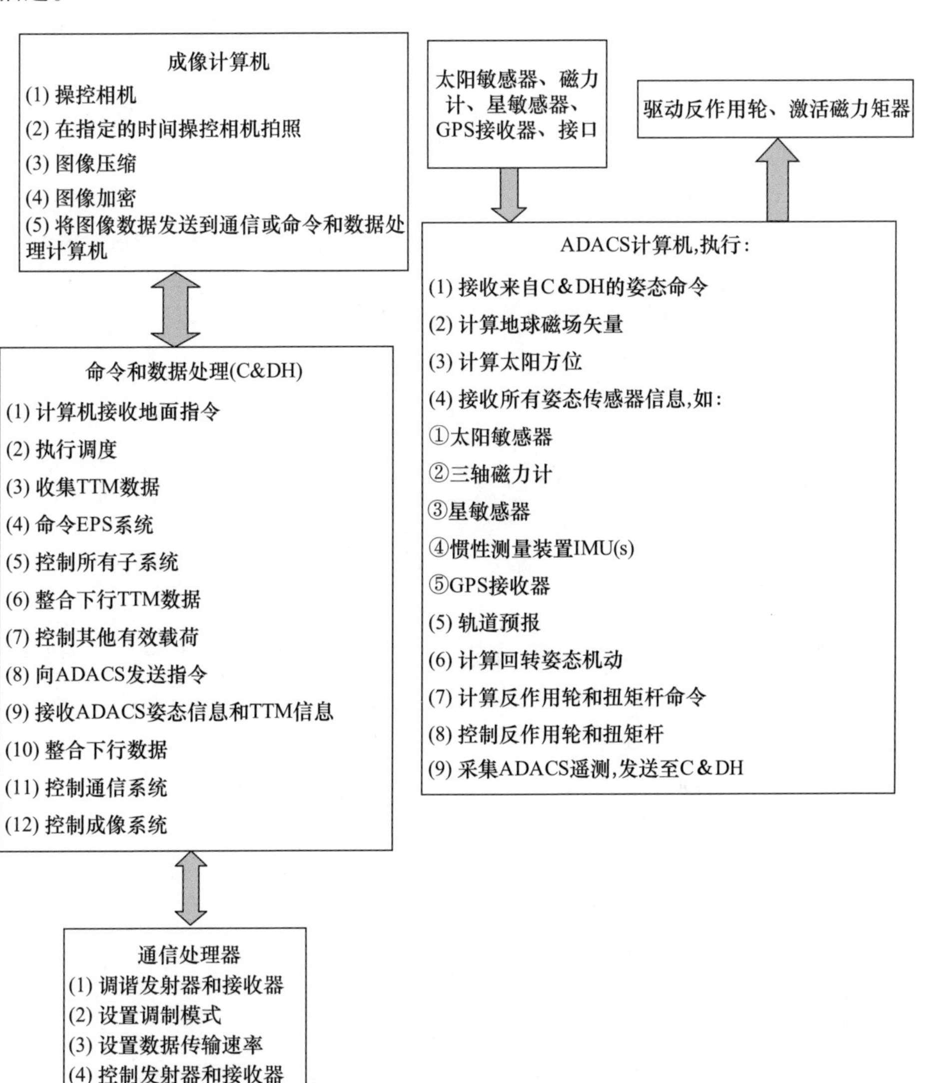

图 6.1　分布式卫星处理器架构示例

6.2　计算机特性与选择

任务需求和成本决定了卫星计算机的选择。抗辐射性、速度、内存量、模拟和数字 I/O 通道数、功耗、重量和成本都是重要的参考条件。

150 磅以下的航天器对低功耗的要求高于较大型航天器。小型卫星的单板计算机功耗一般为 1 ~3W，待机时以较低时钟速度运行，其功耗将进一步降低。大型集成强抗辐射计算机功耗 30 ~40W，小卫星无法满足。

输入输出(I/O)功能是另一个主要因素。小卫星收集 TTM 数据需要访问 30 ~40 个点，较大卫星要访问 100 个以上。如果使用分布式体系结构，对每个计算机访问点数量要求不足 20 个，不仅降低了 I/O 要求，而且降低了速度要求。

内存量曾经是大问题，但是近年来，内存设备变得大而便宜。但是，SEU 敏感度和抗辐射性仍然是大问题。

单板计算机重 0.5 ~1.0 磅，而大型中央计算机一般在 20 磅左右。

尺寸系数从 PC/104(3.6 英寸 ×5 英寸)至更大。

单板计算机的成本约为 1 万美元，而大型强抗辐射机器的成本为几十万美元。

因此，航天器计算机组选择虽然看似烦琐，但只要列出主要功能，根据这些功能比较不同的机器，实际选择起来要容易得多。

若抗辐射性能和 SEU 敏感性满足任务需要，则成本就是决定因素。

6.3 当前可用的卫星计算机

值得注意的是，COTS 计算机更新换代速度快，无论怎样选择，一两年之后都会落伍。虽然空间计算机的技术更新速度较慢，但随时间推移，本书中的某些配置也将被淘汰。

即使如此，现存几种计算机仍然值得关注。下面仅列举现存空间计算机的一小部分。

Space Micro 制造了一组抗辐射和抗单离子翻转的单板空间计算机：Proton 200k，Proton 300k 和 Proton 400k。重约 0.5 磅，功耗约 1.5W，尺寸与 PC/104 相同。均具备较强抗辐射性，SEU 不敏感，成本低。

英国萨里卫星技术公司(Surrey Satellite Technology)制造的单板 5k 强抗辐射计算机性能也很优异。其重量不足 3.3 磅，功耗低于 10W，但成本较高。

32 位防辐射星载计算机采用 256 引脚的陶瓷扁平化封装。

第7章　姿态确定与控制系统

姿态确定与控制系统(Attitude Determination and Control System,ADACS)是航天器上造价最高的子系统之一。过度细化ADACS性能要求很容易“烧预算”。常见误区之一是精度要求高于有效载荷精度要求。例如,若任务要求简单地扫描北半球的大气光谱,指向要求不超过5°。使用一个简单的带有地球传感器的动量偏置系统即可满足,如果要将指向精度提高1或2个数量级,就需要使用星敏感器等造价高昂的设备。

本章将主要介绍姿态确定与控制系统的开发过程,首先是将需求从整体任务分解到系统和组件级,以期在提供足够性能的同时将成本降至最低。其次分析不同类型的姿态控制系统配置及其精度和对各种任务的适用性。最后讨论在轨检验、操作和异常问题的解决方法。

7.1　ADACS性能需求分解

首先是评估任务指向精度要求。有效载荷指向地球或空间目标的精度要求是多少?是否存在机动要求(如距离和速度)?最简单、最经济、最可靠的解决方案几乎都是可满足任务最低性能需求的方案。以下为一些代表性示例。

若任务是天对地双向通信,则姿态精度达到天线射束宽度的0.2倍即可。由于“地球覆盖”天线的射束宽度通常约为100°,因此姿态控制可能仅有20°。通过重力梯度稳定系统即可轻松实现。

若任务为星-星的通信,其天线波束宽度非常窄,但是指向精度不低于2°即可。使用俯仰偏置动量稳定系统容易实现。

若任务要求相机从600km的高度以60m(在星下点)的精度指向地面,则指向精度需要为0.0001rad(0.00573°),姿态感应能力也要提高至0.002865°或10.25弧秒的两倍。此时需要使用造价高昂的ADACS,还要用到具备三个反作用飞轮和两个星敏感器的三轴零动量稳定系统。出于成本限制,“地面60m指向精度”必须是刚性需求,否则不予考虑。

影响ADACS成本和选择的另一个因素是卫星的姿态机动敏捷性。敏捷性要求越高,ADACS对卫星扭矩的控制要求越强。

成本最低、最可靠的系统一般都是满足任务所需最低性能要求的系统。重点在于确定满足有效载荷需求的最简单配置。

大多数任务是地球指向或惯性指向任务。地球指向的任务中有效载荷指向或偏离卫星星下点,要求卫星以轨道速度或接近轨道速度旋转。惯性指向飞行任务中,有效载荷指向太阳或相对于恒星固定位置的其他目标。每种任务都有不同的敏捷性要求。

单个动量轮甚至全磁偶自旋系统都可以满足地球指向或惯性指向任务。这些系统的1°俯仰和3°偏航性能已经过演示验证,且系统通常为惯性固定,或者仅在动量偏置轴上的移动性受限。

其次是任务对地球指向的要求较低(5°及以上)。由重力梯度悬臂和磁滞杆组成的全无源系统有时也可达到这种精度要求。由于卫星通过重力矢量定向,因此该解决方案仅适用于天底指向任务。

最高性能级别涉及三个正交反作用飞轮,运行时反作用飞轮的偏航很小甚至无偏航,因此被称为三轴零动量系统。卫星姿态控制精度极高(0.01°或更高),符合指向苛刻的有效载荷要求。感应细微姿态误差需要用到一个或多个星敏感器,是造价最高的 ADACS 系统。

任务要求必须细化到最小指向精度和卫星敏捷性,图 7.1 总结了不同任务的 ADACS 要求。

任务	指向要求	机动	ADACS 类型	设备	相对成本
Ram 指向	3°	无	仅在海拔低于300km 处出现气动	尾羽,可选俯仰偏置轮和带有磁强计的磁力矩器	低
天底指向	3°~10°	无	重力梯度	重力梯度悬臂,迟滞杆,无姿态感应	低
天底或单轴惯性指向	1°	每天 0°~1°	电磁自旋体	扭力杆,磁强计,可选的地球或太阳敏感器	低
天底指向	1°	跟踪星下点细微俯仰轴偏移	俯仰动量偏置	单反作用飞轮,磁力矩器,磁强计接地传感器,备选太阳敏感器	中
三轴稳定地球或惯性指向	<0.1°	无高度敏捷	三轴零动量	三个反作用飞轮,磁力矩器,星敏感器,磁强计	高

图 7.1　不同任务的稳定方法

7.2　最常见 ADACS 系统的描述

7.2.1　重力梯度稳定

将航天器稳定在天底指向的最简单方法是通过重力梯度稳定，如图 7.2 所示。该方法全无源，不用电。此时，重为 W_{SC} 的卫星伸出长为 L 的吊臂，末端质量 W_T 位于该吊臂末端。末端质量处的磁滞杆可减弱振动。通过调节俯仰可以达到峰值摆动在 5° ~10°的天底指向精度，但偏航无法实现。

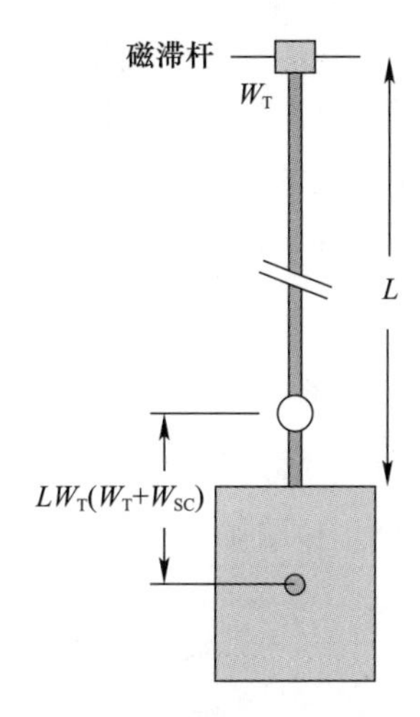

图 7.2　重力梯度稳定

由于重力加速度与从地球中心到卫星高度的距离平方成反比，末端质量与卫星之间的重力梯度会导致机械系统像钟摆一样摆动。磁滞杆切割地磁场产生的热能用于耗散钟摆运动的振荡能并衰减振荡幅度。

由式(7.1)可得高度 H(km)处的重力加速度，式(7.2)可求重力梯度，式(7.3)可求 θ 偏转时的恢复扭矩，式(7.4)为摆动频率。R 是地球半径。

$$g(H)=g_0(R/(R+H))^2\text{，其中 } g_0=9.8\text{N/s}^2 \text{ 或 } 32.2 \text{ 英尺/s}^2 \tag{7.1}$$

$$g(H)/\mathrm{d}H=-2g_0R^2/(R+H)^3(\text{m/s}^2)/\text{m 或英尺/s}^2 \tag{7.2}$$

$$T(Q)=-2W_TLW_T/(W_T+W_{SC})\sin(\Theta)g_0R^2(R+H)^{-3} \tag{7.3}$$

$$f_0=-2\pi(L/\mathrm{d}g(H)/\mathrm{d}H)^{0.5} \tag{7.4}$$

为了“感受”稳定，这些方程式中加入了数字。图 7.3 描述了高度为 600km 的卫星。

卫星重量/磅	末端重量/磅	悬臂长度/英尺	周期/min = $1/f_0$	恢复 $T(10°)$/尺磅
200	5	20	47.732	3.98×10^{-5}
200	10	20	58.281	7.77×10^{-5}
400	10	50	91.874	2.95×10^{-4}
10	1	10	65.161	3.71×10^{-6}
10	1	20	92.152	7.41×10^{-6}

图 7.3　不同卫星、末端质量、恢复力及振荡周期

重力梯度稳定的卫星有两个稳定状态(右侧朝上和上下颠倒),因此当首次达到稳定方位时,卫星可能是上下颠倒的。利用 Z 形线圈抵抗极地区域中的地球磁场,可以翻转卫星,使其在右侧向上定向时达到稳定状态。

振荡通常通过迟滞杆来抑制,迟滞杆通过将振荡能量转换为热量的方式耗散振荡产生的部分能量。在被动阻尼系统中,通常采用与轨道平面成直角的、有着“大”滞后损耗圈的软铁杆。

7.2.2　俯仰偏置动量稳定

俯仰偏置动量稳定,如图 7.4 所示,利用一个反作用飞轮、三轴磁力矩器、磁强计和地平传感器,在滚转、俯仰和偏航运动中保障了卫星天底指向的稳定性。

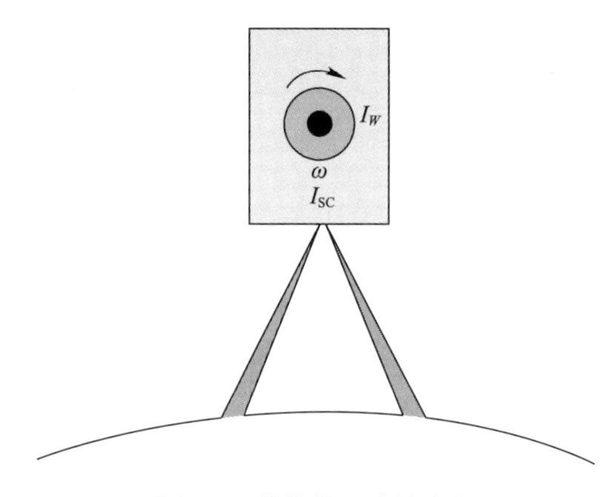

图 7.4　俯仰偏置动量稳定

反作用飞轮与卫星俯仰轴对齐,并以 ω 角速度旋转,转动惯量为 I_W,而卫星的转动惯量为 I_{SC}。地球水平传感器(Earth Horizon Sensor, EHS)在狭窄范围内(卫星近乎天底指向)确定航天器的俯仰姿态。磁力矩器与长期磁场相互作用,以提供阻尼扭矩和进动扭矩。磁强计感测磁力矩器相对于长期磁场的相位角。

反作用飞轮具有两个功能:一是提供陀螺刚度,以保持卫星在磁场不甚对齐

情况下的姿态;二是为俯仰创造高带宽环路。根据角动量守恒,当反作用飞轮速度加快,卫星俯仰角速度以 I_W/I_{SC} 比率减小。因此,根据地球地平线的角位置的变化,加速或减速反作用飞轮,调节卫星的俯仰姿态。

旋转滚轮的陀螺刚度提供惯性稳定性。最初部署时,简单的 $-B$ 点速率阻尼(打开扭力杆开关,与所感测的磁场异相,以从所述本体移除动能)将动量偏置矢量推向负轨道法线(最小能量状态),EHS 可以捕获俯仰。

随后,扭力杆连续阻尼章动,并通过反作用飞轮使螺距误差为零,驱动 Z 轴达到最低点。通过陀螺刚度进行的 1/4 轨道耦合,可保持较小偏航误差。典型的误差为俯仰 1°,偏航 3°。

GSFC(Goddard Space Flight Center,戈达德太空飞行中心)提出,由于轨道速度,反作用飞轮角动量约为卫星的 10 倍。当卫星为天底指向时,卫星旋转速度为 $P/360/60 = P\times 2.773\times 10^{-5}$(°)/s,其中 P 是以分钟为单位的轨道周期。用高度 H,Eq 表示天底指向卫星角速度,获得式(7.5),式(7.6)为反作用轮角速度。

$$\omega_{SC}(°/\mathrm{s}) = 7.68\times 10^{-9}\times (R+H)^{1.5},\text{其中 } R \text{ 和 } H \text{ 单位为 km} \tag{7.5}$$

$$\omega_W(\mathrm{RPM}) = 0.16589 I_{SC}/I_W \tag{7.6}$$

数值示例有助于理解反作用飞轮速度和惯性的重要参数。本例中卫星重 200 磅,形状为底面积 24 平方英寸、高 28 英寸的矩形棱镜。反作用飞轮的直径为 D_W 英寸,厚度为 T_W 英寸。原材料为 0.270 英磅/cu(cu:立方英尺)密度钢。轨道高度为 600km 或 800km。如图 7.5 所示,反作用飞轮确实比较大。

卫星重量/磅	高度/km	I_{SC}/(slug · ft^2)	D_W/英寸	T_W/英寸	I_W/(slug · ft^2)	ω_W/(r/min)
200	600	3.004	10.0	1.5	0.051418	2175
200	800	3.004	10.0	1.5	0.051418	2085

图 7.5　反作用飞轮速度(RPM)

地平线传感器可以是地平线扫描仪,旋转光束照射检测器产生入射能。当旋转光束与地球水平线相交时,IR(Infrared Radiation,红外线)辐射感应脉冲指示地球脉冲的角度跨度。该脉冲的等分线为天底指向。

或者,可以使用沿俯仰方向散布的线性静态 IR 传感器阵列来观察地球边缘。高、低红外辐射边界处的特定传感器指示地球边缘的角位置。由此可得出天底偏角。地平线传感器的精度通常只有几分之一度。

7.2.3　三轴零动量稳定

典型的三轴零动量卫星 ADACS 的功能如图 7.6 所示。

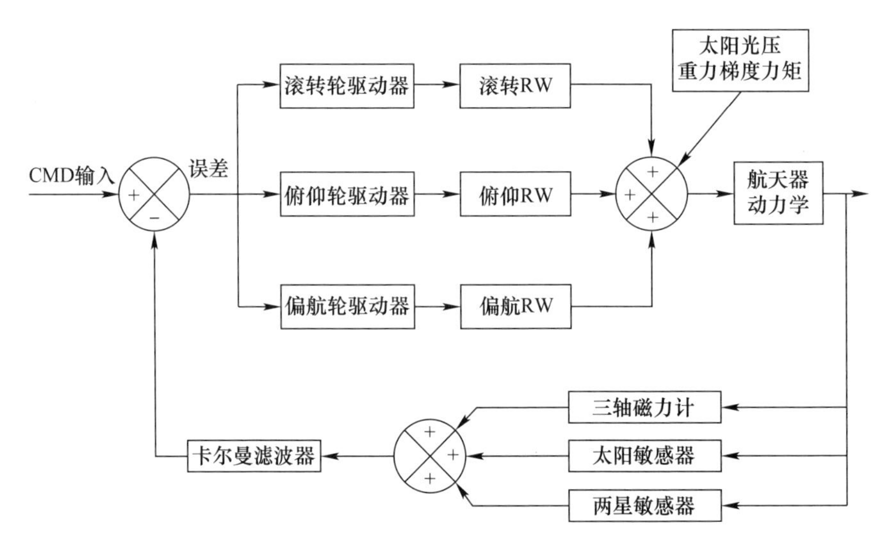

图 7.6　典型的三轴零动量卫星 ADACS 的功能

三轴零动量系统的 ADACS 框图如图 7.7 所示。

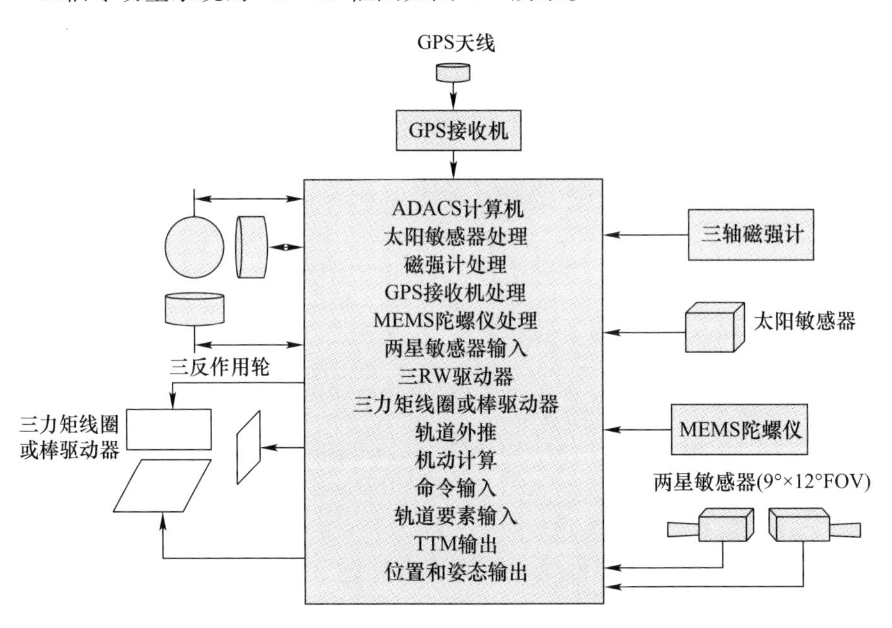

图 7.7　三轴零动量系统的 ADACS 框图

7.2.4　磁偶自旋稳定

稳定卫星的另一种方法是使其绕轴旋转。陀螺特性之一是旋转轴的方向相对于惯性空间固定。若将卫星质量分布设计为相对于卫星主轴具有对角惯性矩阵(叉积为零或可忽略),则围绕主惯性轴或小惯性轴(而不是中间轴)可保持稳定自旋。旋转既可以通过卫星上扭力杆与地磁场之间的相互作用启动,也可以通过推进器来驱动。

早期的休斯通信卫星就是自旋稳定的。另一个自旋稳定卫星是三个平面,每平面7颗卫星的星座,执行连续的"弯管"模拟语音通信任务。这些卫星自转速度为3s/r,垂直于轨道倾角82°,高度823km轨道。通过在轨道平面上的单个磁力矩器与航天器一起旋转,完成自转,并响应于径向地球水平扫描仪。图7.8显示了某一卫星的图像和该卫星在星座中的轨迹。

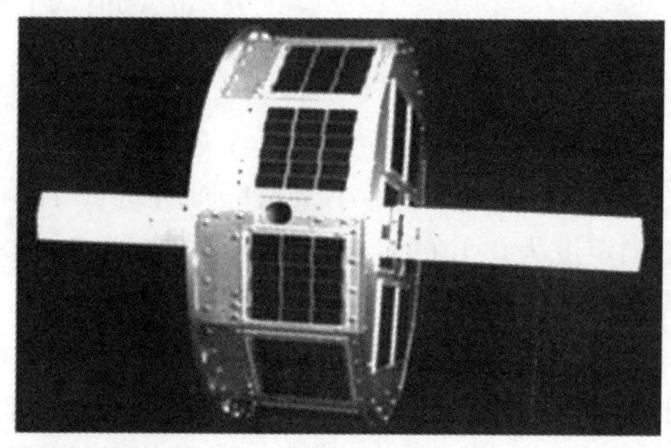

图7.8 7个自旋稳定的"弯管"卫星组成的三个平面,
每颗卫星都绕垂直于轨道平面的轴旋转,可提供近乎连续的通信

选择旋转RPM,使卫星角动量达到卫星绕轨道旋转时角动量的10倍以上。轨道速率为每轨道周期360°(96.518min),即0.01r/min,因此若卫星旋转速率大于0.1r/min(36°/s)将产生稳定的自旋,其自旋轴垂直于轨道平面。该取向是最小能量状态。

7.3 ADACS组件

接下来描述ADACS的组件选择和大小调整。

7.3.1 反作用飞轮及其尺寸调整

反作用飞轮由无刷直流电动机驱动质量体旋转组成。电机向反作用飞轮惯性体施加扭矩,即向卫星本体施加相等的反向扭矩;用于姿态机动和指向有效载荷。反作用飞轮除了提供用于操纵卫星姿态的扭矩,还提供动量存储。反作用飞轮关键参数是可用的扭矩和动量存储(反作用飞轮惯性和最大速度的乘积)。

非保守的外部环境力矩(如气动力矩、重力梯度力矩、剩磁力矩等)引发控制系统校正力矩,该力矩以动量存储 $J_W\omega$ 的形式累积在反作用飞轮上。若不经电磁体卸载,ω 最终将达到饱和极限(通常为 5000 ~ 10000r/min),使反作用飞轮沿该方向无法施加更多的扭矩。

转子的不平衡(从立方星反作用飞轮的 mg - mm 到小卫星 gm - cm)会产生抖动扭矩,干扰有效载荷的指向位置,并激发干扰指向性的结构模态。

提供给定操纵带宽所需的扭矩决定了最大扭矩要求。刚体动力学跟踪频率 ω 和幅度 A 的正弦指令为

$$\ddot{\theta} = \omega^2 A\sin(\omega t) \tag{7.7}$$

代入 $\ddot{\theta} = \Gamma / I_{SC}$ 所需最大转矩为

$$\tau = I_{SC} A \omega^2 \tag{7.8}$$

为便于说明,典型的小卫星的惯性为 2.1kg · m²,并以带宽 0.25Hz 跟踪位置不确定度为 0.1°的目标。所需的扭矩为 9mN · m。典型的小卫星反作用飞轮可提供约 25 mN · m 的最大扭矩。

最大动量存储影响反作用飞轮尺寸选择。由于外部扭矩,动量会在机动过程中累积并向本体传入或从本体传出。通常,机动过程会产生远大于管理过程的动量存储。如前所述,反作用飞轮的饱和转速为 5000 ~ 10000r/min,这是对系统的另一个限制。若同一卫星以 5°/s 的速度旋转,则所需的 $I_{SC}\omega$ 为 183mN · ms。若反作用飞轮惯性为 0.001kg · m²(小卫星反作用飞轮普遍值),则速度峰值为 1750r/min。

图 7.9 中的表格为代表性反作用飞轮的扭矩和动量容量。

制造商	模式	最大可用扭矩/(mN · m)	最高动量存储@ r/min
Honeywell	HR - 0610	±55	4N · ms@ 6000r/min
Millenium	RWA - 1000	±100	1N · ms
Vectronics	VRW - 1	±25	1N · ms@ 5000r/min
MAI	MAI - 300	±100	1N · ms

图 7.9　典型小型反作用飞轮

对于大多数三轴稳定卫星,机动要求决定了所需的最大反作用飞轮扭矩。例如,如果卫星质量 120 磅,体积 20 英寸 ×20 英寸 ×30 英寸,其 CG≈2.812slug · ft² 时具有俯仰/滚动惯性矩。如果需在 5s 内将卫星回转 20°,那么反作用飞轮的最大扭矩能力应达到 0.157 英尺 · 磅(0.13558N · m)。图 7.9 中 Millenium 反作

用飞轮的最大扭矩能力接近此数值。通过 Millenium 反作用飞轮，上述卫星可以在 7.296s 内回转 20°。回转操作以恒定最大扭矩在 3.648s 时将卫星回转 10°。随后 3.648s 以恒定负转矩，使卫星减速至 20°停止。

7.3.2　扭矩线圈或杆：动量卸载

磁力矩器用于卸载反作用飞轮的累积动量，并在与运载火箭分离后减缓卫星旋转。确定磁力矩器（或线圈）可卸载的累积动量，要对卫星绕地球运动模拟仿真，并将外部扭矩整合为时间函数。总动量是每个轨道上的电磁转矩可释放的最大动量。出于所有外部干扰扭矩，该值必须小于额定累积量。

当卫星在轨运行时，外部干扰扭矩将导致反应轮随时间旋转。为防止这种情况，使用电磁线圈向卫星本体施加扭矩使反作用飞轮连续去饱和，从而在反作用飞轮校正时旋转速度减慢。

在轨卫星模型和地磁场模型的 Matlab 仿真很简单。以高度 450km、倾角 45°圆形轨道上的天底指向卫星为例。本体框架的长期磁场如图 7.10 所示。由 10 阶国际地磁参考场（International Geomagnetic Reference Field, IGRF）模型生成。

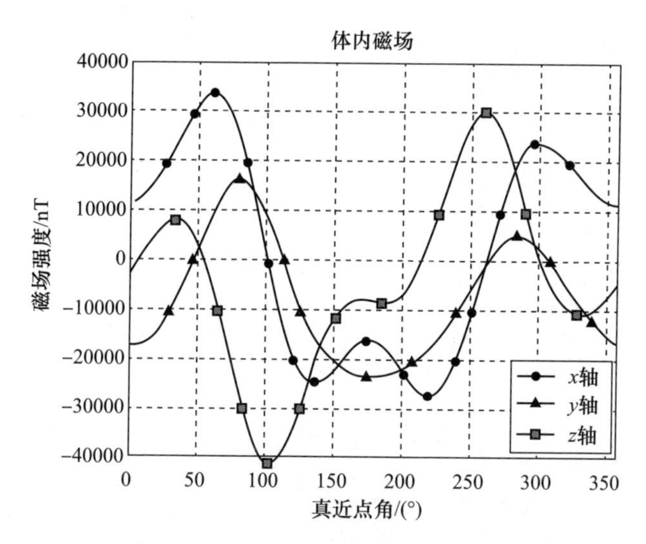

图 7.10　一个轨道上的地球磁场矢量

立方星姿态确定与控制系统 MAI-100 具有最大偶极强度为 0.037A·m² 的电磁线圈。通过激励线圈产生的磁矩 $\boldsymbol{r}$ 是偶极 $\boldsymbol{m}$ 与长期磁场 $\boldsymbol{B}$ 的叉积。

接下来，取最大磁场偶极子 $\boldsymbol{m}=[0.037\quad 0.037\quad 0.037]$ 与磁场的叉积，以获得可用的磁转矩。结果如图 7.11 所示。

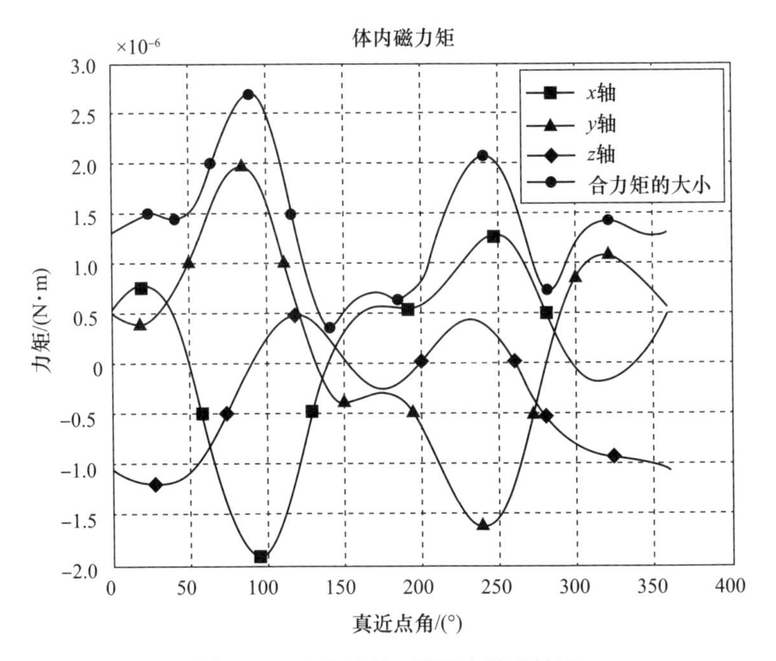

图 7.11　在轨运行一周的有效磁转矩

最后,整合轨道上的磁转矩,获得可以由转矩线圈卸载的总动量。结果如图 7.12所示。

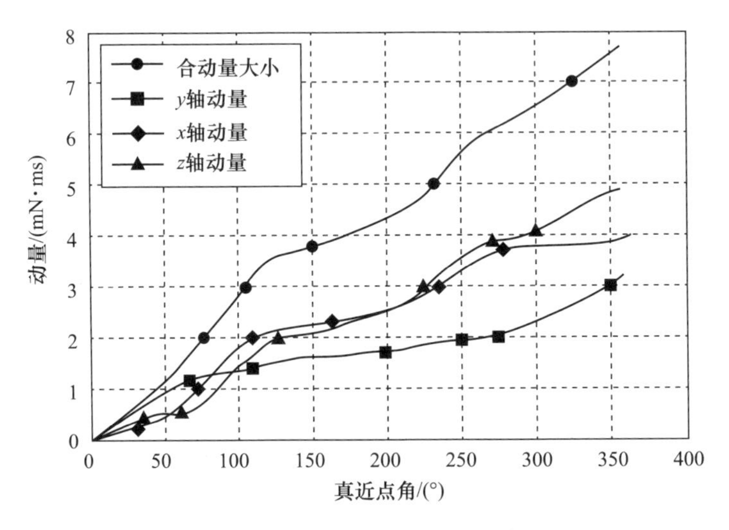

图 7.12　扭矩器可以卸载的总动量

每根轨道可卸载 8mN · ms。为了校正长期场模型中的低效率等问题,实际动量可为每根轨道的卸载量为模型计算值的0.5～0.3倍。卫星设计人员应确保外部扭矩累积的总动量不超过此值。

某些卫星使用磁力矩器，某些使用扭矩线圈。扭矩线圈因其不会产生残留的磁场而优于磁力矩器（无电流通过时），即使是磁滞曲线最窄的最佳扭力棒，铁芯也会保留一些残余磁导率。如果卫星相对较小，对于给定的 ***B*** 磁场，扭力棒要比线圈轻。但是，当卫星较大且具有可缠绕线圈的较大区域时，线圈会更轻。

设计人员必须考虑的转矩线圈或转矩杆的另一个特征是转矩器的电感。转矩器通常为开关式方式（转矩器全强度通电或完全不通电）。改变占空比（或扭矩发生器的脉冲操作持续时间）会产生所需的平均扭矩。

由于卫星装有测量地球磁场的磁强计，扭矩器使用应避免影响磁场测量。当扭矩计关闭或当扭矩计所产生的磁场衰减到低于磁强计所在位置的地磁场强度时，磁强计工作。

7.3.3 星敏感器

若对卫星的姿态要求大于0.1°，则必须使用星敏感器。星敏感器（通常）装有一个15°×15°视场CCD摄像机，以及一个可将观测到的星场与恒星目录进行匹配，以确定卫星位置和姿态的计算机。

星敏感器的准确性、重量和成本差异很大。例如，球形航空航天高精度恒星敏感器（High Accuracy Star Tracker，HAST）精度可以达到0.2弧秒（5.5×10^{-5}°）。Sinclair ST－16的精度约为7弧秒（0.0002°）。

星敏感器对固定的恒星成像，测量其在本体坐标系的矢量，并计算卫星相对于惯性空间的姿态。以往的星敏感器都大且昂贵。基于数码相机和智能电话技术，当前已推出新一代的低成本产品。例如，图7.13所示马里兰航空航天公司的星敏感器，其质量不到200mg，具有自动恒星识别、4Hz更新速率下0.013°姿态确定的功能。

现代星敏感器的独特之处在于能够在没有先验信息的情况下实时自动识别可见恒星的能力，业内称为“迷失太空”姿态确定。通常，实现该功能要基于以下观察结果：取任意两个亮星之间的角距为唯一特征，将在图像上测量的恒星角距与角距目录进行比较，可以初步确定两颗恒星，最终确定需要参照第三颗恒星，在实际操作中，参考文献[37]中还需要用到第四颗恒星。

为了在紧凑的星空目录下提供足够的全天候覆盖，镜头要求短焦距、宽视野。上述镜头为f1.2，FOV14°×19°；所需的目录只有1825颗星。但此种镜头已经足够保证99.6%天空中至少4颗星可见。

图 7.13 体积仅为 5cm³ 的微型星敏感器(马里兰航空航天公司)

大多数恒星敏感器的视野可容纳月球,但不足以容纳太阳或地球。大挡板可以将明亮物体挡在 FOV 之外。星敏感器通常安装在向上倾斜且远离地球的卫星面上,并背离太阳。

出于卫星机动要求,以及由于太阳或月球可能进入恒星敏感器视野,许多卫星都安装了两个星敏感器(通常间隔 90°)。

图 7.14 显示了由于太阳或月亮位于其视野中,指向 $-X$(反 RAM)方向的"星敏感器"不可用,$-Y$ 方向不可用如图 7.15 所示。

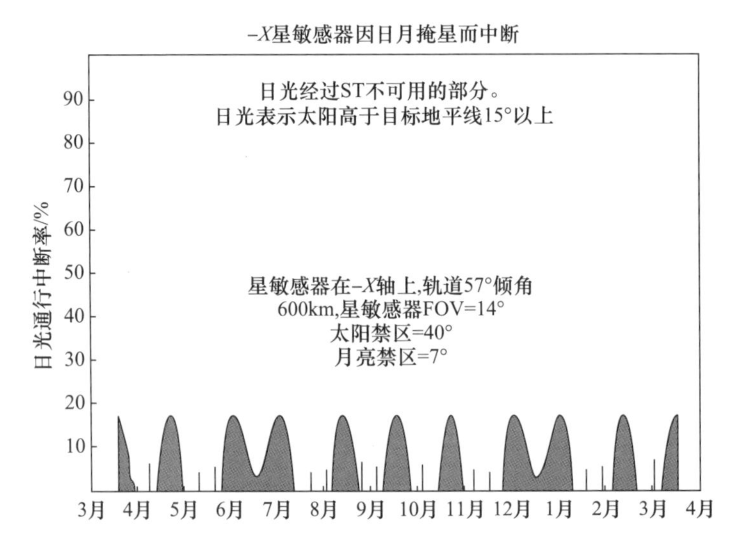

图 7.14 由于太阳或月亮位于其视场中,指向 $-X$(反 RAM)方向的"星敏感器"不可用

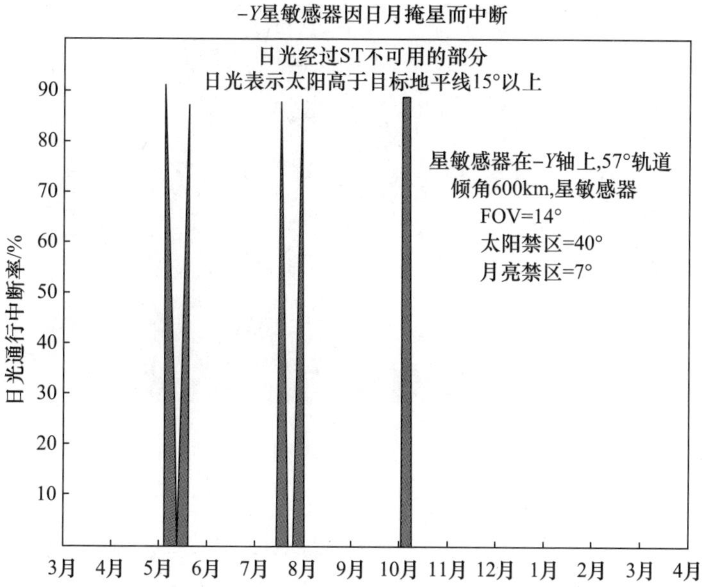

图 7.15　星敏感器(- Y 方向)不可用

从图 7.15 中可以看出,星敏感器指向侧面可缩短太阳或月亮进入星敏感器视场的时间。如果允许卫星在星敏感器不可用的白天偏航,星敏感器可用。因此,设计人员必须计算星敏感器不可用的时间,并决定是使用一个还是两个敏感器,还要确定敏感器应指向方向。

7.3.4　GPS 接收机

当需要将有效载荷指向相对于轨道坐标系的地面目标,并获得该目标精确相对位置时,GPS 数据是关键数据。成像有效载荷的视场≤0.5°。600km 高度的视场约为 3km。因此,卫星位置约为 300m。允许的时间误差约为 50ms。低价 GPS 接收机即可达到此标准。图 7.16 所示的 NovaTel OEM7 接收器就是多个立方星装配的低成本 GPS 接收机之一。

通常,这些接收器仅供地面使用,并且包含限制最大速度和高度的软件。太空飞行需要消除这些限制。另外,这些 GPS 在 ECEF(Earth - Centered, Earth - Fixed,地心地固坐标系)坐标系中的输出需要转换为 J2000 坐标系(或其他惯性坐标系)的位置数据。由于章动和进动会引起严重的位置误差,所有任务必须精准完成。参考文献[37]列举了 ECEF 到 ECI(Earth Center Inertial Coordinates,地心惯性坐标系)转换的数学方法,Matlab、C ++ 实现参见 http://www.celestrak.com/software/vallado - sw.asp。

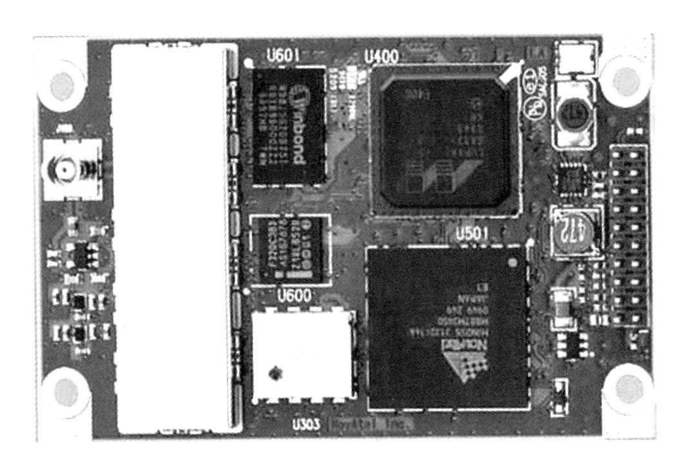

图 7.16　小型 GPS 接收机(NovaTel)

GPS 接收机的精度通常在 10m 左右。但是,根据相对于 NAVSTAR GPS 星座的轨道几何形状,可能会出现 20min 的周期性信号缺失。此问题可通过 GLONASS 和 Galileo 星座的数据来弥补。GPS 的总可用性并非 100% 。

使用卡尔曼滤波器估计轨道状态,计算跨越信号缺失段的传输信号并完善位置和速度数据。该滤波器将连续 GPS 观测值与分析计算模型之间的残余进行比较,以完善状态估计值,时间越长,该值越精确。该模型还考虑摄动影响,如 J2 和大气阻力。在信号缺失时,模型会及时前向整合,确保在数据缺失的情况下估计状态,并估算状态误差(协方差)。参考文献[67]是最新的有关卡尔曼滤波确定轨道的数学特征和方法研究。

GPS 接收机还可用于提供卫星姿态数据(通过使用多个 GPS 接收天线)。例如,对于 20 英寸的天线基线(RADCAL 卫星),姿态精度为 0.3°。

如上所述,卫星还可以利用 GPS 数据计算运动方程,并得到该卫星轨道要素。除时间精确度很高外,GPS 接收机成本较低、体积小、功耗低。在星载仪器中性价比高。

7.3.5　其他 ADACS 组件

除了已经讨论过的反作用飞轮、转矩器、星敏感器和 GPS 接收机,为了在机动过程中跟踪,三轴零动量卫星稳定系统通常还配备太阳敏感器、三轴磁强计和惯性测量单元(Inertial Measuring Unit,IMU)。

7.3.6　ADACS 计算机和算法

俯仰偏置动量稳定卫星的 ADACS 计算机功能非常简单。计算机确定天底方向(将来自扫描地球敏感器的地球红外脉冲二等分)。然后,比较天底方向与卫星的 Z 轴,并命令增大或减小反作用飞轮速度,以实现天底与卫星 Z 轴之间测量误差最小化。当反作用飞轮速度接近饱和时,扭矩器用以卸载动量。

三轴零动量稳定卫星的 ADACS 计算机执行以下功能:

(1) 接收 C&DH 的姿态指令。

(2) 接收磁强计、太阳敏感器、GPS 接收机、星敏感器的传感器输出。

(3) 根据指令姿态和当前航天器姿态,确定姿态偏差。

(4) 计算指令功能(回转、改变姿态、指向目标)。

(5) 计算反作用飞轮和磁力矩器驱动数据。

(6) 预报轨道。

(7) 计算轨道要素。

(8) 将 ADACS 遥测和时间输出到 C&DH。

马里兰航空航天公司的 ADACS 使用单板计算机完成上述任务。该 PCB (Printed Circuit Board,印制电路板)还包含反作用飞轮驱动器,以及与所有 ADACS 硬件组件连接的 I/O 接口。

7.3.7 ADACS 模式

ADACS 可以在几种姿态确定或姿态控制模式中发挥作用。如果检测到任何故障,就可以启用地面指令模式或自主选择模式。由于模式取决于卫星任务和设备,每种航天器模式都是特定的。为了保证鲁棒性和操作简便性,应尽量减少模式数量。通常只需要三种或四种模式。对于具有反作用飞轮、电磁体、太阳敏感器、星敏感器、陀螺仪和磁强计的典型三轴零动量卫星,其模式如下:

1. 姿态控制模式

(1) 阻尼模式:从运载火箭上发射后,航天器会以未知的角速度分离。磁力矩器在 Bdot 模式下使用,在该模式下,磁力矩器与磁强计交替开关,以测量磁场。该模式将消耗卫星电量,降低角速率。卫星本体速率低于 $\approx 0.1°/s$ 时,阻尼模式结束。如果检测到异常,阻尼模式也可用作安全模式。

(2) 天底指向:本体 Z 轴指向星下点,本体 X 轴指向飞行方向,反作用飞轮用于捕获姿态并稳定卫星。天底方向根据卫星在轨位置确定。反作用飞轮与磁力矩器输出配合,控制姿态偏移,完成指向非沿迹目标的任务。通过不断更新指向命令,可以将有效载荷视线稳定在地球的纬度和经度上。

(3) 惯性指向:此模式类似于天底指向,只是有效载荷视线指向太空中的固定目标,如太阳或遥远的恒星。在激光通信或太空监视任务中,可以通过不断更新姿态指向四元数来跟踪运动目标。

2. 态度确定模式

（1）Bdot：姿态尚未确定，但本体坐标系中长期磁场的变化率是通过连续磁强计测量值的后向差分来计算的。磁场速率（Bdot）与增益的乘积指定了磁力矩器命令，影响阻尼模式下卫星速率阻尼。

（2）太阳敏感器/磁强计：太阳敏感器和磁强计用于测量本体坐标系中的太阳和长期磁场矢量。使用叉乘或 Triad 姿态确定，将这些分别与从太阳和 IGRF 磁场模型计算的惯性矢量进行比较。太阳敏感器的测量只能在轨道的日照部分进行，并且需要对星历进行初始化。太阳敏感器和磁强计提供全方位的姿态测量，因此 ADACS 可以捕获天底指向姿态。

（3）星敏感器/陀螺仪：星矢量测量提供了非常精确的姿态四元数。在星敏感器更新间隙，可使用陀螺仪计算姿态。卡尔曼滤波器通常用于估计陀螺仪偏差并降低测量噪声。一旦滤波器收敛，超过星敏感器测量最大角速率限制的姿态机动便可实现，通常为(3° ~5°)/s。

7.4 姿态控制系统设计方法

ADACS 控制律设计方法之一是利用分析技术设计，再利用时域仿真进行验证、测试和调整。笔者认为参考文献[68]（Wertz）、参考文献[14]（Flatley）和参考文献[71]（Wie）非常有用，并已根据文献内容，设计了姿态控制器。

控制律设计的第一步是利用线性分析技术计算初始增益。参考文献[71]解释了此操作方法。另外，Matlab 控制系统工具箱包含许多实用程序，如已知卫星惯性和目标动力学特性，可求磁力、反作用飞轮和推进器执行器的增益以及其稳定性裕度。

确定增益集后，必须在高保真时域仿真软件中对其进行验证和测试。动态模拟器提供了一个全软件独立测试集，后续半实物（Hardware - In - the - Loop，HITL）仿真环境也可使用。其主要方法是在计算机上实时模拟卫星和空间环境的动力学，仿真截图如图 7.17 所示。

在计算机模拟器上可以通过输入文件，针对任意卫星动力学特性量身定制卫星仿真程序。结合了卫星和在轨环境的高保真数学模型包括刚体动力学、轨道力学模型、IGRF 磁场模型、大气密度模型、气动力矩、剩磁力矩、重力梯度力矩、太阳位置和太阳光压力矩。

KEDS3D 中使用的许多数学模型都可查阅参考文献[72,16]。对于从事这一领域工作的任何人来说，这些模型都是强烈推崇的。其中一个数学模型是图 7.18所示的磁场模型。

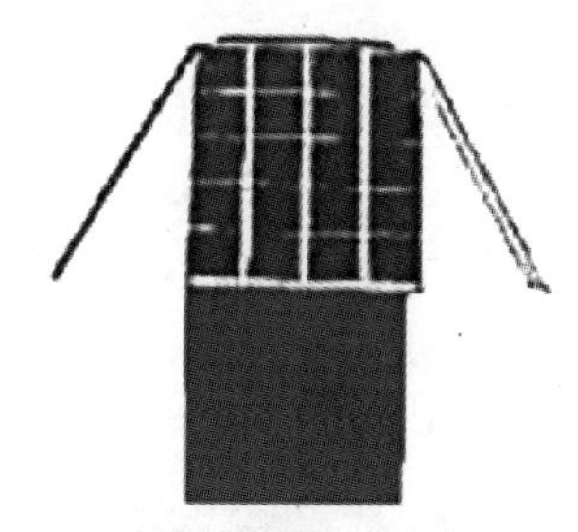

动态模拟器显示包含:

- 指令和实际反作用轮速度(3)与时间的关系
- 命令和实际扭矩活动与时间的关系
- 惯性坐标系中的地球磁场分量与时间的关系
- 卫星坐标系中的磁场分量
- 反作用轮扭矩命令(3)与时间的关系
- 太阳矢量分量与时间的关系
- 卫星速率与时间的关系
- 卫星位置与时间的关系
- 卫星姿态与时间的关系
- 卫星姿态图与时间的关系(RAM和侧视图与时间的关系)

图 7.17　KEDS3D 动态模拟器 GUI(马里兰航空航天公司)

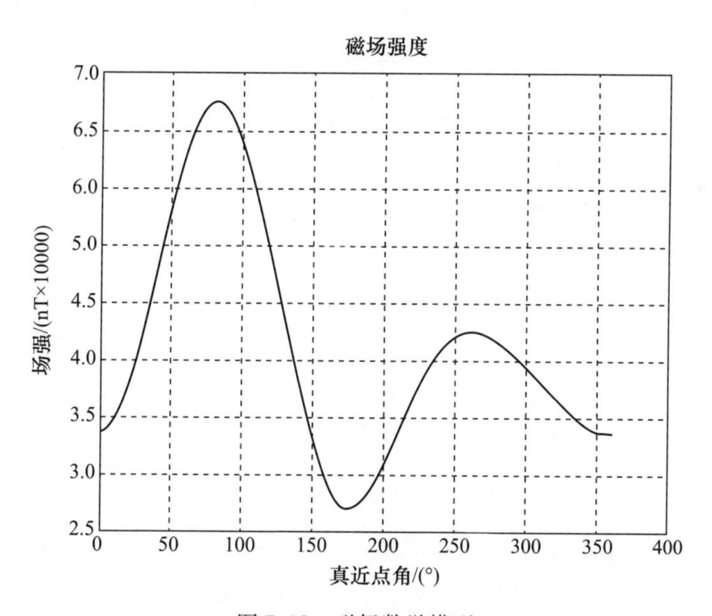

图 7.18　磁场数学模型

此外,任务过程实时地显示在 GUI(Graphical User Interface,图形用户界面)上,包括卫星姿态动画显示。

构建和运行多种卫星飞行任务场景,可以在所有指向模式下验证 ADACS。因此,动态模拟器是全面系统验证和验证测试程序的基础。

通过收发 ADACS 命令和遥测的 GSE GUI,可实时监控仿真结果。GUI 的功能与在地面控制站上显示的相同(图 7.21)。通过单击按钮并在文本框中输入数字,可以将命令发送到仿真程序,达到更改模式、指向特定目标姿态的目的。遥测显示各种敏感器和执行机构的输出状态,如图 7.19 所示。

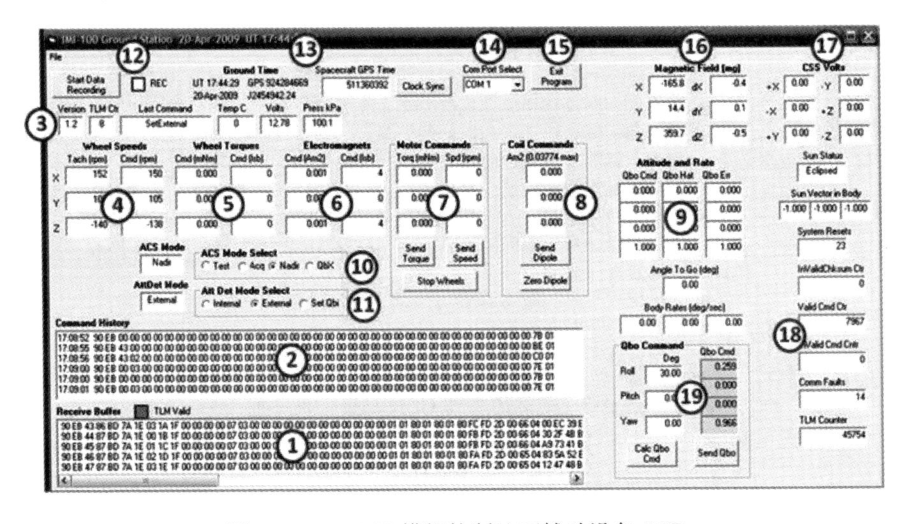

图 7.19　ADACS 模拟控制地面辅助设备 GSE

请参考图中的数字。

(1) 接收缓存:原始遥测数据接收时的滚动显示。若具有有效校验和的遥测数据接收速率 4Hz,则遥测有效指示灯为绿。

(2) 历史命令:滚动显示已发送的原始命令。

(3) 通用信息包括飞行软件版本号、TLM 子帧计数、MAI－200 收到的最后指令、马达温度、母线电压和密封外壳内部的压力。

(4) 反作用飞轮速:指令和转速表。

(5) 反作用飞轮力矩:以 mN · m 和最低有效位(Least Significant Bit, LSB)为单位的命令。

(6) 电磁命令:以 Am^2 和 LSB 形式。

(7) 测试模式下马达指令:开环命令只能在测试模式下发送,可以指定扭矩或速度。在文本框中输入扭矩或速度命令,然后单击发送。停止反作用飞轮发送零速命令。

(8) 测试模式下磁力矩器指令:开环命令只能在测试模式下发送。在框中键入一个偶极子命令,然后单击发送。零偶极子发送零偶极子命令。

(9) 姿态和速率显示:来自 ADACS 的命令、预估和误差的“本体系相对于轨道系”四元数。本体速率是预估四元数的变化率。

(10) ACS 模式选择:单选按钮选择 ACS 模式,请参见 7.3.7 节文本框显示从 TLM 返回的实际模式。

(11) 姿态确定模式选择:单选按钮选择姿态确定模式,参见 7.3.7 节文本框显示从 TLM 返回的实际模式。

(12) 记录数据:单击按钮,创建原始 TLM 数据文件(文本格式,以空格分隔)。

(13) 时间:显示当前的 GPS 时间,显示儒略日和卫星 GPS 时间。时钟同步按钮将地面 GPS 时间发送到 MAI-200。

(14) 串口:选择串行端口 1~10。

(15) 退出程序:只能通过此按钮退出程序。

(16) 磁场:处理过的磁强计输出和 Bdot 速率。

(17) CSS 输出:粗略处理后的太阳敏感器输出。

(18) 统计:各种正常和异常事件的计数器。

(19) Qbo 命令:允许在滚动、俯仰、偏航中输入四元数命令。按下 Calc Qbo Cmd 按钮,可将相对于轨道坐标系(3-2-1 转序)的欧拉角转换为轨道相对本体坐标系的四元数 Qbo。按下“发送 Qbo”将命令发送到 MAI-200。

7.5　集成与测试

硬件在回路中(HITL)的测试环境,是测试 ADACS 子系统的有效方法。HITL 测试采用航天器动力学的计算机模型,覆盖轨道环境模型。实时运行,并配合 ADACS 计算机以及航天器的其他硬件传感器与执行机构。在航天器的瞬时位置,HITL 生成地球磁场及太阳矢量的分量。同时产生其他可能出现的航天器干扰力矩。将这些分量反馈给航天器,航天器生成反作用飞轮和扭矩器命令。然后,HITL 通过执行航天器姿态的变化(并计算航天器的位置变化)来“操控”航天器。

以上方式可测试出 ADACS 性能。在测试和调试软件以及表征在轨性能与行为方面,HILP 测试至关重要。耗时数天的模拟能够确保系统在轨道运行中的可靠性。

典型 HITL 测试设置如图 7.20 所示,该图基于 QbX 4U 立方星。姿态确定和控制通过 MAI-100 的 ADACS 执行。3D 软件模拟器可精确实时地计算航天器对反作用飞轮、磁力矩器和轨道环境力矩的动态响应。MAI-100的ADACS和模拟计算机之间的电气接口与实际的QbX航天器相同,因此回路中的MAI-100识别运行环境为真实卫星飞行环境。HITL系统可提供ADACS指向准确的端到端性能验证。另外,还模拟了影响指向性能的其他相关航天器系统性能,包括电力系统、命令和数据处理系统以及通信系统的性能。

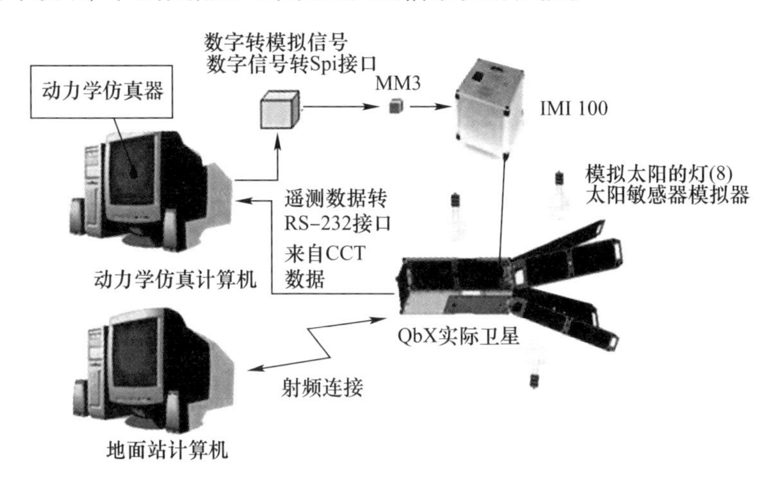

图7.20 地球指向纳米星QbX的Flatsat动态模拟器

为了直观观测ADACS性能,可以同时显示航天器Z轴指向随时间函数与卫星星下点轨迹,如图7.21所示。在此图中,直线表示动态模拟器输出的卫星星下点轨迹,折线为航天器“瞄准点”的时间函数。

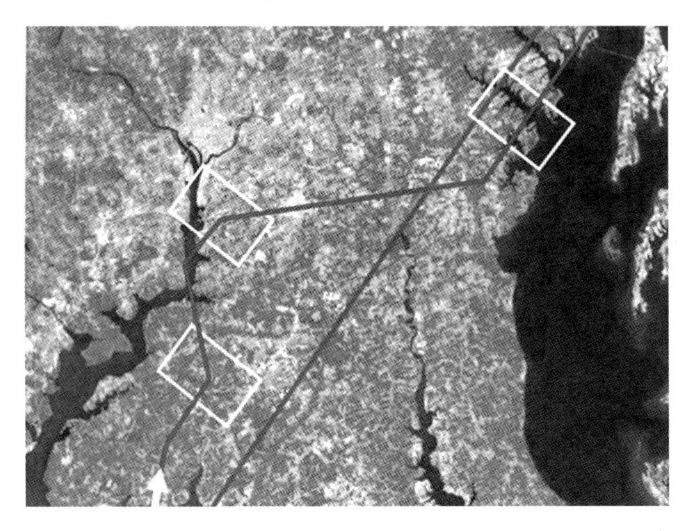

图7.21 动态仿真器硬件在环“模飞”航天器,以评估ADACS性能

图7.21所示为对三个目标成像的场景。航天器进入图标下方的屏幕覆盖区域，然后沿箭头这一初始方向前进。航天器执行姿态命令滚转到第一个目标滚转角后稳定，等待FOV(显示为白色矩形)到达目标。然后拍摄第一张图像。随后，航天器机动至第二张目标倾角后稳定，拍摄第二张图像。以同样方式对第三个目标进行成像。最后，航天器机动回地心指向，等待下一个指令。

7.6 在轨检测

卫星入轨后，ADACS即可进行检测。首先，通过命令卫星执行简单任务，验证每个ADACS组件的功能正常。例如，将航天器滚转10°。执行滚动加速和减速命令(开环)，记录星敏感器所测姿态变化，可验证反作用飞轮扭矩是否符合地面设定。

其次，执行ADACS系统级测试。滚转并俯仰航天器以指向地面上的已知目标。重复测试可以确定组件失调和其他偏置误差，也可以验证回路增益的正确性。ADACS软件上注可用于纠正以上偏差。

第8章　航天器软件

本章将讨论航天器软件的软件功能、软件体系结构和执行功能的方式。虽然软件功能是通用的，但体系结构和功能实现方法不尽相同。本章分析一组关键点的设计，这些设计曾实际应用于多个不同类型的航天器上。本实例中的卫星任务是：

(1) 存储和通信转发。

(2) 从无人值守的远程传感器收集数据并向其发出命令。

(3) 对目标成像并把图像数据下传至地面站。

卫星软件利用分布式处理环境，配备 C&DH 和 ADACS 计算机。两种计算机独立运作；ADACS 星务遥测数据只从 ADACS 流向 C&DH，ADACS 要求或轨道参数（或目标位置）数据的变化以及时间只从 C&DH 流向 ADACS 计算机。通信功能由 C&DH 执行，但可能会有一个单独的专用图像数据处理器。

软件可视作由三个不同的软件模块组成，每个模块拥有多个不同子模块。三个主要模块是：

(1) 命令和数据处理（C&DH）软件。

(2) 姿态确定与控制系统（ADACS）软件。

(3) 通信处理器子系统软件。

C&DH 软件包含卫星总线操作软件和任务有效载荷专用软件。卫星通信软件可以驻留在 C&DH 中，也可以位于单独的通信处理器中。

8.1　功能和软件架构

卫星总线命令和数据处理软件执行下列功能：

(1) 初始化 C&DH 处理器、硬件和操作系统。

(2) 执行预设任务、内部管理、通信、遥测。

(3) 与地面站或移动用户通信（在用户附近）。

(4) 星载电力系统的管理。

(5) 星载热控制系统的管理。

(6) 收集、计算和格式化卫星遥测。

(7) 存储和检索数据、消息和统计信息。
(8) 管理消息存储器。
扩展上述通信功能,包括:
(1) 通信发射机频率选择。
(2) 信息和数据的传输。
(3) 选择 CMD 或上行链路信息频率。
(4) 接收和处理上行命令。
(5) 消息存储。
(6) 接收上行链路软件,扩充或更改卫星软件。
(7) 收集、存储和处理用户访问授权数据。
(8) 信息收集、路由和确认。
ADACS 处理器执行:
(1) 根据上行轨道要素或星载 GPS 预报轨道。
(2) 读取所有姿态和位置传感器数据。
(3) 卡尔曼滤波传感器数据,获得卫星最佳姿态。
(4) 接收 C&DH 指令并向 ADACS 解析指令。
(5) 执行姿态控制计算。
(6) 控制反作用飞轮速度和磁力矩器。
(7) 控制推进子系统(如可用)。
(8) 控制推进器。
(9) 收集 ADACS 遥测并将其发送给 C&DH。
(10) 向 C&DH 发送准确的轨道要素。
(11) 向 C&DH 发送准确的时间。
有效载荷处理器执行有效载荷功能的管理和有效载荷数据收集。

软件架构和软件模块如图 8.1 所示。执行程序控制计算机操作系统。操作系统和所有软件通常以 C ++ 或机器语言编写。出于冗余,引导程序的多个副本通常驻留在防辐射的 Fuse Link PROM 中;主程序在 Flash EPROM 中。所有卫星总线操作均按时间表执行,可由地面站编程修改,卫星上采用默认值。由 C&DH 编程的硬件计数器执行该计划,并响应单个命令执行重复操作。所有高速和低级操作都降到由自主运行的多个高速通信处理器处理,只有需要时才通电。因此,C&DH 降低了高速要求,能够以较低的占空比工作,从而节省了电能。

虽然对吞吐量和速度不做要求,但 ADACS 功能仍由单独处理器执行,该处理器仅通过遥测和命令的双向文件传输与 C&DH 通信。两个处理器中都保留 C&DH 和 ADACS 代码。但是每个处理器仅执行其预设功能(C&DH 或

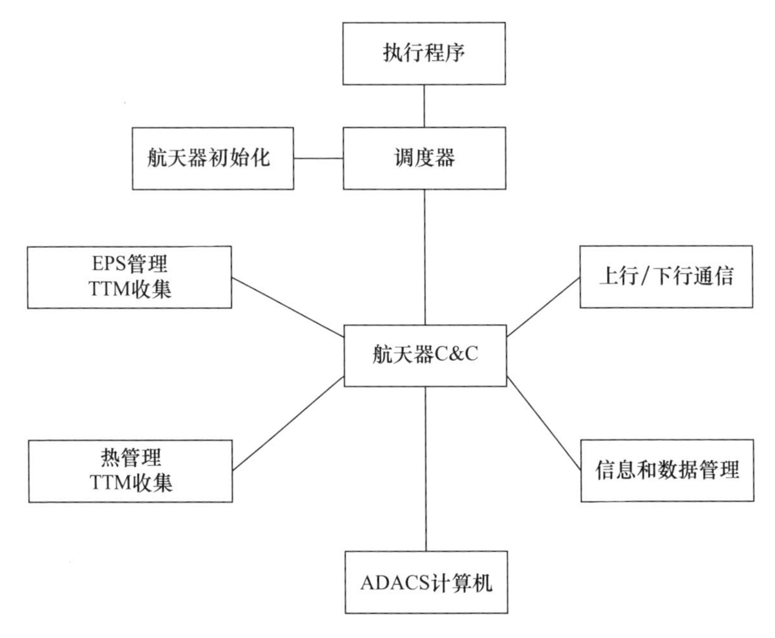

图 8.1　软件架构和软件模块

ADACS)。如果 C&DH 或 ADACS 处理器发生硬件故障,另一个处理器可继续执行故障处理器的任务,但计算机负载会剧增。发生单处理器高通信流量情况时,必须停用计算量大的功能。例如,计算密集型的多姿态传感器数据的卡尔曼滤波,此时将被停用,姿态确定通过(地面指定的)单传感器进行。通常是 GPS 姿态确定或星敏感器(如果有)。

该软件体系结构包括执行程序和子例程,用于完成各种任务。执行程序调度硬件、电源和 ADAC 接口初始化、操作系统初始化、状态确定、大容量存储器初始化、默认调度初始化以及空闲任务。执行程序执行空闲任务,执行程序在空闲任务时循环运行所有规定的和潜在的任务(子例程),以确定是否有其他问题。为降低功耗,程序以低时钟速度运行。如果执行程序在循环运行潜在任务时发现需要执行的任务,那么处理器将切换到高速状态执行该子例程。处理中断的方式也与此相同。

8.2　执行每个功能或模块

8.2.1　初始化 C&DH 处理器、硬件和操作系统

一旦 C&DH 从复位状态释放(分离开关指示卫星脱离运载火箭之前保持复

位状态)，C&DH 就会执行 Flash EPROM 操作系统检查，并初始化硬件和非易失性 RAM 变量。测试大容量存储器中的不可用部分。在初始化所有启动任务之后，C&DH 将加载默认调度。默认调度包括 C&DH 健康状况(State of Health，SOH)遥测收集事项和通信事项。C&DH 反复执行通信，直到与地面站建立通信。

ADACS 与 C&DH 同时复位释放，并执行类似的初始化序列。此序列会在 ADACS 软件部分阐述，但是这里会描述与 C&DH 初始化有关的 ADACS 初始化。

ADACS 初始化顺序更短，因此将在 C&DH 之前完成初始化，C&DH 监听 ADACS 计算机通知，表明其初始化已完成并且可以执行命令。C&DH 与 ADACS 同步时间，并命令 ADACS 开始运行状态数据收集。

为节省电量，C&DH 计算机在空闲任务中保持慢时钟模式。所执行的任务包括重置监视计时器、验证 EDAC 存储器中的操作系统、EPS 监视和恢复以及中断处理。

中断处理程序监视实时时钟提醒(事件执行时间)、操作系统计时、GSE 端口服务、通信接收和传输服务，监视来自移动用户的计划外通信。

8.2.2　执行预定事件

所有计划事件都使用实时时钟提醒功能启动执行。调度程序在前一事件完成后，将提醒设置为下一个事件的开始。在执行事件之前，监视时钟会复位。由于监视时钟的持续时间通常是最长事件持续时间的两倍，且每个事件开始时时钟复位，因此所有事件的执行监视时钟与计时无关。监视时钟复位后，执行事件。事件完成后，下一事件会从调度表中删除，并为此事件设置实时时钟提醒，ADACS 计算机返回空闲任务状态。

调度程序执行三个主要功能：①解帧和解析在通信期间接收到的命令；②标识下一个可执行事件；③验证调度程序命令序列队列。每个命令都通过三种方式进行验证：检查卫星访问密码以确定地面站是否有权调度命令；检查 CRC 命令数据包，确保已接收正常，并在列入调度序列前检查每条命令的 CRC。

若命令有效，则按时间顺序列入调度计划。若检测到错误，则忽略此命令。卫星调度可以传送到地面站进行验证。

事件执行后，调度程序会准备下一条待执行命令，并为指定的事件执行时间设置提醒。稍后，事件可以重新自行调度。单个命令(调度存储器位置)就开始自调度重复活动(如电话收集)。卫星能够在 EDAC 内存中存储大量命令(将重复命令视为单个命令)。调度计划完成或收到新命令之前，都会迭代执行命令。如果调度程序变为空，将加载“蜂鸣/接收”通信的默认调度程序。另外，如果未来三天中未安排任何通信，调度程序会将通信活动（“报警/接收”）列入调度表中。通知主地面站，卫星不在调度表内，需要维修。

“报警－接收”通信活动是重复的卫星发送活动（发送“常规遥测”），然后在指定的时间间隔内激活卫星命令接收器。因此，如果与卫星的通信中断，或者调度计划漏发，卫星会每隔一定时间（如1min）报警，提示其相关人员无调度计划。该功能在很多情况下非常实用，如由于某种原因航天器“失联”的情况。由于发射活动的间歇性，执行“报警－接收”功耗非常低。

所有活动都是自选路由的，即如果该活动是针对C&DH以外处理器的，那么该活动的代码会将其路由到适当的目标处理器。

8.2.3 执行存储的命令

卫星按照内部时间表运行，执行上行命令并与执行命令的时间一起存储在内存中。卫星处理上行命令，提取内存指针信息，由此可以从执行命令存储器检索时间顺序命令，不受命令发送的时序限制。根据地面站使用的卫星轨道参数，在地面上确定执行命令的时间。地面站计算卫星飞入要执行命令的地面特定区域上空的时间。ADACS指令中，命令卫星指向地球既定点并拍照不属于以上情况。ADACS具有可自主计算所需机动性的所有信息。

定时执行命令不包括卫星自调度活动（如遥测数据收集）和地理命令的重复活动。在地面可控制的间隔内收集遥测信号。对某一硬件计数器设置数字，倒数至0。此时，信号收集中断并诱发重复信号收集活动。计时器重复上一数字设定，重复过程。

8.2.4 整理工作

整理功能包括维护星载硬件状态、遥测数据收集和格式化、电力系统管理、热控制系统管理、ADACS状态维护和ADACS遥测数据收集。

星载硬件状态由遥测到地面的“状态向量”维护，其中每个字节指示不同硬件模块的状态以及当前是否在用。若所有组件都在运行，则星载硬件状态由默认状态矢量控制。例如，该默认状态矢量表示已使用1号用户下行链路发送器，C&DH和ADACS软件运行正常，所有电池均在线路上，热控制系统（加热器）以占空比运行，电子温度保持在5℃，并且所有可展开部件（由火工品设备激活）均已点火。

8.2.5 星载电力系统的管理

电力系统管理通过多种方式进行。电池充电、根据电池温度和电压控制充电调节器由“智能”电源子系统响应其自身的控制器执行。电力系统的C&DH控制包括打开或关闭各种电池、将电池从线路上断开以进行调节、监视单个电池的低压、卸载电池直到对其充电、保持电池瓦特/小时遥测到地面的充电状态,指示世界不同地区的电池状况和一般电池使用水平。除了控制电池,电力系统的 C&DH 控制还用于节省电力。它决定单个 PCB 的用法,根据需要将其打开或关闭,控制时钟速度以在海洋区域或仅执行空闲任务时降低速度。卫星也可以执行地面命令进入节能模式。最后,若电量危急,则硬件启动低功率模式,停用不必要的负载,保护卫星。电力系统的计算机控制是一项经过实践验证的功能,可实现高功率效率。

8.2.6　星载热控制系统的管理

根据卫星遥测,地面操作员会获得有关电池温度的数据。操作员可以确定电池温度是否继续升高。热控制系统的管理通过加热环实现,计算机控制其温度。使用计算机而非恒温器(会使重要的电池加热器系统处于自动设备的控制之下,而自动设备故障可能会危及整个任务)打开和关闭加热器,并且加热器设置暂停时间。通过计算机控制加热器的运行,可以实现更精确、更省电的加热器控制。

8.2.7　遥测数据收集

遥测数据收集是通过按照地面命令或默认调度命令的重复间隔,重复安排“状态”事件来执行的。此活动激活模拟 I/O,对每个模拟和二进制遥测点进行采样,并将这些值馈送到多路复用器和 A/D 转换器,并输入 C&DH 计算机。C&DH 存储了遥测点值集,并更新遥测统计信息,包含所有遥测点时间历史记录的最小值、最大值、平均值和最新值。若仅需要常规遥测,则到下一个地面站的存储的遥测转储始终具有相同数量的数据点,而与地面通信的时间无关,但是数据包含每个遥测仪的重要 SOH 统计信息点。遥测数据收集的默认时间间隔普遍较长,因此每根轨道包含 90 套采样。

如果出现异常,或者地面站希望更详细地检查特定子系统,操作人员可以命令特定子系统以指定采样率在指定时间段收集和下行链路遥测。通过这种方法,工程遥测数据的颗粒度更高。ADACS、通信处理器和推进系统的遥测均以相似的方式下行并显示。

8.2.8　通信软件

通信软件分为上行/下行通信和星载消息处理。由于通信协议的具体细节通常是客户与卫星制造商共同决定,本书仅描述一般操作概念。卫星具备多种不同的存储转发通信功能,因此消息类型不同。由于通信步骤较多,因此实现通信使用高级命令。

地面站提供给卫星的指令即为高级命令,由卫星解析。例如,在时间 T_0 处使用2号发射机与地面站进行通信和联系,并以频率 f_0、速率56kb/s发送数据,10min后超时结束,这就是一个单一的高级命令。卫星通过打开 T_0-X 处的TCXO振荡器(以使其稳定)来实现该命令,将TCXO连接到2号发射器,在 T_0-Y 处将B+接通2号发射器,并将协议控制软件信号发送速率设置为56kb/s,选择要使用的调制器,并选择要发送的第一条数据,在 T_0 处打开发送器开关,此时即可发送信息。这些高级命令通常遵循何时、哪个、如何将要进行的活动规范为一组结构化指令集的思路。这种高级的、菜单驱动的命令结构应用广泛,确认命令所需时间很短。高级命令法与卫星控制旧方法对比鲜明,后者需要使用单独的地面命令来执行每个开关或设置功能,且执行命令之前,卫星必须重复执行命令的每个单元,地面站才能确认,因此单位时间可以执行的(等效)高级命令的数量受限。

信息传输尝试预定次数,如果无法传输,通信历史记录中标记无法传输。2s内未收到的信息响应将重新传输,直到穷尽重试次数。重试无效,消息将不在通过该通道发送。

与命令接收器关联的处理器主要功能是解除C&DH对频率选择、接收器调谐、解密、删除前向纠错编码以及消息或命令解释相关的低层处理。通信处理器仅由C&DH命令启动。处理器通电后,C&DH知悉接收器等待频率分配。C&DH发送预设上行链路命令或消息的频率、调制类型、数据速率。通信处理器将接收器编程为指定的频率,初始化数字硬件和DMA,并等待接收器静噪阈值被超过。数据包检测终止前,处理器持续接收数据。只有无错误(即具有有效CRC)的用户数据包才会被转发到C&DH。在数据包接收期间,每个数据包的接收信号强度都处于被监视状态,并将其附加在转发到C&DH的数据包中。C&DH在遥测中规定接收到的有效和无效数据包数量。处理器收集C&DH请求的SOH信息。SOH由与执行程序有关的信息、处理器间通信错误、无效的命令或数据传输以及其他信息组成。

通信处理器程序存储器分为Fuse Link ROM和Flash EPROM两种类型。Fuse Link ROM包含初始化处理器、与C&DH通信、关键软件功能的必需软件。Flash EPROM存储该软件的两个副本。通信处理器开始工作后,若检测到无法修复的错误或由C&DH重置后,将扫描操作系统的两个副本。处理器执行最正确的版本。出于C语言驱动程序低级、时间临界条件为汇编语言的特点,通信处理器软件以 C 语言编程。

8.2.9　姿态控制系统软件

ADACS 执行的功能上述已说明。此处仅解释基于 GPS 数据预报轨道。星载 GPS 提供位置(以 ECEF 坐标表示)、速度和时间信息。首先,坐标被转换成 J2000 坐标,然后双重积分卫星加速度,获取接下来的位置信息,由此预报轨道数据。

8.2.10　可上注星载软件

适时改变星载软件运行方式是十分必要的。新软件必须发送到 C&DH。星载软件的独立模块化很容易实现上注,该模块由空闲任务顺序调用。星载软件逐一寻找各模块地址去执行。这就意味着可以发送新模块到卫星,并将其存储在空闲存储空间的任意位置。C&DH 要具备更新驻留在 Flash EPROM 中代码的功能。C&DH 发出命令接收新软件,启动该序列。Flash EPROM 接收、存储和编程的功能位于 Fuse Link ROM 中。接收所有软件后,C&DH 命令对 Flash EPROM 进行编程。然后,C&DH 使用新的软件修补程序或子例程恢复正常操作。

8.2.11　推进控制系统软件

推进系统的指令是使用多个推进器燃烧,产生增量 ΔV。少量未确定的推进器净力会偏离 CG,因此提供通过 CG 的净推力影响对多个推进器进行占空比循环,通过响应姿态或速率传感器,改变占空比,校正推力误差。ADACS 配备惯性测量装置,因此可以轻松确定姿态误差。推进控制系统计算产生指令增量 ΔV 所需的推力时间长度,根据对储罐压力以理想气体定律求得。该时长被分为适用于推进器的多个较短的时间段。IMU 向计算机提供数据,确定在这些较短的时间间隔内,进行直线飞行应启动的推进器。加载推力后,处理器启动截止阀,打开燃料箱的燃气流,测量气压和温度(正常的 SOH 测量值),并根据燃气定律计算燃烧持续时间。如果所需的燃烧持续时间长于 0.1s,为避免出现卫星故障,程序将计算所需的燃烧次数。然后,从设定的时间开始,通过在指定的时间段内打开合适的推进器阀执行一组短暂燃烧。两次燃烧间隔由角速度控制,因此连续燃烧会产生相反的力矩,顺序燃烧产生的姿态误差最小。

8.3　软件开发

软件应遵循原则有序开发。该软件应为:

(1) 划分为不同模块,各模块执行本章各前述功能。

(2) 每个模块都应完整描述(定义模块要求、模块的输入、模块将执行的算法或逻辑以及模块的输出),通常称为伪代码。伪代码还可以定义测试代码的方法和用于与硬件接口的控制文档(Interface Control Document,ICD)。

(3) 编写软件之前可以通过检查伪代码的方式发现概念性错误。同样,可以估计代码的大小[如代码源代码行数(Source Lines of Code,SLOC)]。

(4) 若ICD未包含在伪代码中,则应单独编写接口控制文件,定义软件和硬件模块之间的接口。

(5) 根据代码是全部新编还是早期代码复用,可以估算编写代码的时间。程序员的经验决定了编程估计工作量。因此,基于SLOC估计的编程时间最长是WAG,最好情况也不会强很多。还可以通过将每个模块与过去编写的类似模块进行比较来估算SLOC。

(6) 为便于识别,编写软件应定期存档,并定义版本号和日期。已有几种成熟的版本控制COTS软件可用。

(7) 应经常检查软件进度,确定进程并排除不兼容等问题。如果有人突然告诉你软件即将写完,那么可以理解为软件不可用。

(8) 更改软件模块非常危险,如果不严格控制,可能会使团队其他成员编写的软件无效。因此,软件修改应遵循修改程序(记录修改内容,修改原因以及修改此模块将受到影响的程序)。修改控制系统(如Subversion,Git)可以建立和维护严格的修改控制。

(9) 完整的软件模块应在实际情况下测试。

(10) 虽然造价高昂,也要建立卫星完整软件仿真。由此可测试各个软件模块以及整个软件系统。

(11) 伪代码中应编写可以执行各模块某些(可以非全部)功能的软件。通过这种方式可以对整个系统进行早期测试,验证系统可行性。后续代码改进将使系统更顺畅。这种反复改进的软件开发过程称为“螺旋过程”(因为最初的软件螺旋式趋向最终软件)。螺旋式编程的优点是可以在开发过程开始后迅速创建代码。

第9章　卫星结构

卫星结构选择取决于许多因素,主要有:

(1) 运载火箭有效载荷包络和分离系统的接口大小。

(2) 运载火箭对卫星结构的载荷。

(3) 卫星总线和载荷组件的重量。

(4) 热设计以及消除入射和内部产生热量的能力。

(5) 提供所需的轨道平均功率的太阳能电池阵安装、部署或旋转方式。

(6) 仪器指向。

(7)其他特殊要求,如保持推进力潜在需求,总线和有效载荷彼此分离等。

本章将介绍典型卫星结构的分析过程,并为每个步骤提供通俗的解释。

9.1　前言

在发射过程中,卫星结构暴露于复杂的动态环境中。首先,当运载火箭停在发射台上,微型结构承受1g垂直静态载荷。在火箭发动机点火到在火箭开始上升之前,卫星要承受剧烈的振动载荷。其中一些是由发动机振动遍传运载火箭引起的结构性载荷,更多的是由运载火箭周围的地面反射发动机噪声并撞击到卫星上引起的声学载荷。火箭顶部卫星的声负载与运载火箭的高度相关。随着运载火箭开始上升,由于携带大量燃料,火箭加速缓慢。距离地面渐远,反射的声负载会渐渐消散。随着速度的增加,相对稠密的空气在较低的高度撞击运载火箭的头部,产生动压"Q",从而在上部结构上产生压缩载荷。通常的做法是上升至足够高度前,节流发动机(空气密度较小)最大限度地减小此压力的影响。在整个过程中,随着燃料烧尽,运载火箭会变轻,既定发动机推力下加速度增加。图9.1所示的"猎鹰"1号运载火箭的典型轴向加速度曲线表明了这一过程。值得注意的是,在第一级分离时,会出现6.5g的峰值轴向加速度。

在此期间,卫星(连同其他舱段有效载荷)被附接到具有自身刚度和质量的运载火箭上。组件整体在很大的频率范围内承受动态负载。运载火箭的动态响应与所搭载的组件相互耦合,从而产生了一组特定于该发射任务的载荷。为了便于在航天器设计过程中进行分析,运载火箭供应商发布的估计设计负

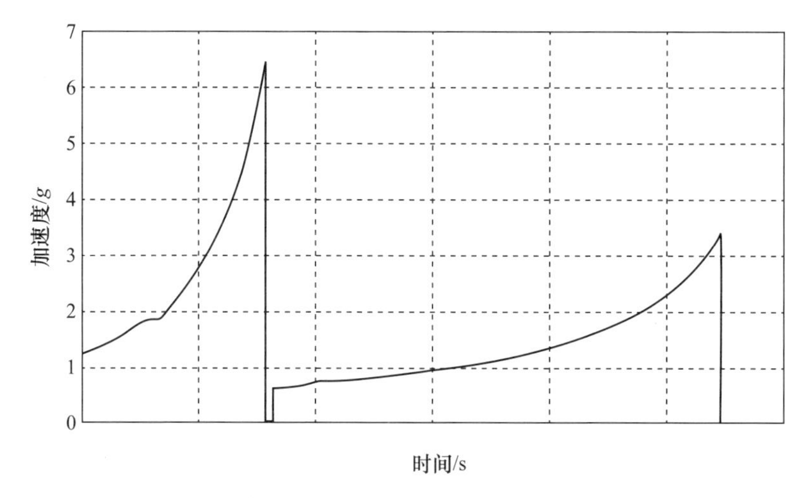

图 9.1 “猎鹰”1 号运载火箭的轴向加速度与时间的关系

荷,都是结构实际承受的载荷的保守估计。因运载工具/舱单的成熟度不同,估计值来源可能是同类运载工具数据、过往运载火箭实际测量值或运载火箭舱单的耦合载荷分析(Coupled Loads Analysis,CLA)。设计期间还可进行其他耦合载荷分析,上传已公布的载荷。用于测试和验证结构的载荷基于测试时的最新载荷估算。

9.2 需求分解与结构设计过程

结构约束分解自运载火箭和航天器要求。

运载火箭供应方确定运载火箭要求。其通常包括:

(1) 最小航天器共振频率:(小型卫星通常为 50Hz)该参数设定目的为避免与运载火箭模态耦合。针对 ISS(International Space Station,国际空间站),为防止与空间站的机械臂模态耦合,另有其他要求。最后,为保证仪器控制和性能,会提出在轨部署配置频率要求。

(2) 静力荷载:(由运载火箭提供)基于估算、经验或耦合载荷分析,均为保守估计,且考虑到整个舱单和运载火箭的耦合影响。耦合载荷分析包括不确定性因素。在项目开始时进行初步 CLA,由于设计和清单尚未最终确定,不确定因素较多。最终 CLA 变量减少,安全系数使用量也会更低。

(3) 正弦载荷:(运载火箭供应商未必要求)通常,正弦波动在 0 ~ 50Hz 或 100Hz 的频率范围内,幅值为几 g,目的是将航天器上的低频/高位移动态载荷计入在内。

(4) 随机载荷:包括航天器上较高频率动态负载。通常,航天器的仪器越大,随机载荷的影响越小。当运载火箭供应商无法提供特定的振动频谱时,设计人员应遵从图9.2所示的通用环境验证规范(GEVS)。

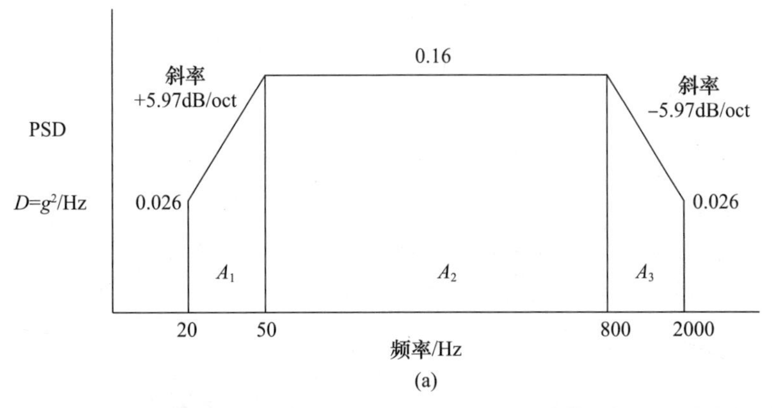

(a)

频率/Hz	ASD/(g^2/Hz)	dB	oct	斜率/(dB/oct)	Area	加速度(G_{rms})
20.00	0.0260	—	—	—	—	—
50.00	0.1600	7.89	0.32	5.97	2.51	1.58
800.00	0.1600	0.00	4.00	0.00	122.51	11.07
2000.00	0.0260	–7.89	1.32	–5.97	199.82	14.14

(b)

图9.2　(a)运载火箭的随机振动谱;(b)随机振动频谱

(5) 声负载:由声压撞击引起,对表面积大、质量轻的部件至关重要(如太阳能电池阵列)。通过声压计算有效静压的公式如下:

$$\mathrm{Lp} = 20\log(p/P_{\mathrm{ref}}) \tag{9.1}$$

其中,p为声压(Pa);P_{ref}为基准声压,$P_{\mathrm{ref}} = 2\times10^{-5}\,\mathrm{Pa}$。

(6) 压力载荷:推进系统是密封和通风的容器。推进系统因推进剂,设定不同的多层要求。危险性推进剂(如肼)比惰性的推进剂(如压缩氮气)安全要求更高。安全要求还取决于推进剂系统的内含能量。必须对燃油管路进行4次分析,并在2倍最大预期压力下进行测试。载人航天器需要进行“爆裂前泄漏”分析,以证明一旦出现裂隙,裂纹会线性增长到一定长度,让压力释放出去,保证不再出现不稳定裂纹增长。推进剂储罐通常在1.5倍最大设计压力下通过验证测试。

发射期间密封容器容积不变,在轨运行时保持一个大气压的内压。密封容器必须通过两个大气压的内部压力环境测试。

通风式容器分析包括计算给定封闭体积所需的通风面积。排放压力载荷是根据最大压力衰减率和发射期间的环境压力计算得出的。

注意:压力负载要求可以基于系统中包含的能量大小层层排列。

(7) 安全因素:(由项目定义)。

9.3 结构选择以及各自优缺点

结构构型涵盖从容纳卫星电子设备的箱式简单构型(图 9.3)到支撑电子、推进和各种可展开部件集合的复杂构型(图 9.4)。

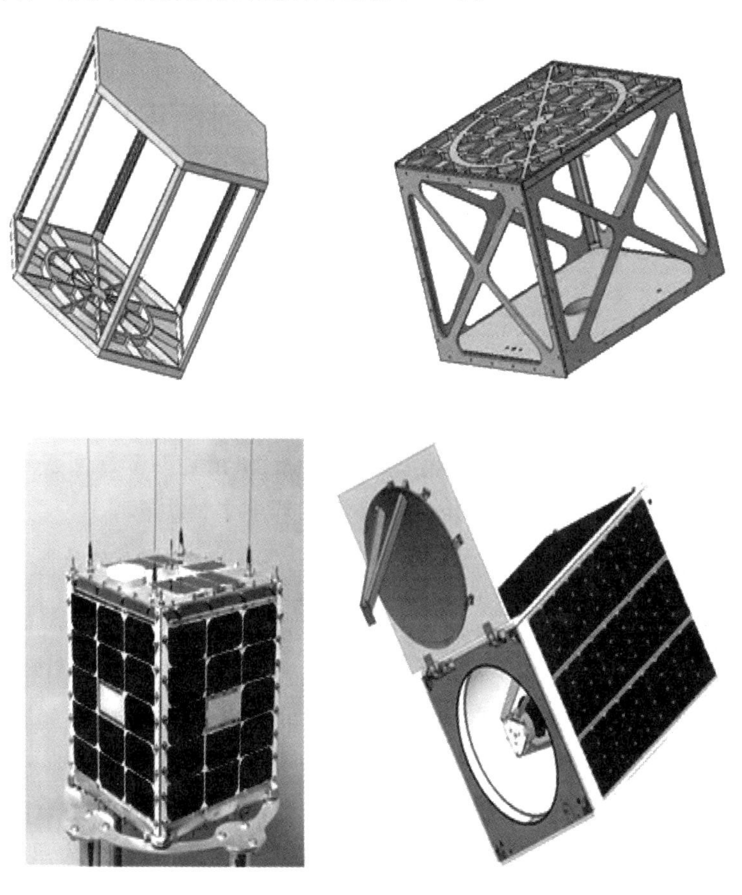

图 9.3　简易箱式航天器结构

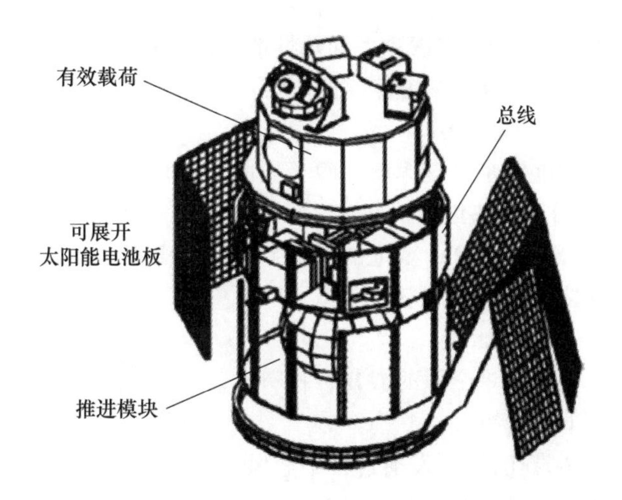

图9.4 较复杂航天器结构

对于小型卫星,几乎所有结构构型都会被采用。但是,随着结构规模及电子设备和有效载荷的重量增长到几百磅或更重,电子设备的放置会影响强度要求以及由此产生的航天器共振频率。如图9.5(a)所示,卫星结构包括底板和顶板、纵梁和侧板。

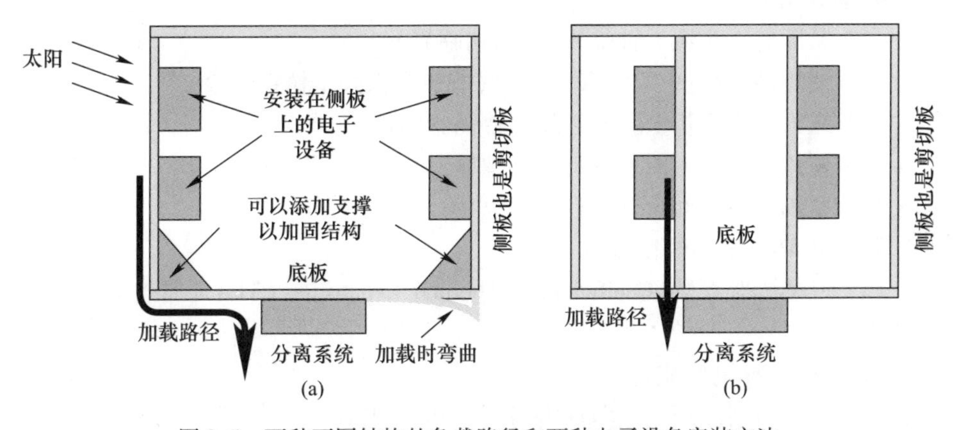

图9.5 两种不同结构的负载路径和两种电子设备安装方法

在安装到侧面板内部的电子设备的负载下,底板将弯曲并振动。这可以通过角撑缓解。但是,如图9.5(b)所示,通过将电子设备安装在分离系统直径处或附近的内部面板上,负载路径为直线,不仅可以减小底板的厚度、强度和重量,还可以减小侧板的重量。另外,图9.5(a)中,太阳入射使外板温度上升,对电子设备不利,但图9.5(b)中,电子设备能受到保护,不受太阳直射升温影响。

在选择和设计卫星结构及电子设备布局时,甚至在进行详细分析之前,都必须直观考虑航天器的刚度、共振频率和热性能。此过程可参考“经验法则”。

1. 避免使用长时间无支撑的结构构件

(1) 适度加筋,避免形变。

(2) 加强筋强度应足以支撑剪力腹板屈曲的对角张力屈曲。

2. 研磨铝坚固且导热性能优良

根据 MSFC - STD - 3029《氯化钠环境中耐腐蚀应力开裂的金属材料选择指南》,选用耐腐蚀应力开裂的材料。

3. 蜂窝板刚度重量比高

(1) 蜂窝面板可以是金属的或复合材料的。

(2) 高应力下不弯折。

(3) 蜂窝板芯打孔,保证发射过程中通风。

(4) 妥善处理声压负载。

(5) 局部以螺栓连接。

(6) 复合面板与太阳能电池联用时,需要加覆电绝缘层。

(7) 验证制造工艺可能需要其他测试。

(8) 务必考虑材料之间的热膨胀。

4. 多用螺钉紧固件

(1) 紧固件接头应为轴临界(非剪切临界)。

(2) 使用高强度 A - 286 钢紧固件(非 300 系列不锈钢螺栓)。

(3) 载人航天飞机上不允许使用镀镉紧固件。

(4) 使用自锁嵌入圈和螺母连接螺栓。

(5) 紧固件应有冗余,以避免单点故障。

5. 石墨环氧结构轻且坚固

(1) 其热膨胀系数(Coefficient of Thermal Expansion,CTE)非常符合光学应用要求。

(2) 导热、导电性能差。

(3) 复合材料涂层工艺验证需另进行其他测试。

(4) 更高的制造成本。

6. 确保有良好的散热路径

如图 9.6 所示,NASA 2009 年发射的双卫星舱单就是一个复杂卫星结构实例。在这次任务中,登月探测轨道飞行器(Lunar Reconnaissance Orbiter,LRO)发射时在月球陨石坑观测和感知卫星(Lunar Crater Observation and Sensing Satellite,LCROSS)顶上。LRO 绕月球飞行并绘制了其表面图。LCROSS 的任务是接近月球。然后上层结构撞击月球,LCROSS 飞过喷出物寻找水的迹象。这两个设备堆置发射。

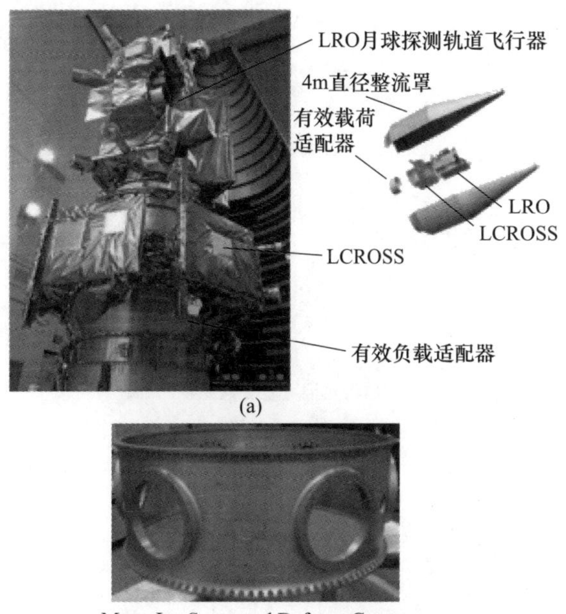
LRO月球探测轨道飞行器
4m直径整流罩
有效载荷
适配器
LRO
LCROSS
LCROSS
有效负载适配器
Moog Inc.Space and Defense Group

(a)

(b)

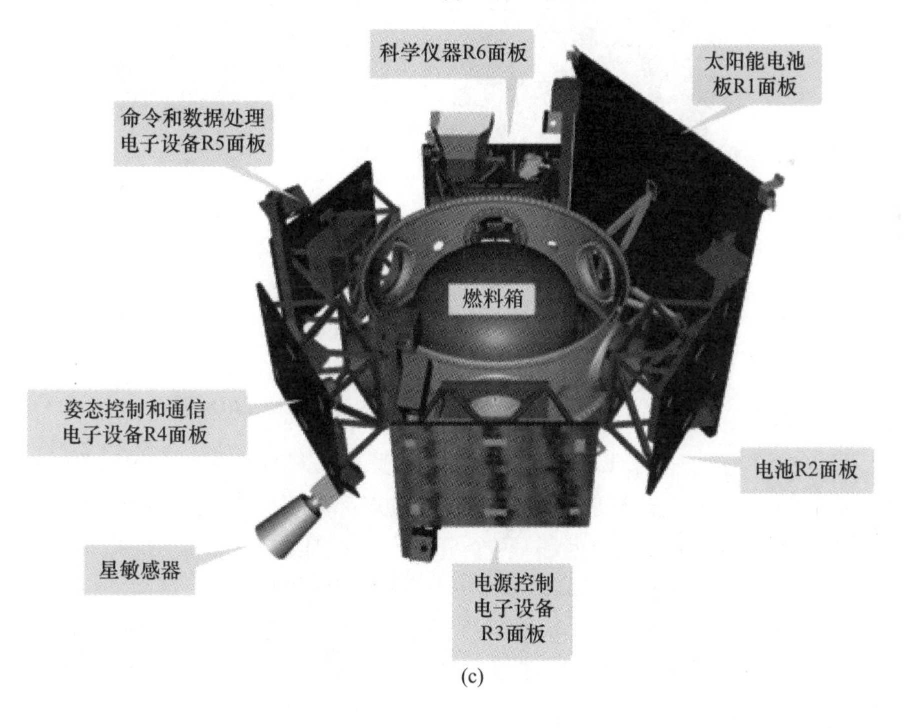
科学仪器R6面板
太阳能电池
板R1面板
命令和数据处理
电子设备R5面板
燃料箱
姿态控制和通信
电子设备R4面板
电池R2面板
星敏感器
电源控制
电子设备
R3面板

(c)

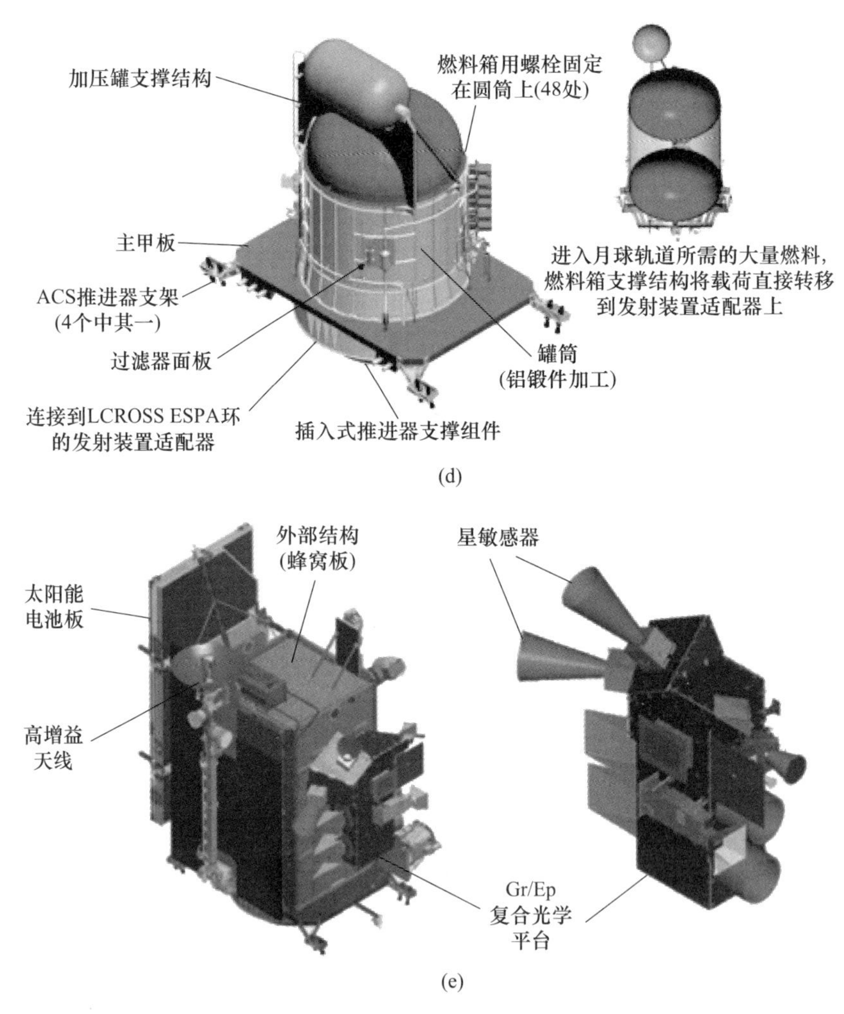

图 9.6 (a)LCROSS 和 LRO 卫星堆叠;(b)ESPA(EELV 副载荷适配器)环;
LCROSS 结构支持 LCROSS 模块和 LRO 航天器;(c)每个支架仅支持一个子系统的负载;
(d)LRO 推进系统的细节;(e)4 个外部结构模块组成 LRO 结构构型

LCROSS 结构使用了 ESPA 环,其组件沿其周边径向安装。ESPA 环的上法兰支撑 LRO 航天器。两种航天器进入月球轨道都需要大型燃料箱来提供推力。

燃料箱位于 LCROSS 的内部,多个组件安装在环的外部。从结构负载的角度来看,这种形式使 LCROSS 模块化,并为支持 LRO 提供有效的负载路径。

LRO 是 4 面结构,由 4 个包含 LRO 子系统和仪器的垂直蜂窝板组成。4 个垂直面板安装在水平主甲板上,该主甲板通过运载火箭适配器(Launch Vehicle

Adaptor,LVA)与 LCROSS 连接。较大的燃料负载通过中央结构传送到 LRO 的分离系统(类似于图9.5)。

星敏感器和光学仪器之间的对准精度对于任务成败至关重要。台架复合材料的 CTE 值非常低,因此它对指向精度的热影响最低。台架通过弯曲连接到航天器,隔离了航天器偏折与光学台架。航天器上其他组件(如太阳能电池板和高增益天线)的对准精度并不像光学仪器那样严格。

复杂航天器表明使用直接荷载路径设计实践效果良好。

9.4　结构材料及性能

机加工铝材、铝蜂窝板和石墨环氧层压板是常用的结构材料(图9.7)。

合金	密度/(kg/m^3)	E/GPa	γ	F_{tu}/MPa	F_{ty}/MPa	CTE/(in/in/℃)
6061 - T6 铝	2770	68.3	0.33	289	241	2.25×10^{-5}
铍	1850	241.0	0.08	342	211	1.15×10^{-5}
殷钢	8069	141.0	0.23	518	276	8.9×10^{-6}
6AL - 4V 钛	4432	110.3	0.31	896	813	8.6×10^{-6}
A - 286 钢(紧固件)	8310	206.8	0.31	1100	827	1.65×10^{-5}

图9.7　典型金属材料性能

复合材料结构特性独特,可以针对特定应用定制。本书集中研究层压复合材料,而非极端环境的特殊复合材料。玻璃纤维和石墨/环氧树脂(Gr/Ep)是两种最常见的航天器结构复合材料,均由纤维和环氧基质合成。玻璃纤维的强度低于 Gr/Ep,但其成本相对较低,常用于满足绝热要求。Gr/Ep 结构复合材料有两种配置:织物和胶带。织物为浸有环氧树脂的石墨织物。虽然不是各向同性的,但在两个面内轴上的强度都相似。胶带形式下,铺层纤维沿一个方向延伸,并用环氧树脂浸渍,正交各向异性,其强度和热膨胀系数(CTE)值都随方向改变大幅变化。胶带复合材料沿其纤维轴具有极高的强度和刚度,且 CTE 极低(有时甚至是负值)。沿垂直于纤维方向的轴(仅环氧基体承受载荷)铺层相对较弱,并且 CTE 较高。由于胶带复合材料偏离轴方向时较弱,胶带层压结构通常以不同角度铺层,调整每个轴所需的强度。这种调整要求耗资巨大定制层压板。

如果 Gr/Ep 纤维的 CTE 为负,而环氧基体的 CTE 为正,那么就可以设计出 CTE 几乎为零的复合层压板。在轨光学系统要求,即使整个结构上存在热梯度,也必须保持指向性(图9.8)。因此,上述特性广泛用于在轨光学系统中。

属性	单位	Std CF 纤维	HMCF 纤维	E Glass 纤维	凯夫拉 纤维	Std CF UND	HMCF UND	MSS UND	E Glass UND	凯夫拉 UND
杨氏模量 0°	GPa	70	85	25	30	135	175	300	40	75
杨氏模量 90°	GPa	70	85	25	30	10	8	12	8	6
面内剪切模量	GPa	5	5	4	5	5	5	5	4	2
泊松比		0. 1	0. 1	0. 2	0. 2	0. 3	0. 3	0. 3	0. 25	0. 34
极限抗拉强度 0°	MPa	600	350	440	480	1500	1000	1600	1000	1300
极限抗压强度 0°	MPa	570	150	425	190	1200	850	1300	600	280
极限抗拉强度 90°	MPa	600	350	440	480	50	40	50	30	30
极限抗压强度 90°	MPa	570	150	425	190	250	200	250	110	140
极限面内剪切模量	MPa	90	35	40	50	70	60	75	40	60
极限抗拉应变 0°	%	0. 85	0. 4	1. 75	1. 6	1. 05	0. 55	—	2. 5	1. 7
极限抗压应变 0°	%	0. 8	0. 15	1. 7	0. 6	0. 85	0. 45	—	1. 5	0. 35
极限抗拉应变 90°	%	0. 85	0. 4	1. 75	1. 6	0. 5	0. 5	—	0. 35	0. 5
极限抗压应变 90°	%	0. 8	0. 15	1. 7	0. 6	2. 5	2. 5	—	1. 35	2. 3
极限面内剪应变	%	1. 8	0. 7	1	1	1. 4	1. 2	—	1	3
热膨胀系数 0°	M/M/°C	2. 1	1. 1	11. 5	7. 4	-0. 3	-0. 3	-0. 3	6	4
热膨胀系数 90°	M/M/°C	2. 1	1. 1	11. 5	7. 4	28	25	28	35	40

注:Std CF:标准模数碳纤维;HMCF:高模数碳纤维;UND:单向的。

图 9. 8　典型复合材料性能

9. 5　紧固件

典型的英制紧固件尺寸如图 9. 9 所示。

尺寸		粗牙螺纹 (UNC)			细牙螺纹 (UFC)		
尺寸	外径/英寸	每英寸螺纹数	拉伸应力面积/英寸^2	内径面积/英寸^2	每英寸螺纹数	拉伸应力面积/英寸^2	内径面积/英寸^2
0	0. 0600	—	—	—	80	0. 001	0. 001
1	0. 0730	64	0. 002	0. 002	72	0. 002	0. 002
2	0. 0860	56	0. 003	0. 003	64	0. 003	0. 003
3	0. 0990	48	0. 004	0. 004	56	0. 005	0. 004
4	0. 1120	40	0. 006	0. 005	48	0. 006	0. 005

图 9. 9　典型的英制螺丝尺寸

尺寸		粗牙螺纹 (UNC)			细牙螺纹 (UFC)		
尺寸	外径/英寸	每英寸螺纹数	拉伸应力面积/英寸^2	内径面积/英寸^2	每英寸螺纹数	拉伸应力面积/英寸^2	内径面积/英寸^2
5	0. 1250	40	0. 007	0. 006	44	0. 008	0. 007
6	0. 1380	32	0. 009	0. 007	40	0. 010	0. 008
8	0. 1640	32	0. 014	0. 011	36	0. 014	0. 012
10	0. 1900	24	0. 017	0. 014	32	0. 020	0. 017
12	0. 2160	24	0. 024	0. 02	28	0. 025	0. 022
1/4	0. 2500	20	0. 031	0. 026	28	0. 036	0. 032
5/16	0. 3125	18	0. 052	0. 045	24	0. 050	0. 052
3/8	0. 3750	18	0. 077	0. 067	24	0. 087	0. 080
7/16	0. 4375	14	0. 106	0. 093	20	0. 118	0. 109
1/2	0. 5000	13	0. 141	0. 125	20	0. 159	0. 148
9/16	0. 5625	12	0. 182	0. 162	18	0. 203	0. 189
5/8	0. 6250	11	0. 226	0. 202	18	0. 256	0. 240
3/4	0. 7500	10	0. 334	0. 302	16	0. 373	0. 351
7/8	0. 8750	9	0. 462	0. 419	14	0. 509	0. 480
1. 0	1. 0000	8	0. 606	0. 551	12	0. 663	0. 625

注:1. 塑性形变会使拉伸面积大于最小螺纹直径区域拉伸面积,因此计算时要考虑螺纹部分的塑性形变。拉伸面积用于计算拉伸应力。如果螺纹处于剪切状态,计算剪切应力时应选用较小直径的区域。

2. 如果使用了在剪切中无螺纹截面的紧固件,剪切应力计算应使用无螺纹部分的直径。

图 9. 9　典型的英制螺丝尺寸(续)

9. 6　安全因素

在航天器设计中,安全系数要求取决于结构是经过强度测试还是仅通过分析鉴定。若由“非测试”因素产生的质量增加在可接受范围内,则无须启动结构测试程序,节省了时间和成本。

包含复合层压板的结构通常需要进行结构测试,是因为不同质量的复合层压板的强度差异巨大。如果有很多复合层压板,出于相同的原因,很可能每个单元都需要进行测试。

图 9. 10 所示为设计中使用的典型安全系数(不同项目可能会指定不同值)。

类型	环境	标记	静止/静止		随机/声学	
			屈服	极限	屈服	极限
Paletalic	所有	测试	1.25	1.4	1.6	1.8
Paletalic	所有	非测试	2	2.6	—	—
稳定性	发射	测试	—	1.4	—	1.8
热应力	在轨	测试	1.25	1.5	—	—
热应力	在轨	非测试	2	2.6	—	—
EVA 冲击载荷	在轨	非测试	2.25	2	—	—
标称 EVA 操作	在轨	非测试	2.25	2	—	—
EVA 撞击载荷失效模式	在轨	非测试	—	1	—	—
故障保护	—	非测试	—	1	—	—

(1) 对于仅用于分析的方法，安全关键结构(不包括紧固件）的所有 M5 >0.15，紧固件 MS 必须为正值，但由于 M5计算中使用了预载，因此可能小于0.15。
(2) NASA - STD - 5001中规定的玻璃和结构玻璃黏结的安全系数。
(3) 所示因素应用于基于 RMS 值统计得出的峰值响应。
作为最低要求，峰值响应应计算为3σ值。
(4) 所示因素假设鉴定/试飞测试在验收水平 +3dB 下进行。
若验收和鉴定等级之间的差异小于3dB，则上述系数可应用于鉴定等级 -3dB。
(5) NASA - STD - 5020加压系统的安全系数。加压系统的安全系数应符合 AF5PCMAN 91 - 710 (范围安全）。
(6) 外径小于1.5英寸的管线。

图 9.10　安全表的典型因素

(1) 金属结构的静载荷测试：主要问题在于是否进行结构测试(允许使用较低的安全系数)。结构测试可选取静态拉力测试(最简单且成本最低)，但可能无法测试整个结构。正弦爆破振动测试(成本次低)测试整个结构。离心测试(可能需要在不同方向进行多个测试循环)是成本最高的。

(2) 随机/声学因素：若采用验收等级载荷，则必须选择 1.6 屈服和 1.8 极限的随机/声学系数。若使用合格负载(验收度 +3dB)，则应使用 1.25 屈服系数和 1.4 极限系数进行安全系数计算。

(3) 稳定性：保证结构不会弯曲到极限应力水平以下。

(4) 热应力：热真空测试中可使用较低的测试因数。

(5) EVA 负载和标称 EVR 操作：通常未经测试，因此，其非测试因素较高。

(6) EVR 撞击：被认为是计划外的故障模式。因此，该结构可能被损坏(因此没有屈服要求)，但必须保持完整。

（7）故障自动防护：通常用于螺栓连接处。保证当最高负荷的紧固件失效时，接头保持完整无缺，并承受全部负荷。

9.7　结构分析

9.7.1　结构分析概述

结构分析的目的是：

（1）确定航天器结构的坚固程度是否足以承受从发射到入轨期间的振动、声学、静态载荷。

（2）确定从发射到入轨期间的结构形变是否足够小，并满足结构和有效载荷变形标准。

（3）确定谐振频率是否满足运载火箭要求。

（4）确定结构中的临界应力水平及位置。

（5）确定结构中需要加强及可以减重的位置。

（6）确定由随机载荷和声载荷引起的等效 G 载荷。

（7）确定在轨仪器性能能否接受刚度（模态）和热变形。

进行上述分析的主要工具是有限元模型（Finite Element Model，FEM）。该模型是根据航天器及其电子设备和有效载荷的 CAD（Computer Aided Design，计算机辅助设计）图纸构建的数学模型，用于解答以上问题。构造有限元模型的方法将在后面讨论。

有限元模型建好之后，分析顺序为：

（1）运行有限元模型，确定共振模式（特征值问题的解决方案）。得到每个模式中都会涉及的共振模式频率和航天器质量。

（2）运行静载荷，确定结构强度是否合乎要求。

（3）进行正弦振动分析，模拟航天器结构在发射过程中的低频/高位移响应。分别在每个轴的运载火箭接口上驱动模型，施加激励。

（4）运行随机振动分析，并在运载火箭接口进行激励，模拟发射过程中的较高频率响应。在此分析中，航天器置于发射过程中出现的所有振动情况下。如果不同的模态相互耦合产生较大的挠度，分析将生成这些模态。随机振动测试的目的之一是获得整个频谱的加速度，然后从中计算有效的静态加速度，该加速度将用于进一步分析。该分析在每个轴上分别进行。

9.7.2　结构分析详细步骤

（1）根据航天器的 CAD 模型，使用有限元模型进行分析。可以从 CAD 模型自动创建 FEM,也可以通过点、线和实体手动输入几何形状,然后使用此几何形状创建结构单元。

(2) 如何构建 FEM 取决于机械设计的成熟度。如果是最终构型,通过几何文件的自动网格化创建模型可能是最快的。但是,如果是初级设计,后续会进行改进,就应构建可轻松适应变化的有限元模型。使用板元和杆元可以快速更改 FEM,从而快速迭代设计。

1. 创建有限元模型

有限元模型是航天器结构的数学模拟模型,由刚度和质量矩阵组成,可用于计算结构中的固有频率、载荷分布和应力。当前可通过众多软件创建有限元模型,并对有限元模型结果求解和后期处理,其价格和功能迥异。部分功能包括:

(1) 图形模型创建(从 CAD 模型创建/网格化 FEM)。

(2) 频率分析(特征值)。

(3) 静载荷应力分析。

(4) 正弦负载应力分析。

(5) 随机振动基础驱动分析。

(6) 设计优化。

(7) 图形后期处理结果。

进行 FEM 分析涉及三个步骤:

(1) 创建模型,在其基础上创建数据平台文件(数据平台文件是 ASCII 文本文件,其中包括型号信息和案例控制部分,命令计算机执行某种分析)。

(2) 处理数据平台文件(处理平台上的刚度和质量矩阵,以得到理想解决方案)。

(3) 取得分析结果并将其映射回模型,显示结果(如动画场景、变形场景、应力轮廓图)。

还可以手动或根据 CAD 模型创建 FEM。大多数程序(如 FEMAP)都可以根据立体 CAD 模型创建立体有限元模型。FEM 程序将根据需要网格化的 CAD 模型几何形状,分配默认网格尺寸。自动网格化 FEM 时,有一些注意事项:

如果 FEM 模型具有非常精细的网格,运行分析耗时较长。随着个人计算机速度加快,功能增强,对于静态运行而言,精细网格化 FEM 的分析已不再困难,但动态解决方案仍要耗费几个小时。大多数自动网格化例程都允许覆盖组件的默认网格步长。为了减小 FEM 规模,缩短运行时间,输入网格步长要大于默认网格步长。大多数模型只需几秒钟即可网格化。如果输入的网格步长过大,软件将无法网格化 CAD 几何图形。通过更改网格步长输入,可以快速迭代到可处理的最大网格,从而减小 FEM 规模。

自动网格化实体模型的主要缺点是难以编辑。每次设计更改时,都必须创建一个新模型。即使自动网格化结构很快,仍必须重新创建紧固元件和边界。如果分析的模型为最终设计,这不构成问题。

也可以通过将 CAD 几何图形导入 FEM 软件,并在导入的几何图形之上创建结构模型来创建 FEM。尽管此方法耗时长于自动网格化,但分析人员可以完全控制单元大小。调整单元大小,使其在关键区域网格精细,便于计算应力梯度,而在非关键区域网格较大,可最小化模型规模。同样,更改设计时,可以轻松地修改手动网格模型。

图 9.11 中,图(a)为初始 CAD 模型,图(b)、(c)为自动网格和手动网格模型。

无论使用哪种软件,创建模型的步骤都是相似的,顺序很直观。

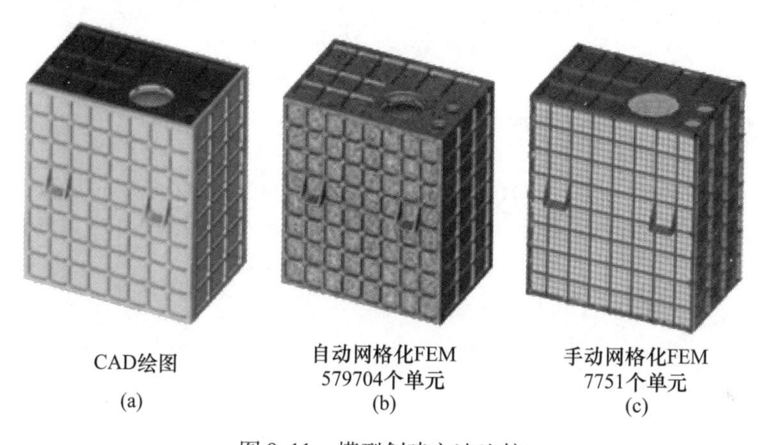

图 9.11 模型创建方法比较

2. 定义单元几何形状

如图 9.12 所示,手动创建模型时,基于可操纵(挤压、绕环旋转、绕轴旋转、复制)点和线组成的单元,创建几何形状。

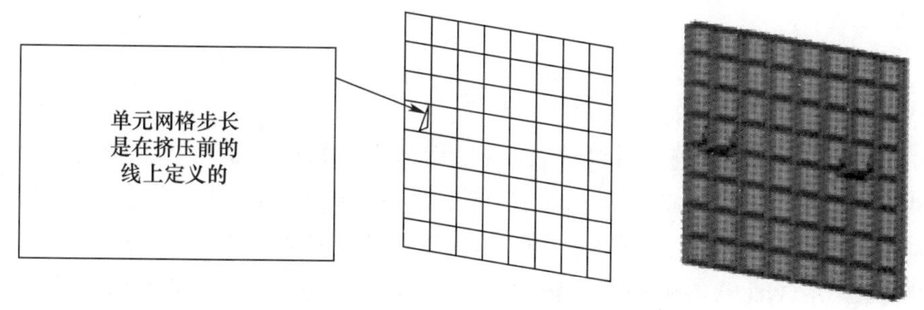

图 9.12 手动输入单元和根据几何形状创建的单元

3. 定义材料和单元属性

输入每种材料的属性。每种材料都使用一个单独的材料卡(软件可能具备材料数据库)。图9.13和图9.14所示为单元属性和材料属性输入模型的过程。

Plate Element Property Inputs

Property ID: 101　Title: .060 " Panel Web　Material ID: 11

Property Values

Thickness: 0.060
Non-Structural mass: 0.0

Additional Options

Bend Stiffness,12/T**3: 0.0
Tshear/Mem Thickness,ts/t: 0.0

Stress Recovery

Top Fiber: *T*/2
Bottom Fiber: –*T*/2

图9.13　单元属性输入示例

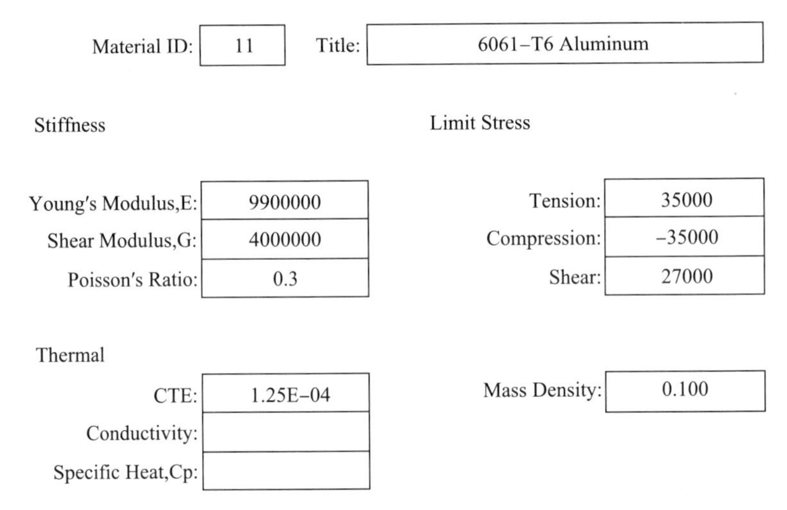

Isotropic Material Property Inputs

Material ID: 11　Title: 6061–T6 Aluminum

Stiffness

Young′s Modulus,E: 9900000
Shear Modulus,G: 4000000
Poisson′s Ratio: 0.3

Limit Stress

Tension: 35000
Compression: –35000
Shear: 27000

Thermal

CTE: 1.25E–04
Conductivity:
Specific Heat,Cp:

Mass Density: 0.100

图9.14　材料属性输入示例

4. 连接点和附件有限元建模

三种单元可用于连接件建模,以及后续节点分析的载荷计算。前两种是刚性单元(RBE2和RBE3)。RBE2刚性连接非独立性节点和独立节点。在RBE3中,非独立性节点的位移是独立节点运动的平均值,不与独立节点刚性连接。第三种连接节点的单元类型是CBUSH。图9.15所示为CBUSH属性和元素卡示例。

Spring Damper Element Property Inputs

ID: 12　　Title: X-Axis bolts

Type: CBUSH　　Orientation Cord.Sys: 0:Basic

Property Values

DOF	Stiffness	Damping	Structural Damping
1	1.00E+07	0.0	0.0
2	1.00E+07	0.0	0.0
3	1.00E+07	0.0	0.0
4	1.00E+07	0.0	0.0
5	1.00E+07	0.0	0.0
6	1.00E+07	0.0	0.0

Spring Damper Element Inputs

ID: 106　　Property: 12

Nodes: 1034　2501

Orientation: From Property

图 9. 15　CBUSH 属性和元素卡示例

5. 增加质量和非结构质量

将质量附加到有限元模型的两种方法,简单的电子器件箱可通过刚性单元将其连接到安装螺栓位置,并将其建模为集中质量。在这种情况下,应使用 RBE3。RBE2 会刚化所有安装螺栓的位置,从而通过错误加载路径加强螺栓结构。使用 RBE3 可以附加电子器件箱的质量,但不能加强结构,如图 9. 16 所示。

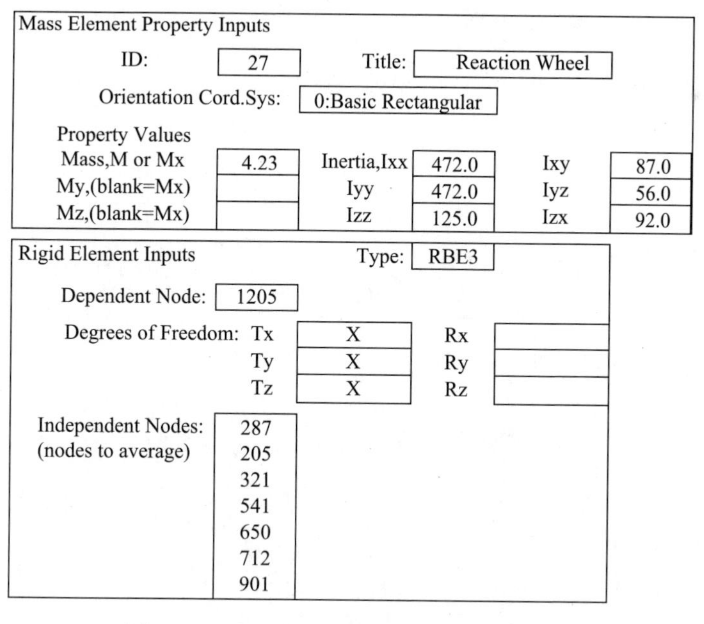

Mass Element Property Inputs

ID: 27　　Title: Reaction Wheel

Orientation Cord.Sys: 0:Basic Rectangular

Property Values

Mass,M or Mx	4.23	Inertia,Ixx	472.0	Ixy	87.0
My,(blank=Mx)		Iyy	472.0	Iyz	56.0
Mz,(blank=Mx)		Izz	125.0	Izx	92.0

Rigid Element Inputs　　Type: RBE3

Dependent Node: 1205

Degrees of Freedom:			
Tx	X	Rx	
Ty	X	Ry	
Tz	X	Rz	

Independent Nodes: (nodes to average)

287
205
321
541
650
712
901

图 9. 16　质量单元与 RBE3 刚性单元卡示例

质量也可以作为非结构质量添加到模型中。在太阳能电池阵列中,可以通过在属性卡中输入 NSM(Non - Structural Mass,非结构质量),将太阳能电池和布线质量分散在阵列表面。

6. 定义边界约束

通过单点约束(Single Point Constraints,SPC)定义典型模型需要约束的模型节点。在图 9.17 中,模型被约束在 4 个位置(前面板两个,后面板两个)(图 9.18 和图 9.19)。

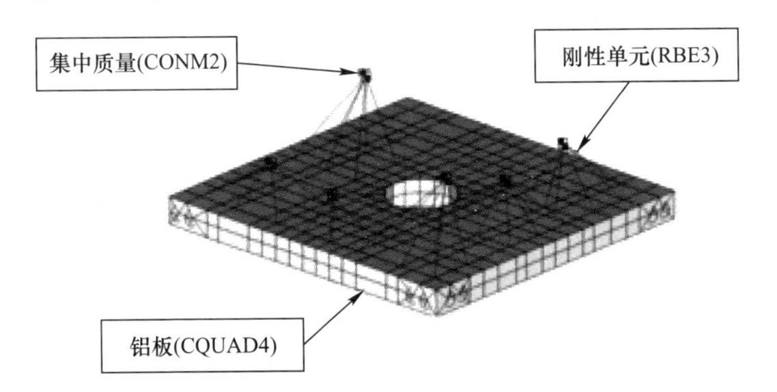

图 9.17　使用集中质量和 RBE3 刚性单元附件,对机械加工的、带有电子组件的铝制平台建模

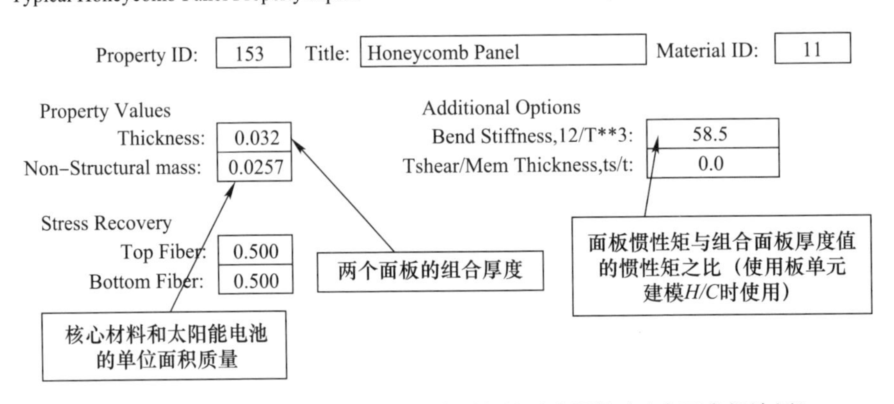

图 9.18　用于识别蜂窝太阳能电池阵列板的平台属性卡(表面有铝涂层)

尽管此方法非常适用于求解静态和特征值,但不适用于必须从单个节点驱动模型的正弦或随机分析。对于正弦和随机分析,可以使用 RBE2 刚性单元将模型的接口安装位置附加到单个节点上。在这种情况下,所有接口位置都应相对于彼此是刚性的,因此使用 RBE2 代替 RBE3(图 9.20)。

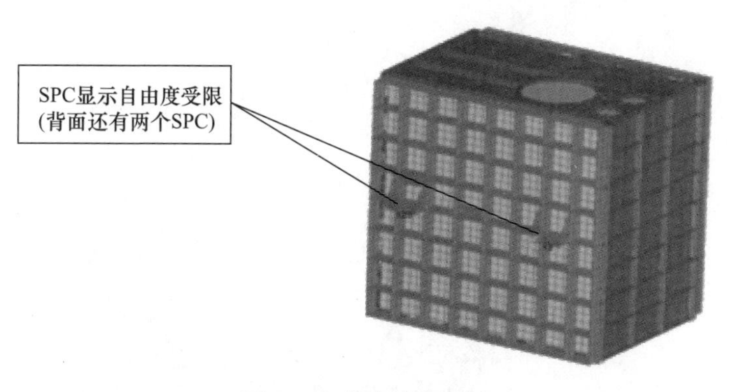

图9.19　单点约束示例

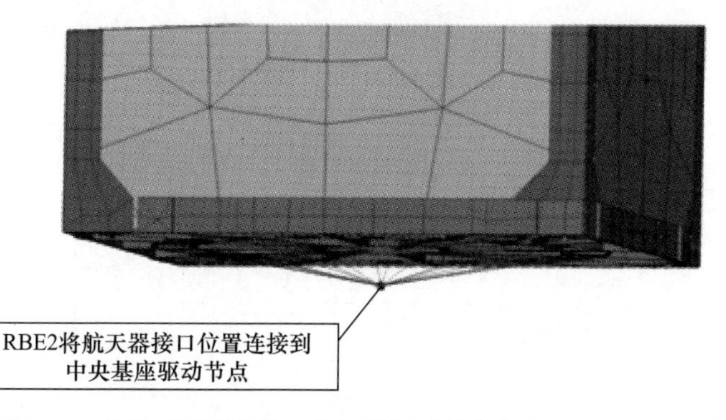

图9.20　将航天器安装接口位置附加到单个节点上进行分析，需要基座驱动器(正弦和随机)

7. 最低共振频率(特征值分析)要求

通常，创建有限元模型后，首先运行特征值(模态)求解。特征值分析计算有限元模型的固有频率模式，也可用作模型检查。如果结构的第一振动模式非常低(小于0.001Hz)，可能是由于以下两个因素之一：该模型可能未在其边界处受到适当约束，或者单元未正确连接。通常表现在查看动画或变形模型时。如果整个模型在进行动画处理时剧烈平移，可能是约束问题。如果是某个特定组件剧烈移动，该组件可能未正确连接。图9.21所示为某一结构的变形形状示例。特征值分析还可以计算每个模态的有效权重，模态有效权重摘要清单列出了每种模态的频率以及总模量数额。通常，若模型质量的5%以上响应某一模态，则该模态被视为主要模态(图9.22)。

此时，有限元模型尚未与测试数据相关联。虽然低频下相对准确，但在500Hz以上会非常不准确。

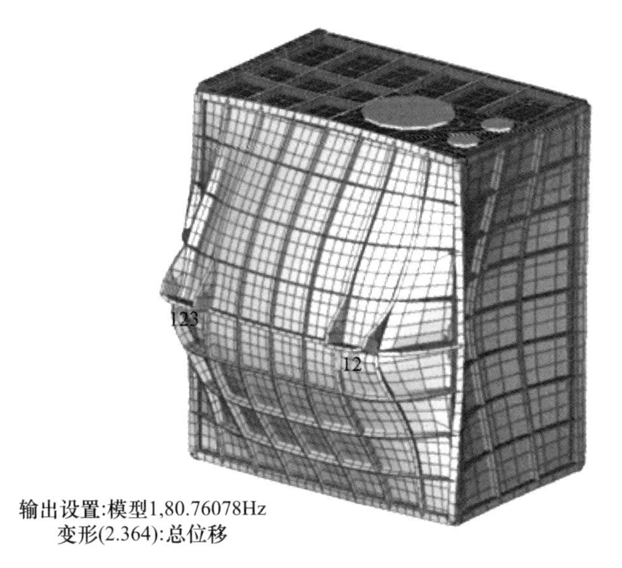

图 9.21　表现出最低共振频率的振动模态

模式	频率/Hz	X/%	Y/%	Z/%	R_x/%	R_y/%	R_z/%
1	80.76	0	97	0	38	0	11
2	158.34	5	0	0	0	42	1
3	197.20	3	0	0	0	2	77
4	210.56	0	0	51	1	1	0
5	235.21	81	0	0	0	45	5
6	284.67	0	0	32	48	3	0
7	327.00	0	0	0	0	0	0
8	371.23	0	0	0	0	0	0
9	399.26	0	0	0	0	0	2
10	402.73	6	0	0	0	2	1

注:灰底代表参与率大于5%的模式。

图 9.22　前十阶模态的有效权重表

8. 静态分析

一旦特征值分析成功,下一步就是运行静态分析。静态分析单元和约束与特征值分析相同。大多数有限元软件都支持创建各种静态载荷。图 9.23 ~ 图 9.25所示为星体、节点和单元载荷的示例。

载荷和约束确定后,用静态分析计算载荷、位移、应力。应力用于计算安全裕度(图 9.26)。

Body Load Inputs

Load Set: 5　　Title: Static Loads

Orientation Cord.Sys: 0:Basic

Translational Accelerations

Axis	length/time	Time Frequency dependence
Ax	13014	none
Ay	15274	none
Az	23582	none

Rotational Velocity

Axis	revolutions /time	Time Frequency dependence
Wx	0.0	none
Wy	0.0	none
Wz	0.0	none

Rotational Acceleration

Axis	radians /time/time	Time Frequency dependence
Arx	0.0	none
Ary	0.0	none
Arz	0.0	none

图 9.23　星体载荷(加速度)示例

Nodal Load Input

Load Set: 5　　Title: Px=1000lb.

Node: 406　　Orientation Cord.Sys: 0:Basic

Method: constant

Components

Axis	force
Ax	1000.0
Ay	0
Az	0

图 9.24　节点载荷类型示例

Elemental Load Input

Load Set: 6　　Title: 14.7 psi Pressure(1 atm.)

Element 732

Direction:(choose one)

Normal to Element Face	X
Vector	
Along Curve	
Normal to Plane	
Normal to Surface	

Load Type:(choose one)

Distributed	X
Pressure	
temperature	

Method:(choose one)

Constant	X
Variable	
Data Surface	

Pressure: 14.7

Plane: 1

图 9.25　单元载荷类型示例

输出设置:NX NASTRAN Case 1
单元云图:Plate Top VonMises Stress
第二云图:Solid Von Mises Stress

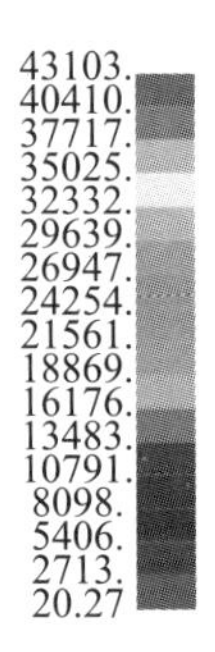

图 9.26　应力云图示例

9. 正弦分析

正弦分析是基体驱动的动态负载情况,运载火箭供应商可能需要,也可能不需要。正弦分析模拟了发射环境的低频/高位移部分。尽管输入水平可能看起来很低,但如果频率范围覆盖所有航天器主模态,响应水平可能会很大,具体取决于该设计的负载放大率。正弦分析的结果是响应负载/位移与频率的关系。响应载荷值可以以静态载荷应用于航天器有限元模型中,以计算应力和挠度。

在航天器上进行正弦测试的一个原因是正弦测试可以模拟低频/高位移范围内结构变形。某些情况下,由于制造公差很大,正弦测试期间实际上已经部署了约束系统和闩锁(图 9.27)。

```
INIT MASTER(S)
NASTRAN SYSTEM(319)=1
ID Sine Deck
SOL SEMFREQ
TIME 10000
CEND
 TITLE=basedrive_sine_ax
 ECHO=NONE
 SET 1=3,1681,5221,5230,5492,5501,5506,38773,40175,
 DISPLACEMENT(SORT1,PUNCH,PHASE)=1
 ACCELERATION(SORT1,PUNCH,PHASE)=1
 SPC=20001
 DLOAD=1
 METHOD=1
 SDAMPING=6
 FREQUENCY=4
BEGIN BULK
$
PARAM,POST,-1
PARAM,OGEOM,NO
PARAM,AUTOSPC,YES
PARAM,MAXRATIO,1.+8
PARAM,GRDPNT,0
PARAM,WTMASS,.002588
EIGRL      1              10    0          MASS
$ Femap with NX Nastran Load Set 4:basedrive_sine_ax
PARAM,RESVEC,YES
$ Femap with NX Nastran Function 6:Sine Damping Function
TABDMP1      6   CRIT                                +
+        0.   .05    1.   .05ENDT  <----  0.05对应于Q=20阻尼
PARAM,HFREQ,50.
$ Femap with NX Nastran Function 3:Loading Function
TABLED2      3    0.                                 +
+        0.   1.   1.    1.ENDT
RLOAD2     102   101               3        ACCE
SPCD       101    1    1    1.
DLOAD        1   1.   1.   102
$    2    3    4    5    6    7    8    9
FREQ2        4   5.   50.   80  <----  频率范围5~50Hz
```

图 9.27　正弦分析 NASTRAN 数据平台示例

10. 随机振动理论

随机分析是基础驱动的动态负载情况,用于模拟发射环境的高频部分。航天器同时暴露于所有模态频率时仅采用随机分析。不同模式可能会相互耦合,产生高响应。随机振动分析的目的是通过计算有效的静态加速度并评估整个发射频谱上的模态响应,显示具有高响应的模态(图 9.28)。

```
INIT MASTER(S)
NASTRAN SYSTEM(442)=-1,SYSTEM(319)=1
ID Random Deck
SOL 111
TIME 10000
CEND
 TITLE=basedrive_random_ax
 ECHO=NONE
 SET 1=3,1681,5221,5230
 DISPLACEMENT(SORT1,PUNCH,PHASE,RALL)=1
 ACCELERATION(SORT1,PUNCH,PHASE,RALL)=1
 SPC=20001
 METHOD=1
 DLOAD=1
 SDAMPING=4
 RANDOM=200
 Freq=40
OUTPUT(XYPLOT)
 XYPUNCH ACCE PSDF/
 3(T1),3(T2),3(T3)/
 1681(T1),1681(T2),1681(T3)/
 5221(T1),5221(T2),5221(T3)/
 5230(T1),5230(T2),5230(T3)
BEGIN BULK
$
PARAM,POST,-1
PARAM,OGEOM,NO
PARAM,AUTOSPC,YES
PARAM,MAXRATIO,1.+8
PARAM,GRDPNT,0
PARAM,WTMASS,.002588
PARAM,RESVEC,YES
RANDPS   200   1   1   1.  0.   7
$ Femap with NX Nastran Function 7:Random ASD(20+kg)
$
TABRND1    7   LOG   LOG                        + ←— 10 GRMS 输入频谱
+      19.99 .013 50.  .08 800.  .08 2000. .013+
+     ENDT
$
EIGRL 1    20.  2000.
$ Femap with NX Nastran Function 4:Random Damping Function
TABDMP1    4   CRIT                             +
+       0.  .05   1.  .05ENDT ←— 0.05对应于Q=20阻尼
PARAM,HFREQ,2000.
$ Femap with NX Nastran Function 3:Loading Function
$
TABLED1   3 LOG   LOG                           +
+    20.   1.0  2000. 1.0 ENDT
RLOAD2    102  101           3      ACCE
SPCD     101 5632   1   1.
DLOAD      1   1.   1.  102
FREQ2     40   20. 2000.  80 ←— 频率范围20~2000Hz
$ Femap with NX Nastran Constraint Set 20001:Constraints
SPC     20001 5632123456  0.
```

图 9.28　随机分析 NASTRAN 数据平台示例

随机运行的结果包含 punch 文件和 F06 文件。punch 文件包含响应频率与 G^2/Hz 数据关系，可以将其绘制成图表。F06 文件包含 punch 文件曲线下能量的 G_{RMS}值。这两个值均为 1σ 级。公认程序是使用 $3\sigma G_{RMS}$水平作为静态载荷分析结构，同时应用每个轴上的 3σ 加速度来计算应力。图 9.29 所示为 $10G_{RMS}$输入的 1σ 响应。

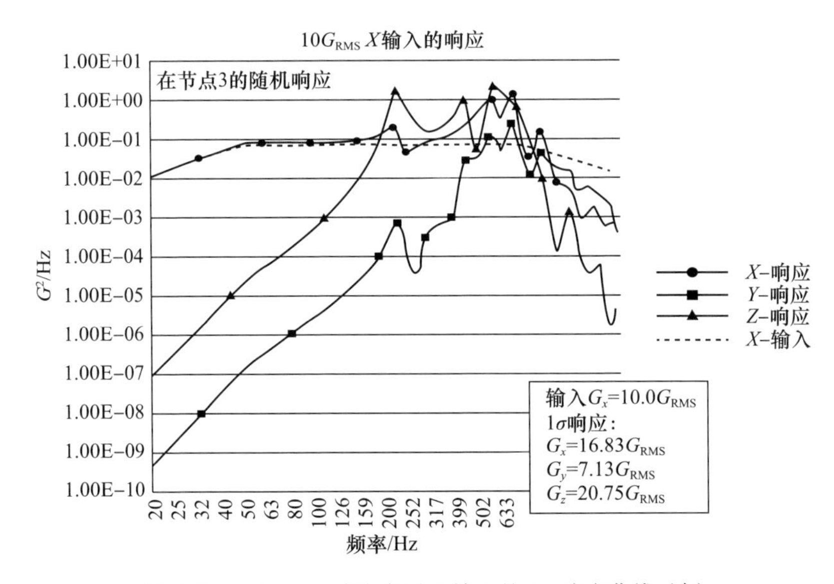

图 9.29　10.0G_{RMS}验收水平 X 输入的 1σ 响应曲线示例

根据图 9.29 所示的响应，应使用以下值的 3σ 静态加速负载分析节点 3 处的组件：

$$G_x = 3 \times 16.83 = 50.49g$$

$$G_y = 3 \times 7.13 = 21.39g$$

$$G_z = 3 \times 20.75 = 62.25g$$

选择节点位置计算响应时，须考虑该位置的有效质量。例如，在随机分析频率范围内的某个点时，网络中心的位置将以其自身的固有频率重新定位。这种共振可能会产生极高的响应水平，但网络的有效质量可忽略不计，并且由共振引起的应力很小。

11. 紧固件分析

通过有限元方法利用刚性元件（RBE2，RBE3）和缩放器弹簧（CBUSH）元件易得紧固件载荷。当使用刚性单元时，在受约束的节点上请求网格点力平衡（Grid Point Force Balance，GPFB），将生成作用在该节点上的所有力的列表。

MPCFORCE 负载来自 RBE。对于定标器弹簧元件,请求元件力将计算 CBUSH 元件中的力。

一旦求出,就需要手动计算紧固件的余量。紧固件的剪切应力和拉应力可以使用图 9.9 中所示的紧固件面积值求得。基于这些应力可以计算主应力,然后计算安全裕度,安全裕度用于计算张力(屈服强度和极限屈服强度)以及剪力(极限屈服强度)。

紧固件裕度还可以通过考虑螺栓连接的刚度求得。紧固件拧紧(扭转)时,通常会将其预加载到屈服应力的约 65%,该预加载在螺栓连接处压缩。加载关节时,一部分负载由紧固件承担,另一部分由预加载的关节组件承担。网络上的电子数据表可用于基于接头刚度的螺栓接头裕度求解。

尽管轴向应力裕度不像紧固件裕度那样频繁出现,但是在分析紧固件形式时,必须了解轴向应力。紧固件的剪切载荷除以安装孔的面积可得轴向应力,即

$$\text{轴应力}\ f_{\text{轴}} = P/(dt) \tag{9.2}$$

其中,P 为紧固件的剪力;d 为直径;t 为关节薄侧的厚度。

当紧固件模式中载荷最高的紧固件处的孔在轴向上屈服时,孔会伸长,但会继续承受载荷。这种屈服在相邻的紧固件之间重新分配了关节载荷,从而使关节在出现故障之前能够承受较高的载荷。

重新分配紧固件载荷的另一种机制是紧固件屈服,此时紧固件自身屈服并将载荷重新分配到相邻紧固件。屈服和最终应力允许范围较大的紧固件材料始终是满足要求的。如果允许的屈服强度接近极限,紧固件将变脆。若失效,其负载会突然传递到相邻的紧固件上。这种突然的负载会导致相邻的紧固件失效,并在螺栓连接断开时发生连锁反应,最终导致彻底失效。

A286 高强度钢和 300 系列耐腐蚀钢(Corrosion Resistant Steel,CRES)是两种最常用的紧固件材料:

$$\text{A286 高强度钢}: F_{ty} = 120000\text{psi};\ F_{tu} = 160000\text{psi}$$

$$\text{300 系列 CRES}: F_{ty} = 30000\text{psi};\ F_{tu} = 80000\text{psi}$$

A－286 高强度钢经过 F_{tu} 大于 160000psi 的热处理。其屈服强度接近极限强度,但是质地较脆,飞行器结构不常用。

9.8　重量估算

在开发过程中,应定期准确地估算和更新航天器的重量,务必不能超过运载火箭供应商允许的航天器重量,还要满足 XY 平面上质心位置要求。通常,CG_{XY}

应在分离系统轴向中心线的 0.25 英寸之内。CG_{XY}位置错误将导致航天器倾斜（XZ 和 YZ 平面旋转）。

下面将介绍估算航天器重量、重心以及惯性的俯仰或滚动力矩的过程。创建电子表格：

（1）列出所有航天器零件和组件。

（2）明确各重量。

（3）每个部分附加重量裕度量：

① 若该部件已经存在、称重或提供了供应商规格，则为 2%。

② 若零件重量基于计算，则为 10%。

③ 若是估计重量，则为 20%。

（4）计算每个零件的重量（含裕度）。

（5）确定零件 CG 在航天器坐标系中的 XYZ 位置。

（6）确定关于航天器坐标系原点的所有三个坐标轴的分量力矩（重量 × 位置）。

（7）用三个坐标定义航天器 CG（每个坐标中的分量矩之和，然后除以航天器的裕度重量）。

（8）计算航天器俯仰/滚动转动惯量：

① 对于每个分量，计算其惯量 $W/g(Z - Z_{CG})^2$。

② 将每个坐标中的惯量加和。

③ 将三个总和除以航天器裕度质量。

此过程针对 20 英寸 ×20 英寸 ×36 英寸的航天器进行说明，该航天器由推进模块、电子模块和有效载荷模块组成，如图 9.30 所示。

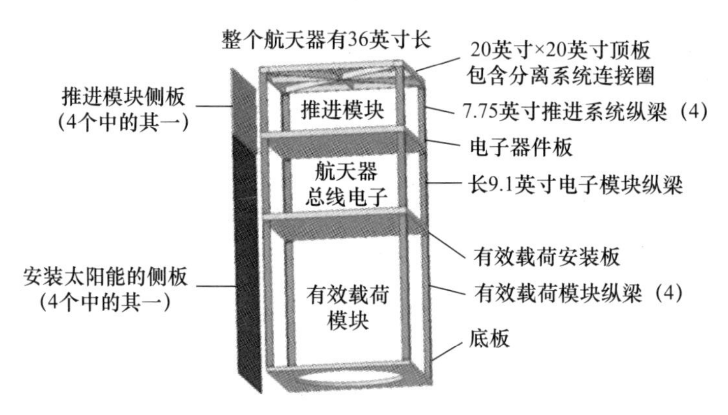

图 9.30　建立权重表的航天器

实现上述过程的电子表格如图 9.31 所示。坐标系的原点位于顶板的中心，而 Z 指向下为正。

实例航天器的重量说明											X	Y
零部件	lbs	Meas	Calc	Est	lbs	X	Y	Z	Z 动量	$m(z-z_0)^2$	动量	
分离系统 (15 英寸光带)	1.150	1			1.173	0.000	0.0000	-0.500	-0.0489	0.046	0	0
推进模块 (高 8 英寸)												
推进顶板 (0.76 英寸)	6.302		1		6.932	0.000	0.000	0.375	0.2166	0.236	0	0
2 个贮箱(4.58dia,12.3lon)	6.000	1			6.120	0.000	0.000	3.040	1.5504	0.129	0	0
2 个贮箱的燃料	3.300		1		3.630	0.000	0.000	3.040	0.9196	0.077	0	0
贮箱鞍座	1.480		1		1.628	0.000	0.000	3.040	0.4124	0.034	0	0
加注阀	0.500		1		0.550	10.000	0.000	4.250	0.1948	0.009	5.500	0
减压器	0.500		1		0.550	2.000	0.000	4.250	0.1948	0.009	1.100	0
压力传感器	0.500		1		0.550	0.000	0.000	4.250	0.1948	0.009	0	0
截止阀	0.507		1		0.558	-2.000	0.000	4.250	0.1975	0.009	-1.115	0
推进器 X_1	0.050	1			0.051	9.500	9.500	0.000	0.0000	0.002	0.485	0.485
推进器 X_2	0.050	1			0.051	9.500	-9.500	0.000	0.0000	0.002	0.485	-0.485
推进器 Y_1	0.050	1			0.051	-9.500	9.500	0.000	0.0000	0.002	-0.485	0.485
推进器 Y_2	0.050	1			0.051	-9.500	-9.500	0.000	0.0000	0.002	-0.485	-0.485
推进电子系统	0.500			1	0.600	2.000	0.000	5.000	0.2500	0.008	1.200	0
推进管道	2.500			1	3.000	0.000	0.000	6.000	1.5000	0.031	0	0
推进 $+X$ 侧面板	0.480		1		0.528	10.000	0.000	4.000	0.1760	0.009	5.280	0
推进 $-X$ 侧面板	0.480		1		0.528	-10.000	0.000	4.000	0.1760	0.009	-5.280	0
推进 $+Y$ 侧面板	0.480		1		0.528	0.000	10.000	4.000	0.1760	0.009	0	5.280
推进 $-Y$ 侧面板	0.480		1		0.528	0.000	-10.000	4.000	0.1760	0.009	0	-5.280

图 9.31　权值表

实例航天器的重量说明											X	Y
零部件	lbs	Meas	Calc	Est	lbs	X	Y	Z	Z 动量	$m(z-z_0)^2$	动量	
电子模块结构(高 10 英寸)												
电子板(铣削 AI)	3.060		1		3.366	0.000	0.000	8.250	2.3141	0.016	0	0
纵梁长臂 1	0.750		1		0.825	10.000	-10.000	13.000	0.8938	0.000	8.250	-8.250
纵梁长臂 2	0.750		1		0.825	10.000	10.000	13.000	0.8938	0.000	8.250	8.250
纵梁长臂 3	0.750		1		0.825	-10.000	-10.000	13.000	0.8938	0.000	-8.250	-8.250
纵梁长臂 4	0.750		1		0.825	-10.000	10.000	13.000	0.8938	0.000	-8.250	8.250
+X 侧板	0.800		1		0.880	10.000	0.000	13.000	0.9533	0.000	8.800	0
+Y 侧板	0.800		1		0.880	-10.000	0.000	13.000	0.9533	0.000	-8.800	0
-X 侧板	0.800		1		0.880	0.000	10.000	13.000	0.9533	0.000	0	8.800
-Y 侧板	0.800		1		0.880	0.000	-10.000	13.000	0.9533	0.000	0	-8.800
底板(载荷安装)	3.060		1		3.366	0.000	0.000	17.750	4.9789	0.017	0	0
电子板(铣削 Al)	3.060		1		3.366	0.000	0.000	8.250	2.3141	0.016	0	0
纵梁长臂 1	0.750		1		0.825	10.000	-10.000	13.000	0.8938	0.000	8.250	-8.250
纵梁长臂 2	0.750		1		0.825	10.000	10.000	13.000	0.8938	0.000	8250	8.250
纵梁长臂 3	0.750		1		0.825	-10.000	-10.000	13.000	0.8938	0.000	-8.250	-8.250
纵梁长臂 4	0.750		1		0.825	-10.000	10.000	13.000	0.8938	0.000	-8250	8.250
+X 侧板	0.800		1		0.880	10.000	0.000	13.000	0.9533	0.000	8.800	0
+Y 侧板	0.800		1		0.880	-10.000	0.000	13.000	0.9533	0.000	-8.800	0
-X 侧板	0.800		1		0.880	0.000	10.000	13.000	0.9533	0.000	0	8.800
-Y 侧板	0.800		1		0.880	0.000	-10.000	13.000	0.9533	0.000	0	-8.800
底板(载荷安装)	3.060		1		3.366	0.000	0.000	17.750	4.9789	0.017	0	0

图 9.31　权值表(续)

实例航天器的重量说明											X	Y
零部件	lbs	Meas	Calc	Est	lbs	X	Y	Z	Z 动量	$m(z-z_0)^2$	动量	
电子元件												
EPS												
EPS 组件 2. 590	2. 790		1		3. 069	4. 000	4. 000	10. 000	2. 5575	0. 006	12. 28	12. 276
电池和外壳	1. 800		1		1. 980	-4. 000	-4. 000	10. 000	1. 6500	0. 004	-7920	-7. 920
+X 侧太阳能电池板	1. 037		1		1. 141	10. 000	0. 000	22. 000	2. 0913	0. 020	11. 41	0
-X 侧太阳能电池板	1. 037		1		1. 141	-10. 000	0. 000	22. 000	2. 0913	0. 020	-11. 41	0
+Y 侧太阳能电池板	1. 037		1		1. 141	0. 000	10. 000	22. 000	2. 0913	0. 020	0	11. 407
-Y 侧太阳能电池板	1. 037		1		1. 141	0. 000	-10. 000	22. 000	2. 0913	0. 020	0	-11. 41
数字组件												
C&DH	1. 440		1		1. 584	-4. 000	4. 000	10. 000	1. 3200	0. 003	-6. 336	6. 336
有效载荷处理器/存储器	1. 100		1		1. 210	4. 000	4. 000	10. 000	1. 0083	0. 002	4. 840	4. 840
ADACS												
三轴磁力计	0. 645	1			0. 658	0. 000	-5. 000	13. 000	0. 7127	0. 000	0	-3. 29
太阳敏感器 (6)	0. 300		1		0. 330	0. 000	0. 000	13. 000	0. 3575	0. 000	0	0
星敏感器 1 和安装座	1. 940		1		2. 134	0. 000	-6. 000	11. 000	1. 9562	0. 002	0	-12. 8
星敏感器 2 和安装座	1. 940		1		2. 134	0. 000	6. 000	11. 000	1. 9562	0. 002	0	12. 804
X 反作用轮和安装座	4. 040		1		4. 444	0. 000	10. 000	13. 000	4. 8143	0. 000	0	44. 440
Y 反作用轮和安装座	4. 040		1		4. 444	10. 000	0. 000	13. 000	4. 8143	0. 000	44. 440	0
Z 反作用轮和安装座	4. 040		1		4. 444	0. 000	0. 000	11. 500	4. 2588	0. 002	0	0
Z 转矩线圈	0. 750			1	0. 900	0. 000	0. 000	9. 000	0. 6750	0. 003	0	0
X 转矩线圈	0. 750			1	0. 900	0. 000	10. 000	13. 000	0. 9750	0. 000	0	9

图 9. 31 权值表(续)

实例航天器的重量说明											X	Y
零部件	lbs	Meas	Calc	Est	lbs	X	Y	Z	Z 动量	$m(z-z_0)^2$	动量	
电子元件												
Y 转矩线圈	0.750			1	0.900	-10.000	0.000	13.000	0.9750	0.000	-9	0
ADACS 计算机	0.450		1		0.495	-4.000	6.000	12.000	0.4950	0.000	-1.980	2.970
GPS 接收机	0.123	1			0.125	-4.000	8.000	12.000	0.1255	0.000	-0.502	1.004
通信设备												
RF 安装板	0.270		1		0.297	-3.000	-3.000	17.000	0.4208	0.001	-0.89	-0.891
有效载荷 S 波段发射机	0.220	1			0.224	-3.000	-4.000	17.000	0.3179	0.001	-0.678	-0.898
UHF CMD 接收机	0.264	1			0.269	-2.000	-3.000	17.000	0.3815	0.001	-0.539	-0.808
功率分配芯片 (2)	0.088	1			0.090	-2.000	-4.000	17.000	0.1272	0.000	-0.180	-0.359
限制器	0.022	1			0.022	-2.000	-4.500	17.000	0.0318	0.000	-0.045	-0.101
GPS 天线	0.163	1			0.166	3.000	3.000	0.000	0.0000	0.006	0.499	0.499
S 波段发射天线	0.170	1			0.173	3.000	3.000	37.000	0.5347	0.022	0.520	0.520
S 波段片状发射天线	0.160		1		0.176	3.000	-3.000	36.000	0.5280	0.020	0.528	-0.528
UHF 片状接收天线	0.160		1		0.176	-3.000	-3.000	36.000	0.5280	0.020	-0.528	-0.528
防护	2.000			1	2.400	0.000	0.000	13.000	2.6000	0.000	0	0
有效载荷和安装结构	24.000		1		26.400	0.000	-1.000	23.000	50.6000	0.579	0	-26.400
压舱物					0.000				0.0000	0.000	0	0
总计	96.242				105.867				114.0536	1.4299	41.195	40.163
惯量矩阵/(slug · ft²),(kg · m²) =	1.4299	1.910						ZCG In	12.928		0.389	0.379
裕度/lbs =	9.626							ZCP In	18.000			
CG_{xy}/in =	0.543											

图 9.31　权值表(续)

航天器CG的高度为12.928英寸。转动惯量为1.4299slug·ft^2(1.910kg·m^2)。在*XY*平面中,CG偏离中心距*X*轴0.389英寸,距*Y*轴0.379英寸。因此,CG与*XY*平面中心的距离为0.543英寸,不符合运载火箭关于“CG距中心0.25英寸以内”的规定。因此,某些航天器组件的位置应在*XY*平面中移动。

图9.32显示了航天器在其各个子系统之间的重量分布。

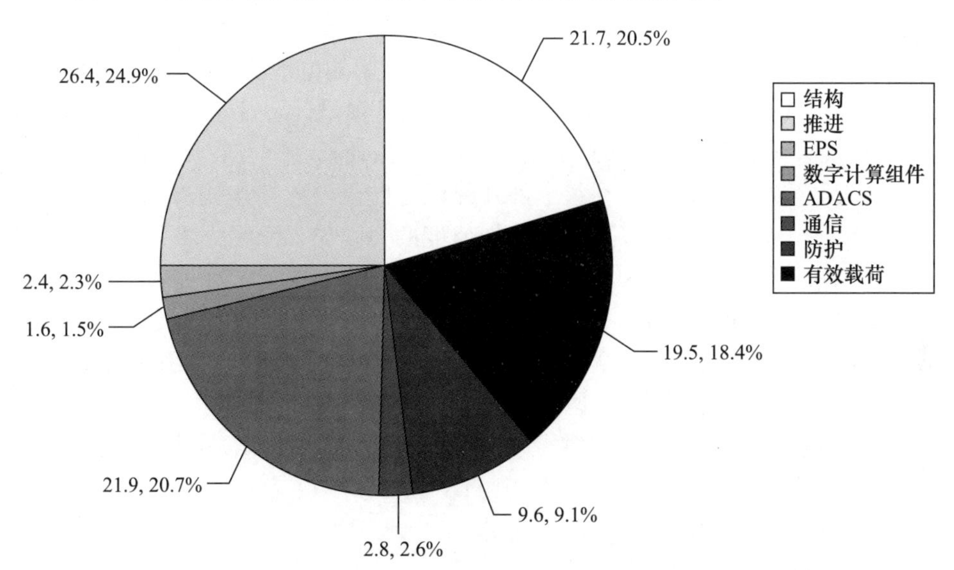

图9.32 航天器在其各个子系统之间的重量分配

CG_Z和压力中心之间相差5.072英寸。这个距离已经足够大到让飞行器在低轨道高度(500km)时受大气阻力影响而倾斜,只有通过更频繁地卸载反作用飞轮中积累的动量才能补偿。轨道高度若超过600km,大气影响很小,甚至可以忽略不计。

第10章　展 开 机 制

航天器的各个部分通常要在轨展开,包括太阳能电池板、天线、重力梯度悬臂以及各种其他吊杆和有效载荷的仪器。可展开项设计要遵循两个主要规则。

首先,必须确保在收起状态下,运载火箭的振动不会使可展开装置的任何部分与航天器分离。因此要求在每个展开部件与航天器连接点处,施加的固定力应大于可展开部件重量乘以运载火箭加速度的力。如果固定力不足,在振动测试期间,可展开装置将“脱离”并损坏。

其次,在展开期间,力的大小应足以在可展开部件停止后重新展开。此时不能依靠可展开部件的惯性来继续展开。正向力要始终作用于可展开部件上。

展开部件设计实践繁多。以下为几个示例:

(1) 只要有可能,两个相对滑动的表面应使用滚子,以最大限度地减少摩擦。

(2) 使用太空用润滑剂或干性润滑剂。

(3) 避免使用不同材料。

(4) 防止金属间黏附的设计。

(5) 分析较大温度跨度下运动部件表现。

(6) 确保展开力或扭矩具有较大的安全裕度。

(7) 使用阻尼器,避免在展开期间无限制地加速。

(8) 如果使用了卡槽或闩锁,为保证允许闩锁接合,展开幅度应略过度。

(9) 如果需要(遥测)确保实际部署已经完成,该机制会被复杂化。

10.1　展开设备

以下为几种不同的展开和释放装置。

10.1.1　铰链

图10.1所示为一个典型铰链,用于展开最初固定在航天器侧面的太阳能板,在轨运行时展开到一定角度(如30°)。铰链使用轴上螺旋弹簧。在展开时,仍存在保持面板展开状态的正扭矩。右侧最深色部分用于确定展开角度

(如图为 30°展开铰链)。展开的弹簧剩余扭矩必须要大到能够克服所有在轨载荷。

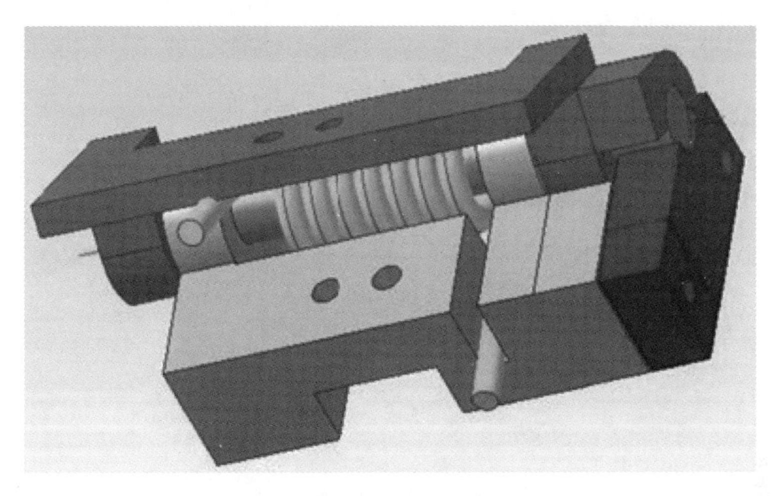

图 10.1　加载弹簧铰链展开角度范围 0° ~30°

如果不使用剩余扭矩来保持铰链展开,还可以选择使用卡槽或闩锁。使用卡槽时,设计应考虑到展开角度要略大于要求角度,由于展开时会越过卡槽的孔,需要确保卡槽穿入孔中。使用卡槽的缺点之一是,孔和卡槽之间存在偏差,展开部件可能会遇到"游隙"。

10.1.2　可展开的悬臂

可展开的悬臂,如重力梯度悬臂或膨胀结构,要求结构元件重量轻且坚固,收纳空间小,展开幅度大。代表性悬臂是重力梯度悬臂,展开长度大约在 50 英尺以上,仅需一个小罐就可收纳。

20 世纪 60 年代初期开发的单臂(Stem)和双臂(Bistem)悬臂用于构建收纳空间要求小的长结构体。图 10.2 说明了单臂和双臂悬臂机制。两种情况下,板簧材料均沿其纵轴弯曲,板簧一旦缠绕阀芯就会变直。松开阀芯后,弹簧将呈现其原始的卷曲状态并组成圆形吊臂。单杆吊臂刚性强,但扭转不定。双杆吊臂使用两个展开的吊臂,一根位于另一根内部。

后来,出现了更坚固的可展开结构。图 10.3 所示为两个可展开吊臂结构。图 10.3(a)中,两个预弯板簧焊接在一起,构成了一个刚性管。将管压扁成为板簧,然后将其滚卷到滚筒上。从滚筒上展开后,压扁的管将恢复其原始形状。由此生成刚性很高的钓竿,由于太阳经常会只照射一个弹簧,动臂会出现热弯曲。对板簧钻孔可缓解热弯,入射阳光可以穿过钻孔照射到另一个弹簧,保持吊杆

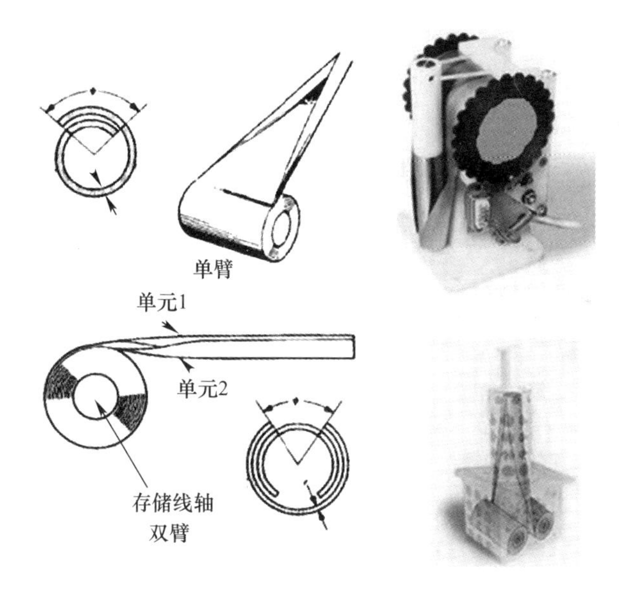

图 10.2　单臂和双臂展开吊臂

平直。

图 10.3(b)为 stacer 悬臂。在这里,扁平铍弹簧可以像一卷邮票那样卷起来收纳。由于弹簧以(通常)60°角卷起,会在收纳碳罐中表现出轴向展开趋势。

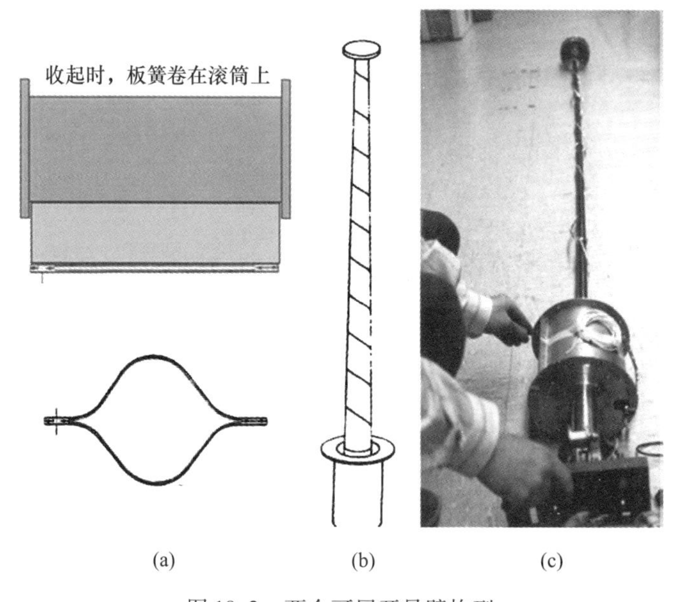

图 10.3　两个可展开吊臂构型

因此,弹簧由内线(凯夫拉,Kevlar)保持收起状态,开始展开时切线器切割出一条内线。具有恒力弹簧的内线和限速器同时用于控制展开。内线还可以防止过度展开和弹簧连续层的解卷。热弯曲在设计考虑范围内,但是铍弹簧导热性能很好,可以最大限度地减少弯曲。在地球上测试可展开吊臂困难较大。在图10.3(c)中,吊臂的末端固定在一块冰上,吊臂整体水平置于光滑地面上,从而模拟在失重无摩擦太空环境中的展开活动,效果很好。

10.1.3　大型可展开天线

地球静止轨道的低功率天对地通信需要大型卫星天线。为了被航天器兼容,天线收纳构型以及天线和展开机构的整体重量都要足够小。这些要求看起来是不兼容的,尽管如此,卫星天线设计越来越大,创新想法层出不穷。

早期大型可展开天线中,有一种是由薄金属网互连的铰接腹板组成,如图10.4所示。

图10.4　金属网铰接肋拱ATS-6天线

另外,还开发有其他方法。其中之一是将肋拱缠绕在滚筒上,展开后,肋拱拉直并拖动金属网;另一种的外径面由充气管构成,表面是网状隔膜。

大型可展开天线的更多详细信息可参考相关文献。

10.2 约束装置

可展开天线的在轨收纳使用爆炸螺栓切割器或切线器、爆炸螺栓、电灼丝、电磁拉销器、石蜡推针和电动凸轮等。

10.2.1 爆炸螺栓切割器

爆炸式螺栓切割器是最常用的约束装置,如图 10.5 所示。该设备使用膨化烟火起爆剂点燃炸药。炸药驱动切割器向前切割螺栓。6～32 英寸的爆炸式螺栓切割器通常用来切割 0.25 英寸的螺栓。

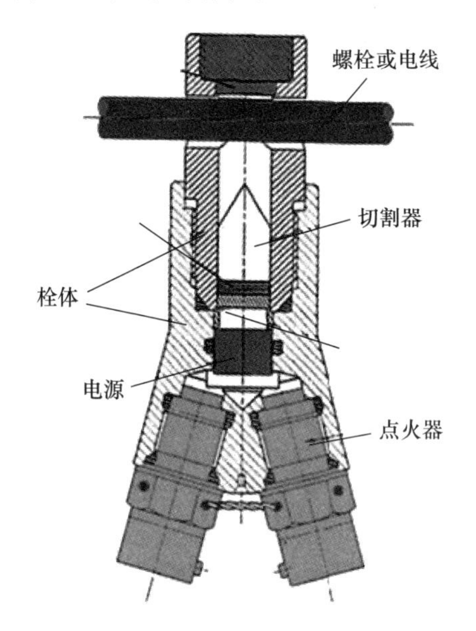

图 10.5 爆炸式螺栓切割器

尽管使用这种切割器成本相对较低,但提醒读者注意,为满足批次鉴定和测试要求,必须要购买大量切割器。因此,在设计周遭航天器结构和电子设备时,必须将切割机产生的热冲击考虑在内。

10.2.2 电灼丝

电灼丝由绝缘线(Kevlar 或 Vectran 线)包裹镍铬合金短线组成,通电时点燃绝缘线,并释放被绝缘线拉紧的部件。电灼丝不是烟火装置,这也是其主要优点之一。图 10.6 所示为线规、线材抗拉强度和线烧伤所需电流之间的关系。

口径	质量/lbs	燃烧温度/℃	最小电流/A	电阻/Ω (1英寸)	最小电压/V(每英寸)
38	0. 628	1350	0. 846	3. 5167	2. 975
36	0. 982	1350	1. 182	2. 2500	2. 661
34	1. 559	1350	1. 673	1. 4167	2. 370
32	2. 513	1350	2. 387	0. 8833	2. 109
30	3. 927	1350	3. 345	0. 5625	1. 881
28	6. 234	1350	4. 731	0. 3542	1. 676
26	9. 928	1350	6. 706	0. 2225	1. 492
24	15. 865	1350	9. 533	0. 1392	1. 327
22	25. 136	1350	13. 425	0. 0883	1. 186

图 10.6　镍铬合金(1 英寸)电灼丝燃烧切割 65 磅 Vectran 线

随着镍铬合金线所需抗拉强度的增加,烧断绝缘线所需的电流大大增加。因此,燃烧线释放机构最适合小型设备的释放。电灼时间会持续几秒,所以,如果要解锁多个组件,就无法确定最终的解锁时间。因此,卫星可展开部件的解锁不应该对解锁确切时间敏感。

太空中镍铬合金线熔点低于环境压力下熔点,因此必须注意不要使镍铬合金线过热致其熔化。

电灼丝分离系统有两种设计方法:其一,镍铬合金线被绝缘线拉紧。此时最大绝缘线张力是镍铬合金线的拉伸强度。其二,镍铬合金线缠绕绝缘线。此时绝缘线张力不取决于镍铬合金线断裂强度。图 10.7 所示为两种类型的电灼丝系统。

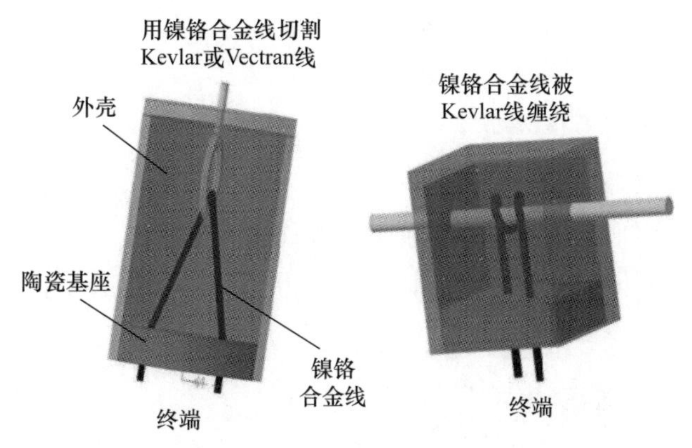

图 10.7　两种类型的电灼丝系统

10.2.3 电磁拉销器

螺线管在通电时会拉动有约束结构的销钉。拉动销钉时，约束结构可以自由移动。此拉销器虽然很简单，但由于销与周围壳体之间的摩擦，拉拔销钉需要很大的力。螺线管一般会做得很大并且需要大量电流。

10.2.4 石蜡推针

石蜡是一种蜡，加热后在 30～300℉温度范围内体积可增加 25%，常用于从封闭的圆筒推出销钉。图 10.8 所示为螺线管的原理，以及三种不同的 Rostra Vernatherm 螺线管的冲程和推力。石蜡推针的优点是体积小、推力大、可重复使用。

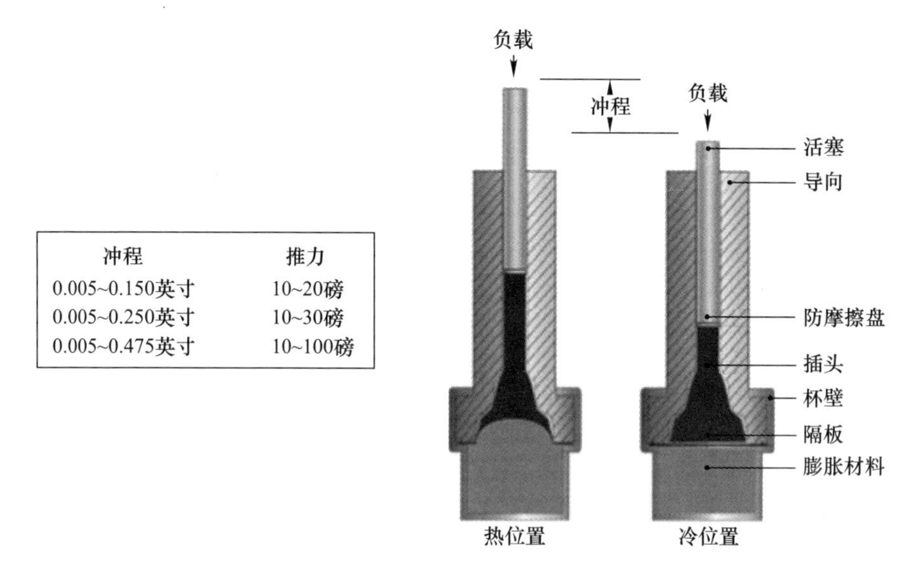

冲程	推力
0.005~0.150英寸	10~20磅
0.005~0.250英寸	10~30磅
0.005~0.475英寸	10~100磅

图 10.8 Rostra Vernatherm 石蜡推针

10.2.5 电动凸轮或门

使用电动凸轮释放装置或电动结构，可实现在控制展开速度条件下的大型结构构件展开。例如，太空望远镜的光圈就属于大型结构，可以通过控制展开速度的电机驱动展开机构展开。通常，电动展开机构既可以关闭也可以打开可展开结构，因此可以重复使用。

10.2.6 分离系统

在星箭分离系统弹簧的行程内，运载火箭分离系统必须在不翻转飞行器的前提下，将重型航天器速度推至约 3 英尺/s。图 10.9(a)展示了实现上述目标的轻型电动、无焦分离系统(Planetary Systems Inc.)Lightband。图 10.9(b)所示为释放的分离系统，显示了发射弹簧的长度和留在航天器上的那部分 Lightband 组件。该系统使用大量的电动凸轮，将 Lightband 的两半保持在一起。

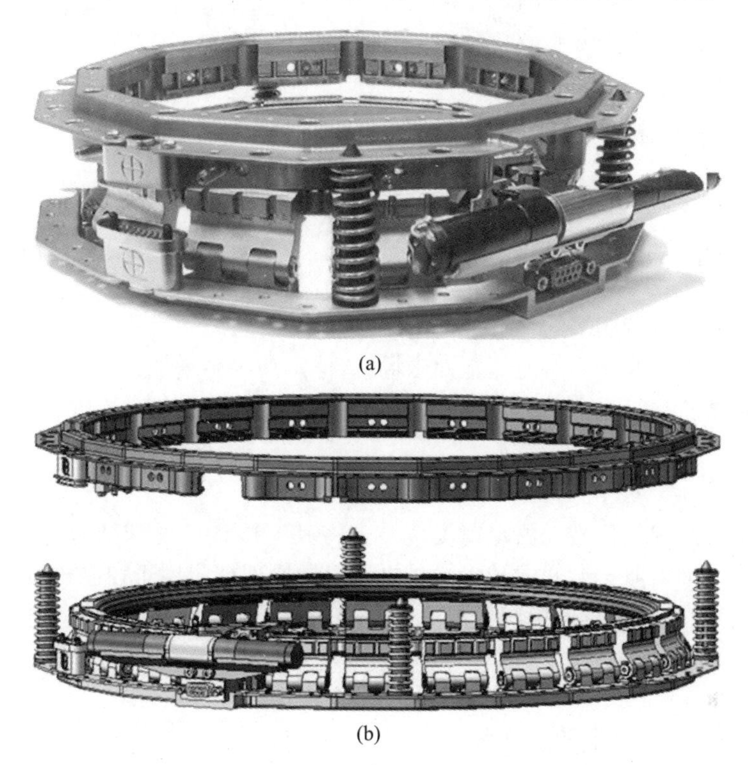

图 10.9　(a) Lightband 电机驱动的星箭分离系统；
(b)电机驱动的 Lightband 分离系统解锁后两段分离图

10.2.7　阻尼器

阻尼器用于限制展开的速度，避免展开结构在撞击止动件时受到冲击。最常用的阻尼器有流体、磁性和惯性三种。

10.2.8　流体阻尼器

流体阻尼器的原理如图 10.10 所示。当推入活塞时，随着连接结构的展开，流体必须通过孔洞从一个腔体流入另一个腔体。小孔处阻尼很大，大孔处阻尼较小。某些阻尼器用于阻尼线运动，某些用于阻尼旋转运动。

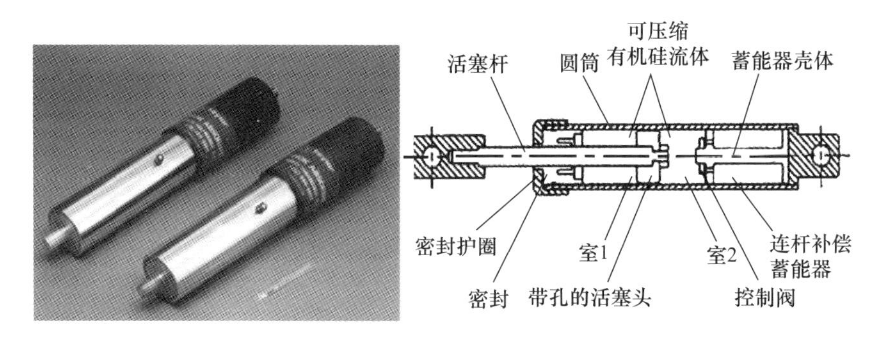

图 10.10　流体阻尼器可阻尼线运动(泰勒装置)

10.2.9　磁阻尼器

磁阻尼器在带活塞的汽缸中使用油基磁流变液,现在常用于汽车悬架系统。流体中含有磁性颗粒。对流体施加磁场,流体黏滞度会增加,阻尼作用增强。黏滞度对速度的改变为毫秒级,可以通过调节磁场的强度控制。

10.2.10　定速调速器阻尼器

调速器机械装置会以恒定速度旋转。将其连接到可展开结构上,可降低展开速度。这种类似于老式的转盘拨号电话机械原理被应用于控制机械臂展开速度,使用稳定悬臂多重力梯度稳定的卫星。如果没有定速调速器,动臂在展开过程中可能会自毁。

10.3　选择正确的机制

由于不同机械装置的作用力、所需的电力、大小和重量的差异,释放机制的选择很复杂。图 10.11 所示为部分定性指导原则,协助机制选择。

机制	力	尺寸	重量	功率	成本
爆炸螺栓	大	相对较小	低	中度脉冲	中等
爆炸螺栓切割器	大	相对较小	低	大脉冲	低
电磁拉销器	中等	中	中	大	低
石蜡推针	中	相对较小	中	中等	中等
电动凸轮	大	中型 - 大型	大	低	高
流体阻尼器	大	中	中	高	高
磁阻尼器	中	中	中	高	高
定速器	中	中	大	无	高

图 10.11　保持 - 释放机制的性质

某些释放机制操控需要大量电力,因此,如果条件允许,需要同时展开的机械部件应交错安排。此外,由于某些设备需要大电流(在低压下),这些设备应串联,不要并联。

10.4　测试可展开装置

因为可展开装置尺寸和测试需要模拟的零重力环境,因此对可展开装置的测试成为一个巨大挑战。研究人员设计力学地面支撑装置(Mechanical Ground Support Equipment,MGSE)来支撑可展开装置以平衡重力。每个结构组件用线缆吊起,平衡掉重力,模拟零重力环境。

更多关于可展开装置测试的内容将在集成测试章节中详细阐述。

第11章　推　　进

11.1　基础知识

低轨卫星推进系统的主要用途是升高或降低轨道并保持卫星在星群中的位置。火箭方程式描述了推进系统的基本特性。卫星质量和燃料质量的函数体现了卫星速度变化的大小。

$$\Delta V = -g \cdot I_{SP} \cdot \ln(1 + m_P/m_0) \tag{11.1}$$

其中,m_0 为卫星初始质量;m_P 为燃料质量;I_{SP}是所用燃料的比冲;g 是重力加速度。比冲是燃料效率的量度,衡量燃料排放速度(乘以 g 时),单位为秒。不同燃料的 I_{SP}值如图 11.1 所示。

$$V_E(s) = I_{SP}g \tag{11.2}$$

燃料	I_{SP}/s	评价
加压氮气	70	用于小卫星位置保持
丁烷	70	小卫星中使用，替代氮气（密度更高）
肼	160	用于大型卫星的拖曳补给，位置保持
双组元推进剂	230	用于运载火箭和大型卫星
液体 LOX/LH_2	268	用于运载火箭
火箭燃料（蓖麻）	280	用于运载火箭和远地点推进器

图 11.1　不同燃料的比冲

下式给出了达到给定 ΔV 所需的燃料质量:

$$m_P = m_0\left[1 - e^{-(\Delta V \cdot g \cdot I_{SP})}\right] \tag{11.3}$$

通过动量守恒,当特定质量的燃料以给定速度排出时,产生J_{Fuel}脉冲,然后卫星速度沿相反方向变化 $\Delta V = J_{Fuel}/m_0$。

ΔV 可用于改变卫星轨道或前后移动,保持位置不变。图 11.2 显示了由于与初始圆形轨道相切的“点火”而引起的几何形状变化。ΔV 将卫星置于椭圆形轨道上,轨道的近地点在点火点,远地点在 180°后。椭圆轨道的周期为

$$\rho = 0.0001658a^{1.5} \tag{11.4}$$

对于较小的 ΔV,椭圆轨道的半长轴 a 的变化量为 Δa,即

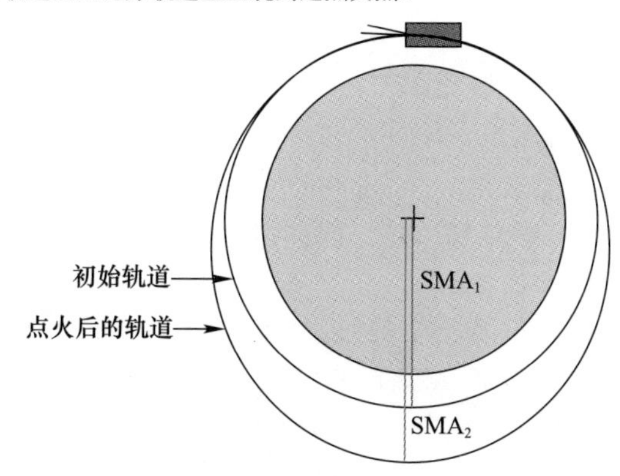

图 11.2　圆轨道切线“点火”的几何形状

$$\Delta a = 2a\Delta V/V \tag{11.5}$$

椭圆的半长轴大于初始圆形轨道的半长轴，因此椭圆轨道的周期变长，返回到点火点时间也变长。到那时，如果卫星停留在初始圆周轨道上，将向前推进 $V \cdot \Delta P$。推动卫星前进的推力实际上反而使其滞后，这样的结果让人很费解。

图 11.3 的数字示例说明滞后这一情况。结果是，卫星在推力作用下，以 1m/s 的速度向前推进，但看起来却相反，似乎以 3m/s 的速度向后移动。

属性	数量	单位
地球半径 (R_E)	6378.137	km
卫星质量	50	kg
初始轨道高度	600	km
初始轨道周期	96.68900	min
初始轨道速度	7.557724	km/s
ΔV	1	m/s
Δa	1.846624	km
椭圆周期	96.72739	min
ΔP	2.302965	s
相较初始轨道前进距离	17.40517	km
ΔV 点火导致的卫星视向反向速度	3.00	m/s

图 11.3　ΔV 产生的卫星速度

近地点进行第二次点火，反方向推动卫星，以原始半长轴为径圆化轨道，卫星将保持在其原始位置后方 17.4km 处。

卫星推进系统设计的基本步骤如下：

（1）确定 ΔV 要求；

（2）选择燃料类型，然后选择 I_{SP}；

（3）计算所需的燃料质量和体积；

（4）确定推力矢量的精度/方向要求；

（5）确定推力粒度要求；

（6）配置推进系统（燃料箱，阀门，推进器，加热器，电子设备）。

接下来举例说明设计步骤。

例 11.1 要求重量 125 磅（56.818kg）、面积 5 英尺^2（0.465m^2）的卫星在 560km 的圆形轨道在轨 7 年，卫星高度不能低于 540km。

确定 ΔV 要求。560km 高轨道，平均大气密度约为 $3\times10^{-13}kg/m^3$。为简化计算，忽略整个任务寿命中大气密度的变化。卫星阻力 F 如式（11.6）所示，其中 ρ 为大气密度，D 为阻力系数（通常为 2.2），V 为卫星速度。560km 高度轨道周期为 95.855997min，速度为 7.580km/s。

$$阻力 = F = 0.5\rho D \cdot A \cdot V^2 \approx 4.007\times10^{-6}(N) \tag{11.6}$$

该力使 56.818kg 卫星减速 $7.052\times10^{-8}m/s^2$。在轨 7 年中，总速度损失为 15.57m/s。推进系统必须弥补速度损失。

确定燃料质量和体积要求。$I_{SP}=70s$ 时，选择氮气简单冷气推进系统。已知 ΔV，则燃料质量为

$$m_P = m_0\left[1-e^{-(\Delta V\cdot g/I_{SP})}\right] = 1.3273823(kg) \tag{11.7}$$

15psi 下的 N_2 密度为 $0.00125g/cm^3$，6000psi 下为 $0.5g/cm^3$，常用 4500psi 压力罐中为 $0.375g/cm^3$。6000psi 对应 2.655L 压力罐，4500psi 对应 3.540L 压力罐。

典型的 1N 推进器入口压力为 215psi。如果压力罐压力保持在 215psi 以上，燃料可用率为 $100\times(6000-215)/6000\approx96.4\%$，因此，6000psi 燃料罐容积应为 2.754L。同样，4500psi 燃料罐容积应为 3.718L。

阻力补偿点火的频率取决于卫星允许掉落的高度。若卫星的最低高度要保持在 550km 以上，则最大降速不能超过 6.216m/s。这种情况将发生在运行 2.795 年时。因此，在 7 年的任务寿命中，必须每 2.795 年执行一次 6.216m/s 的阻力补偿点火（或减小点火幅度，增加点火次数）。

11.2 推进系统

11.2.1 冷气推进系统

图 11.4 所示为小型冷气（N_2）推进系统的配置。通过止回阀为两个 2L 燃

料箱加注，并将燃料箱增压至6000psi。准备推进时，打开燃料箱止回阀，高压气体通过减压器流向4个推进器。1磅推进器在215psi的入口压力下运行。因此，只要燃料箱压力不降至215psi以下，燃料箱中96.4%的燃料可用于推进。推进器安装在矩形卫星的4个角上。同时点火后可提供4磅推力。仅点燃卫星同侧的两个推进器，卫星将旋转。为了使推力矢量穿过卫星主轴，推进器可根据占空比变量间歇点火，以补偿推力的微小差异和推进器之间的对准差异。推进器阀的打开和关闭时间通常为3.5ms（最大值）（见图11.5和图11.6）。

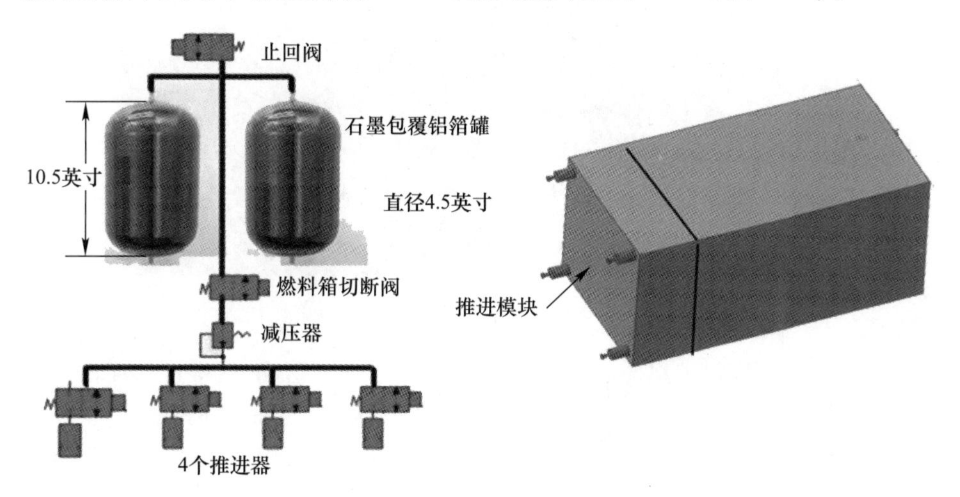

图11.4　冷气推进系统

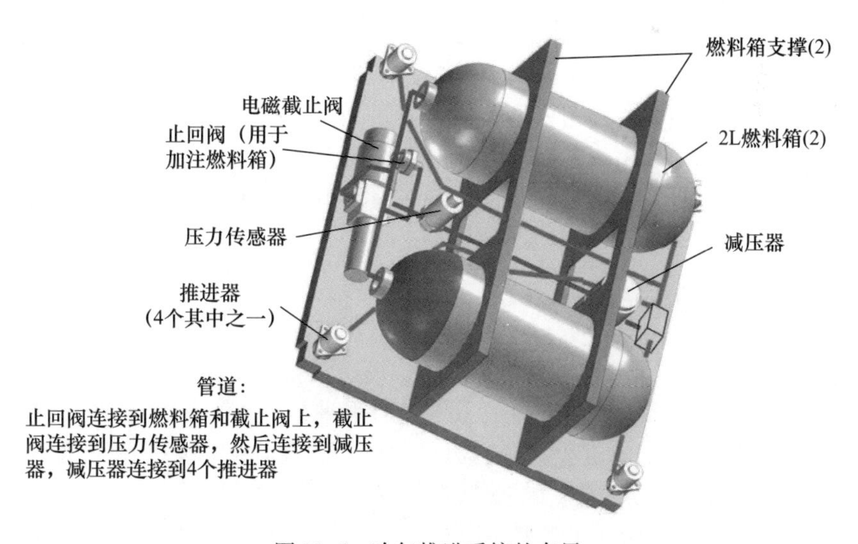

图11.5　冷气推进系统的布局

图 11.6 可提供 4 磅推力的冷气推进系统

推力矢量应穿过卫星质心。由于质心位置不完全精确,且推进器无法完美对准,因此刻意让推进器推力矢量穿过估计的质心位置。在上述推进系统中,对齐 4 个推进器,错开预期 CG 位置约 2cm。通过改变推力作用时间,补偿推进器与质心的角误差。每当需要 ΔV 点火时,都应转动卫星(使用反作用飞轮),使其纵轴与速度矢量对齐。点火完成后,卫星的姿态将变为任务请求姿态。

假设卫星重量在 24 英寸 ×24 英寸 ×30 英寸体积中均匀分布,其转动惯量为 3.326slug,1 磅推进器作用在距 CG 2cm 的一条线上,产生角加速度为 0.01972rad/s^2(1.13°/s^2)。如果另一个推进器故意从 CG 沿另一个方向错开 1cm,则点火 1s 后的角速度将为 0.556°/s。将另一个推进器的点火持续时间增加到 2s,则卫星角速度为 0。由于推进器打开/关闭需要约 3ms,推力粒度足以保持卫星直线飞行。

11.2.2 肼推进子系统

肼推进子系统使用液态肼,通过加热推进器将其排出。肼存放于 350 ~ 500psi 的压力气体(通常为 N_2)中。压力气体和肼置于同一压力罐内,二者之间由柔性囊分隔开。除进气阀和排气阀,压力传感器还监控燃料压力,并使用额定值为 15 ~ 25μm 的过滤器,确保没有污染物进入推进器阀。肼的密度为 0.9g/cm^3,氮气在 6000psi 下的密度为 0.5g/cm^3。由于 I_{SP} 和肼的密度优势,相同体积的燃料对比,肼系统的 ΔV 约为冷气系统的 4 倍(图 11.7)。

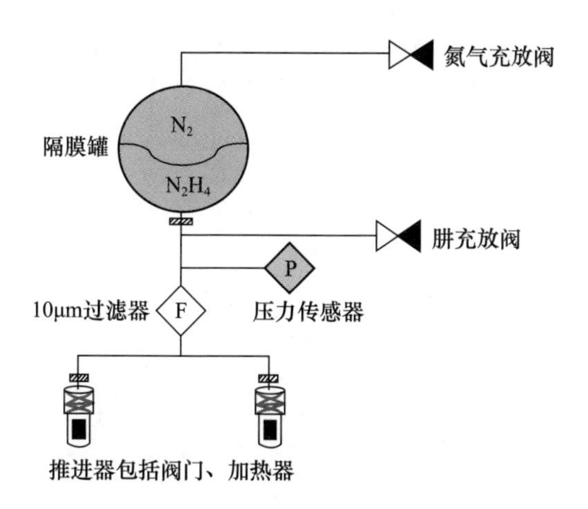

图 11.7　肼推进子系统

11.2.3　其他推进系统

火箭发动机、冷气推进系统、肼系统是卫星主要推进系统。但是,也有其他推进系统,如电力、核能、太阳光压等系统。此处不做讨论。

11.3　推进系统硬件

航天器推进系统的组件由几家制造商制造。此处通过代表性的样本示例,让读者了解小型低轨卫星常用组件的尺寸、重量、性能和功耗。后续讨论变轨发动机、冷气和肼罐以及推进器。

变轨发动机使运载火箭发射的卫星从椭圆轨道转移到圆轨。典型的变轨发动机是 STAR 系列发动机。图 11.8 所示为该系列发动机特征。

变轨发动机	5C	15G	24	37	48
总脉冲/(磅 · s)	1252	50210	126000	634760	1303700
有效比冲	268.1	281.8	282.9	290	292
最大推力/磅	455	2800	4420	15250	17490
燃烧时间/s	2.8	33.3	29.6	49.0	84.1
重量/磅	9.86	206.6	481	2390	4780
直径/英寸	4.77	15.04	24.5	35.2	49
长度/英寸	13.43	31.57	40.5	66.2	81.7

图 11.8　STAR(聚硫橡胶 - 轨道 - ATK 发动机)
固体太空发动机(经 Orbital - ATK 公司许可)

用于冷气推进系统的燃料箱通常是高额定压力级的，尺寸从 1L 到几升不等。为了减轻重量，燃料箱通常由薄钛箔制成，并用环氧石墨包裹。图 11.9 所示为成品燃料罐列表。

轨道 - ATK 模型	容积/L	重量/磅	额定压力/psi	直径/英寸
80295 - 1	1.6	3.20	8000	5.81
80326 - 1	3.9	3.38	3600	7.66
80345 - 1	6.6	7.40	4500	9.44
80202 - 1	14.5	15.8	4500	12.45

图 11.9　SCI 轨道 - ATK 冷气高压罐（经 Orbital - ATK 公司许可）

肼推进系统的燃料箱分为两部分：一部分存放肼燃料，另一部分存放增压气体。燃料箱的两个部分由一个气囊隔开。图 11.10 显示了用于肼推进系统的典型隔膜罐。

轨道 - ATK 模型	总体积/L	直径/mm	推进剂体积/L	重量/磅	工作压力单位/psi
80222 - 1	6.8	239	4.8	2.85	400
80216 - 1	17.7	327	12.5	6.0	396
80271 - 3	37.4	419	24.9	11.4	300
80308 - 1	49.1	419 × 508	37.6kg 肼	12.4	320

图 11.10　带气囊的轨道 - ATK 小型肼燃料箱（经 Orbital - ATK 公司许可）

多家公司制造航天器推进系统的冷气推进器。图 11.11 所示为典型小型推进器及其技术特性。

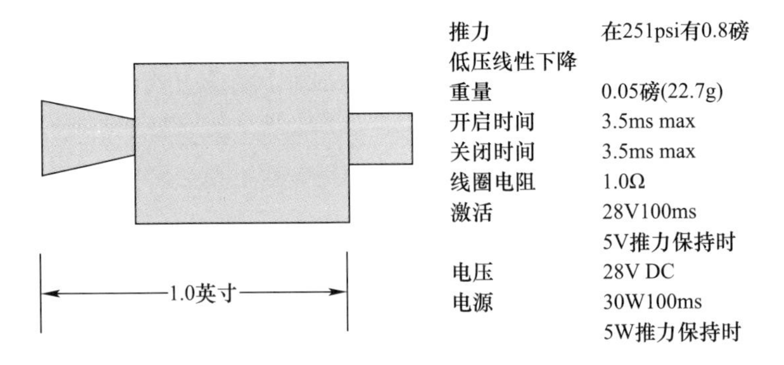

图 11.11　小型（0.8 磅）冷气推进器（Courtesy of Moog Inc. ,Space and Defense Group）

请注意，该推进器的功耗为 30W。虽然推进器工作时间较短，所需电力较少,但实际上4个推进器会同时工作,需要卫星为其提供28V电压和120W功率,才能运行推进系统。

图11.12所示为肼推进系统常用的小型推进器。

属性	穆格0.17磅推进器 051-271	穆格0.2磅推进器 051-346D	穆格9.0磅推进器 51-288
工作压力/psi	386	400	500
最长响应时间/ms	1	10	15
工作电压/V	24~32	24~37	22~32
功耗/W	10.4	8.69	26.5
重量/g	30	218	230
工作温度/℃	4.4~149	4.4~149	4.4~149

图11.12　典型的小型肼推进器特性(Courtesy of Moog Inc.,Space and Defense Group)

11.4　推进机动

11.4.1　星座中卫星机动、入位和维护

1. 位置保持

让我们从一个简单的示例开始。假设有一个由24个极轨道卫星组成的星座,分布在三个平面上,彼此间隔120°。每个平面上有8颗等距卫星。真近点角相距45°。每颗卫星标称高度659.2km。要求卫星位置变化始终保持±10%星间距离之内。为减少地面站的工作量,设定每颗卫星的位置保持控制需求72天内不超过一次。因此地面站必须每3天对24颗卫星之一进行一次位置保持。情况如图11.13所示。加粗弧线和虚弧线是相邻卫星轨迹,且轨迹重叠。

斜距为2973.799km。航天器星下点对地球球心角为

$$2\varphi = 2\arccos[R^2/(R+H)^2] = 50.0° \tag{11.8}$$

地面轨迹为50/360×2πR=5566km。若将每颗卫星位置保持在卫星间标称距离(44216.892/8≈5527km)的±10%,则允许每颗卫星位置偏离标称位置±552.7km。因此,相对额定轨道速度的平均速度方差必须小于:

$$2\times552.7/(72\times24\times60\times60)\approx0.177(\text{m/s}) \tag{11.9}$$

我们已经看到,要使卫星在其轨道上运动,ΔV的正向推力会形成椭圆形轨

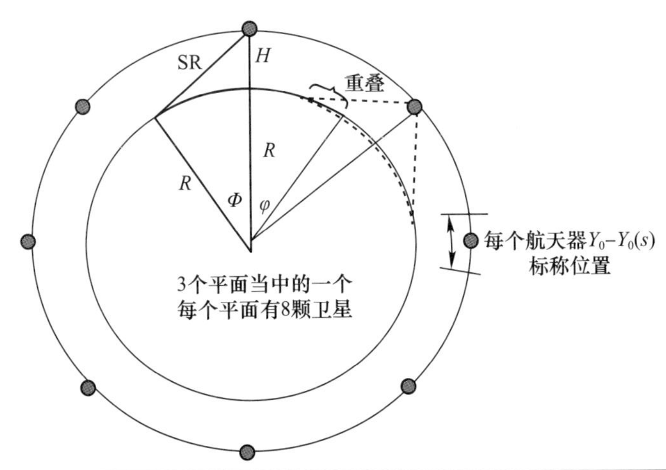

高度H	659.2	km
地球半径	6378.137	km
倾斜范围=SR_H在地平线	2973.799	km
对角φ	25.0	(°)
SC覆盖角(2φ)	50.0	(°)
卫星数量	8	
卫星总覆盖角	400.0	(°)
卫星覆盖重叠	5.0	(°)

图 11.13　每个平面上有 8 颗卫星,每颗卫星前后移动以保持位置

道,将卫星推至其原始点火位置后方,为确定达到卫星表观速率 0.177m/s 所需的 ΔV,操作如下。计算细节如图 11.14 所示。

标称轨道周期 P_0	97.9220209	min
轨道速度 V_0	7.52586804	km/s
所需卫星表观速度 S	0.177	m/s
每个周期的移动距离 D	1039.932	m
周期增量 ΔP	0.138181	s
椭圆轨道周期 P_E	97.92432392	min
椭圆轨道的半长轴 a_E	7037.447	km
半长轴的变化 Δa	0.110	km
所需的 ΔV 值 $=\Delta a \cdot V/(2a)$	0.059	m/s

图 11.14　计算位置保持所需的 ΔV

额定高度 659.2km 时,轨道周期为 97.9220209min,轨道速度(轨道周长/周期)为 7.525804km/s。由于卫星以 0.177m/s 的视向速度飞行,每经过一个轨道周期下落 1039.9319m,ΔP 为 1.38181s,椭圆轨道周期为 97.9243239min,与 7037.447km 的半长轴相对应。Δa = 0.110km,达到此要求的 ΔV 为 0.059m/s。

72 天后所需的反向点火为 0.118m/s。在近地点的高度,燃烧能量一半用于椭圆轨道重新圆化,另一半用于推动卫星反向移动。因此,卫星位置保持每年需要 ΔV 为 0.598m/s,即 7 年任务所需 ΔV 为 4.187m/s,这是常规燃料消耗。

2. 入位

假设卫星入位需要飞行的最远距离为 22264km(4 个星间距离),且卫星要在 10 天内入位。卫星平均速度应为 25.7685m/s。卫星必须位于椭圆轨道上,轨道高度每周期降低 151.398m,ΔP 为 20.117044s,椭圆周期为 98.25730497min,因此椭圆轨道的半长轴为 7053.392km。Δa 为 16.055km,获得该值所需的 ΔV 为 8.565m/s。

可以看出,卫星快速入位所需的燃料量是 7 年内位置保持所需燃料量的两倍。放宽航天器入位的时间要求,可以节省大量燃料。在 10 天内建立星座的需求,决定了推进系统要求。

图 11.15 所示为位置保持机动的细节。左图显示了卫星的天底指向及执行其任务。卫星从左到右飞行。注意,压力中心为航天器的中心,位于质心的上方。因此,低轨道高度时,存在引起航天器逆时针旋转的大气力矩。轨道高度低于 550km 时大气力矩尤其明显,要解决这个问题,需要点火或使用反作用飞轮。一旦需要点火向右推进时,航天器旋转 90°,推进器与轨道相切。请注意,两个推进器的推力矢量都要经过航天器质心。如果任一推力器出现轻微错位,通过改变另一推进器的占空比,可保证净推力矢量与航天器速度矢量平行。

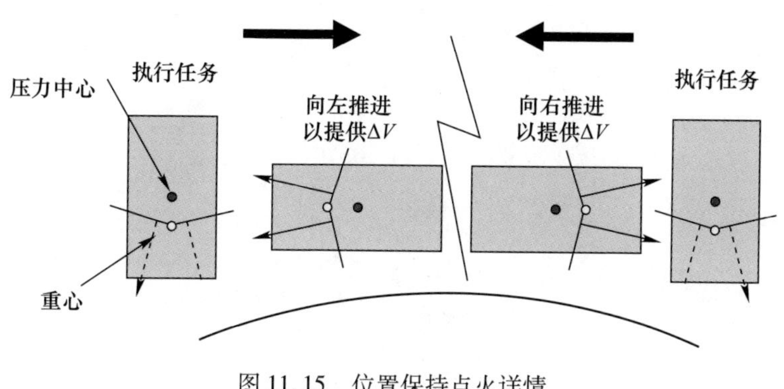

图 11.15　位置保持点火详情

第二个位置的航天器即将被推动,向右飞行并进入椭圆轨道。请注意,在这种姿态下,质心和压力中心都在速度矢量的直线上,不存在大气阻力。同样,航天器的横截面更小,减少了大气阻力,延长了任务寿命。实际上,如果任务允许,卫星大部分时间都可以水平飞行,仅在执行任务时姿态才为天底指向。

在第三个位置,航天器已转过180°,并准备点火以停止(和反转)航天器的位保机动。在反向点火结束时,航天器再次被指向天底方向,可继续执行任务。

3. 推力持续时间

假设航天器重125磅。4个推进器全部工作产生4磅推力,可以在17.5ms内实现位置保持需要的ΔV为0.059m/s。持续点火时间为2.533s,可以使最远的航天器入位。典型的冷气推进器可以在3ms内打开/关闭。因此,实际操作中精确点火17.5ms可能有些困难。推进方案需要计划,推进策略必须测试,以实施所需的推力,保证达到推力要求。

若将每个推进器的重量减小至0.2磅,则位置保持所需点火时间将增加至85ms,到位所需点火时间将增加至12.665s。

4. 霍曼转移轨道机动

航天器推进系统的常见功能是改变轨道高度。霍曼转移是能耗最低的轨道转移方式,其中ΔV_P点火将航天器推入椭圆形轨道,点火位置成为椭圆轨道的近地点。在椭圆轨道的远地点处再进行一次ΔV_A点火,以远地点高度圆化轨道。如下示例中,需要将卫星从600km圆形轨道转移到700km圆形轨道上。图11.16给出了获得ΔV_P和ΔV_A的几何关系与计算方法。

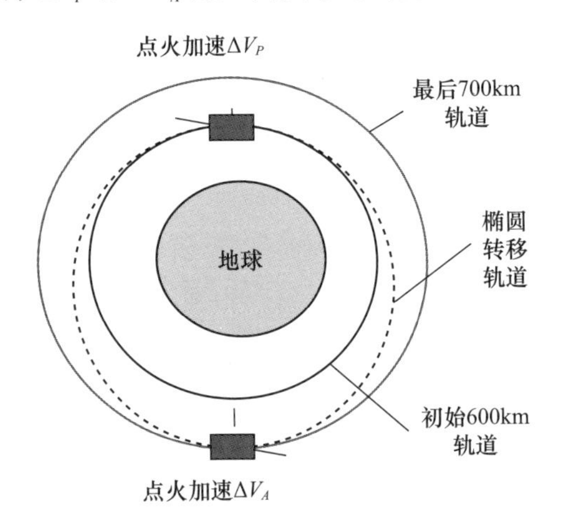

属性	等式	值	单位
地球半径	R	6378.137	km
初始轨道高度	H_P	600.000	km
最终高度	H_A	700.000	km
初始轨道周期	P_1=0.00016587×$(R+H_P)^{1.5}$	96.689003	min
初始轨道速度	V_1=2π$(R+H_P)/P_1$/60	7.55772399	km/s
半长轴	SM=$R+(H_P+H_A)/2$	7028.137	km
Δa	$\Delta a=(H_A-H_P)/2$	50	km
ΔV_P	$\Delta a=2a\Delta V_P/V_1;\Delta V_P=\Delta aV/2a$	26.884	m/s
近地点时刻	$P_E/2$	48.865	min
近地点时刻	$P_E/2/60$	0.814	h
高轨周期	P_2=0.00016587$(R+H_A)^{1.5}$	98.77483	min
所需最终速度	V_F=2π$(R+H_P)/P_2$/60	7.5041463	km/s
高轨周期	P_2=0.00016587$(R+H_A)^{1.5}$	98.77483	min
高轨速度	V_F=2π$(R+H_P)/P_2$/60	7.5041463	km/s
ΔV_A	$\Delta V_A\approx\Delta V_P$	26.884	m/s
总ΔV	$\Delta V\approx2V_P$	53.768	m/s

图 11.16 霍曼转移轨道所需的 ΔV 的计算

根据初始和最终高度,可得椭圆转移轨道半长轴 a,即 7028.137km。与初始圆形轨道相比,半长轴的变化为 Δa(50km)。第一次点火发生在椭圆转移轨道近地点,该点火产生的 ΔV_P =26.884m/s。第二次点火发生在椭圆转移轨道远地点,ΔV_A 基本相等。因此,600km 轨道转移到 700km 轨道所需的总 ΔV 为 53.768m/s,轨道转移时间为 48.865min。

11.5 其他推进要求

还有其他较少使用的推进要求。其中包括自旋稳定航天器的“向上旋转”和“向下旋转”。通常,冷气系统提供的 ΔV_A 足以实现旋转加速。

在任务寿命终止时,为减少空间碎片,卫星脱离轨道需求越来越大。卫星离轨所需的能量通常由火箭发动机提供,对 ΔV 要求很大。

碰撞规避是新兴需求,尚未制定明确的规避策略,但在受保护卫星可及时反应执行机动的前提下,略微升高或降低轨道的是一种可行的低能耗规避碰撞策略。

第12章 热 设 计

轨道平面相对于太阳的高度、倾斜度、历元和角度(β 角)决定了航天器的热环境。面向太阳的方向,航天器入射热量很大;背向太阳的方向,空间温度很低。热设计的目的是将温度调节至航天器组件安全运行范围,并确保航天器内部组件的散热,使航天器温度保持在组件工作温度范围内。典型的组件工作温度范围如图12.1所示。组件工作温度为10~20℃的热设计。

组件	典型工作温度范围/℃
电子器件	-20~+40
特殊电子器件(如反作用飞轮)	0~+35
太阳能电池板	-100~+100
肼	10~70

图12.1 航天器组件的典型温度范围

在稳定状态下,从太阳、星体反照和地球红外吸收的热量,与航天器产生的热量之和,等于航天器在某温度下释放的热量。热设计过程是通过改变表面光洁度和散热器,在目标航天器温度下达到上述平衡。整个过程分为以下几个步骤:

(1) 根据组件的热量指标,得出热量要求(确定适宜的航天器和组件的温度范围)。

(2) 评估入射在航天器轨道上的太阳通量、反照率和地球红外辐射,并计算每个航天器外表面的轨道平均热量。环境取决于 β 角度,评估卫星任务寿命内 β 的范围。

(3) 计算航天器表面吸收的热量。

(4) 确定航天器电子设备产生的热量。

(5) 第(3)步和第(4)步的热量之和为稳态下散热量,迭代散热器和表面光洁度以更大程度散热。

(6) 构建热模型,包括生热元件位置。

(7) 计算航天器温度与时间的关系。

(8) 通过技术应用,将温度控制在组件规格范围内。技术方法包括:

① 通过涂层或进行其他表面光滑处理,减少热吸收或增加热辐射。

② 使用加热器,提高低温组件(如电池)的温度。

③ 使用金属或其他热导体,将热组件中的热量导到可以向太空散热的位置。

(9) 航天器完工后,进行热真空测试,确定稳态下实际航天器和组件温度随时间变化的函数。

(10) 关联热模型,使其与测试过程中获得的实际测量结果一致。

(11) 生成与轨道任务寿命相关的所有条件下航天器热行为的调整模型预测。

12.1　热环境

在法线方向入射下,平均太阳辐射功率为 1367W/m^2(0.882W/英寸^2)。根据入射材料的吸收率 α,以及散热材料的发射率 ε,表面温度为

$$T(\mathrm{K}) = (S\cdot(\alpha/\varepsilon)\cdot(A_i/A_r)/\sigma)^{0.25} \quad (12.1)$$

其中,S 为太阳辐射,标称 1367W/m^2;A_i 为垂直于太阳的太阳入射表面面积;A_r 为辐射到空间的表面面积;α 为表面的吸收率,ε 为发射率;$\sigma = 5.67\times10^{-8}$W/(m^2 · K^4)。

理解太阳入射辐射,可参见 1m^2 吸收率和发射率为 1.0 的板面。应用式(12.1),表面温度变为 $T = 393$K 或 +120℃,温度过高。

下面讨论典型 LEO 轨道的热环境。

从热设计的角度来看,卫星观测到的空间环境可以由轨道平均太阳通量、入射在航天器轨道两侧的反照率和地球红外的总和来定义。其中,太阳通量占比最大。借助 3.6 节中图,任何轨道高度和 β 下可以计算照射航天器每一侧太阳入射量。例如,图 12.2 给出了入射到 20 英寸 ×20 英寸 ×36 英寸天底指向位置卫星的每一侧的轨道平均太阳通量,其 β 角范围为 0° ~90°,倾角为 70°。

倾角 /(°)	轨道高度 /km	β /(°)	+X OA /W	−X OA /W	+Y OA /W	−Y OA /W	+Z OA /W	−Z OA /W	总 OA /W
70	600	0	141.3	141.3	0	0	111.7	9.6	403.9
70	600	30	128.3	128.3	0	208.1	97.2	11.8	573.6
70	600	45	112.5	112.4	0	331.8	79.6	15.0	631.3
70	600	60	91.4	91.4	0	440.7	56.3	23.7	703.5
70	600	75	52.3	52.3	0	613.4	29.0	29.0	776.0
70	600	90	0	0	0	635.0	0	0	635.0

图 12.2　天底指向航天器(20 英寸 ×20 英寸 ×36 英寸)每侧的轨道平均入射太阳通量

图 12. 2 中的值是太阳在每一侧的单位面积上的投影与时间的关系(可以从中计算轨道平均面积)。然后,将这些投影乘以侧面面积并乘以 0. 882W/英寸^{2}的太阳通量。

图 12. 2 表明,$\beta = 75°$时,总入射功率最高,为 776W,而在 $\beta = 90°$时,热梯度最大。$-Y$ 侧温度极高,$+Y$ 侧温度却很低。图 12. 2 考虑了两侧均无任何太阳入射,持续时间长达 35. 36min 的卫星蚀。

图 12. 3 所示为入射到航天器每一侧的瞬时太阳通量($\beta = 45°$)。此图中,每条曲线表示在任意时刻垂直于太阳那一侧的面积分数。

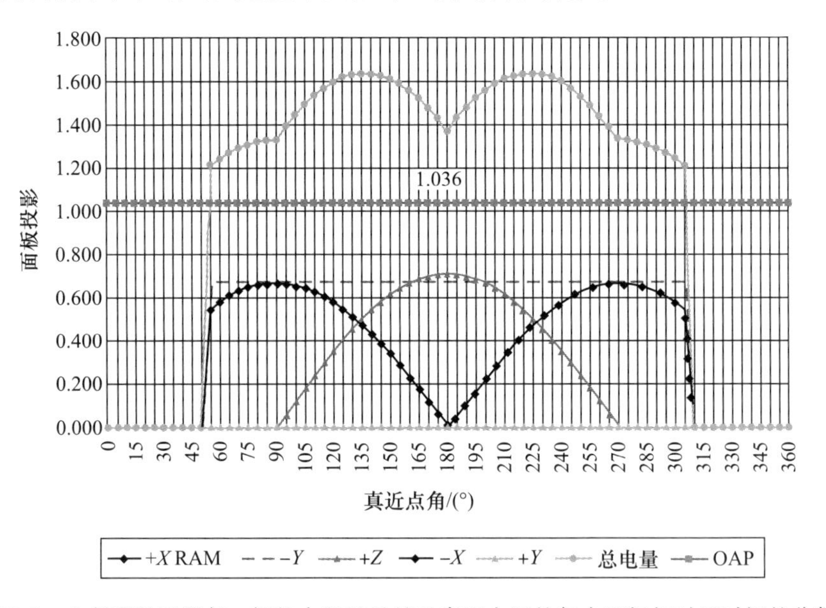

图 12. 3　入射到航天器每一侧的太阳通量是垂直于太阳的每个面板相对于时间的分数,面板区域按相对大小比例缩放

入射太阳通量取决于 β 角,β 角变化在 ±90°的范围内。β 为正,太阳入射 $+Y$面;β 为负,太阳入射 $-Y$ 面。β 必须由航天器的任务寿命计算得出。图 12. 4所示为一整年内 β 的时间函数。可见该任务的 β 基本在 0° ~80°之间变化,在 10° ~60°之间时间最长。

计算航天器侧面的入射总热量,必须考虑并加上反照率和地球红外辐射量。地球红外辐射和反照率随纬度、一年中的时间和轨道倾角而变化。在 600km 处,地球红外入射在天底指向表面为 0. 119W/英寸^2,垂直于天底指向表面为 0. 035W/英寸^2。图 12. 5 显示了与图 12. 2 中太阳入射相同情况下的轨道平均反照率。

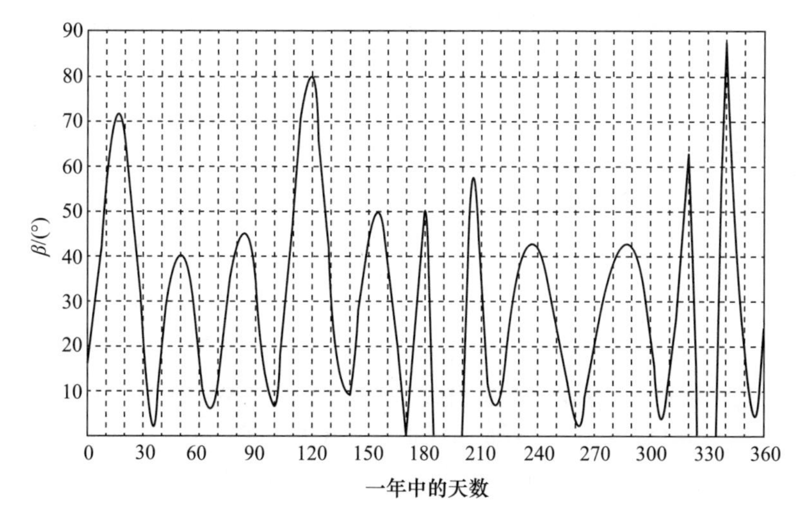

图 12.4　一年内每个月 β 角时间函数

倾角 /(°)	轨道高度 /km	β/(°)	+X OA /W	−X OA /W	+Y OA /W	−Y OA /W	+Z OA /W	−Z OA /W	总 OA /W
70	600	0	18.5	18.5	18.5	18.5	0	34.5	108.4
70	600	30	16.1	16.1	14.5	17.9	0	30.1	94.6
70	600	45	13.3	13.3	10.9	15.2	0	24.5	77.2
70	600	60	9.3	9.3	6.7	12.4	0	17.5	55.2
70	600	75	5.0	5.0	2.5	9.1	0	9.7	31.4
70	600	90	2.4	2.4	0.7	6.9	0	3.2	515.5

图 12.5　反照率轨道平均入射通量

请注意，反照率通量比太阳通量小得多，但不可以忽略。因为地球公转为椭圆形，这三个通量是平均通量，没有考虑由于云层覆盖引起的自然变化，也没有考虑 7% 的季节性变化。

入射在该航天器上的地球红外通量为 149W。

12.2　热吸收

图 12.2 所示为入射在 20 英寸 ×20 英寸 ×36 英寸航天器两侧的太阳通量。侧面的表面光洁度决定了吸收热量的多少。例如，如果航天器每一侧的 75% 被太阳能电池覆盖（吸收率为 0.82），而其余部分都被漆成白色（吸收率为 0.19），

那么轨道的净平均吸收热量仅为 $0.75\times0.82+0.19\times0.25=0.6625$ 倍入射轨道平均太阳通量。因此，每一侧吸收的热量为图 12.2 中倾角和 β 角对应航天器每一侧的入射通量乘以 0.6625。热量吸收必须减去太阳能电池产生的电能。

吸收的地球红外辐射为通量、面板面积和表面发射率乘积。

如果可展开太阳能电池板存在阻挡入射光通量或遮挡太空视野，热量吸收的计算更加复杂，需要航天器的热模型。

12.3 散热

为了达到热平衡，吸收的热量与内部产生的热量必须相等。式(12.2)给出了温度为 T(K)、辐射系数 ε、表面积 A 时的表面散热量，这是垂直于表面方向的散热量。半球辐射的热量(用于计算航天器散热量)通常要少 5%。

$$Q(\mathrm{W})=\varepsilon\cdot\sigma\cdot A\cdot T^4 \tag{12.2}$$

其中，$\sigma=3.66\times10^{-11}$ W/英寸^2。

若热设计的目的是将航天器的温度保持在 5 ~25℃的范围内，则航天器在 X 和 Y 任一侧散热约 140W。太阳、反照率和地球红外吸收的热量之和在 538 ~779W 之间(图 12.2 和图 12.3)，半球发射率为 0.8，因此温度(式(12.2))会达到 16℃。同一外表面温度为 -7℃，散热 538W。高低温工况之间的温度差是 23℃。

卫星外表面无电池板处可通过多种表面处理改变卫星温度范围。低吸收率表面处理可减少对太阳和反照的热吸收。多层隔热(Multi Layer Isolation，MLI)几乎可以完全隔绝太阳热吸收，但也减小了散热面积。选择适当的表面处理方式，可以实现卫星部件正常工作所要求的热平衡。

以上为相关原理说明。卫星的精确热处理只能通过使用良好的热模型来实现。

12.4 卫星电子设备产生的热量

第 4 章电力子系统设计中已经讲过某一卫星不同操作模式和组件的功耗。图 12.6 重复出现。

由图可知，轨道平均功率约为 20W，瞬时功率在 17.9 ~20.6W 之间变化。峰值功率(不包括发射机射频功率 10W)为 26W。反作用飞轮加速时消耗 27W 功率。由于作用时间很短，反作用飞轮功耗超过平均功率的部分可忽略不计。

太阳能电池将太阳能转换为电能，减少了吸收的功率。

航天器OAP要求	电压			空闲模式电压				成像模式电压				通信模式电压			
	5V	12V	28V	%	5V	12V	28V	%	5V	12V	28V	%	5V	12V	28V
C&DH	1.5			100	1.5			100	1.5			100	1.5		
EPS处理器	0.2			100	0.2			100	0.2			100	0.2		
成像载荷															
相机		4.0						10		0.4					
图像处理器	3.0							15	0.5						
ADACS															
俯仰反作用轮			3.5	100			3.5	100			3.5	100			3.5
滚动反作用轮			3.5	100			3.5	100			3.5	100			3.5
偏航反作用轮			3.5	100			3.5	100			3.5	100			3.5
星敏感器#1	0.5			100	0.5			100	0.5			100	0.5		
星敏感器#2	0.5			100	0.5			100	0.5			100	0.5		
航向太阳敏感器	0.4			100	0.4			100	0.4			100	0.5		
三扭力杆		0.8		100		0.8		100		0.8		100		0.8	
通信															
遥测和数传发射机		30.0										5.5		1.6	
CMD接收机		1.5		100		1.5		100				100		1.5	
峰值和平均电量	6.1	36.3	10.5		3.1	2.3	10.5		3.6	1.2	10.5		3.2	3.9	10.5
DC/DC 转换器效率/%	87	85	85		87	85	85		87	85	85		87	85	85
自每个源的OAP	7.0	42.7	12.4		3.6	2.7	12.4		4.1	1.4	12.4		3.7	4.6	12.4
每个操作模式的OAP						18.7				17.9				20.7	
OAP设计		20.7													

图12.6 不同工作模式下的功耗

12.5 改变卫星热性能的工具

热吸收和热辐射可以通过以下方式调整：

（1）表面处理（白色涂层降低温度，黑色涂层提高温度）。
（2）从卫星高温部分到低温部分的金属传导，可向宇宙空间散热。
（3）两点间增设导热管。
（4）加热器（提高低温组件的温度，如电池）。
（5）通过表面开合改变其吸收率或发射率的百叶窗。
（6）MLI（多层隔热）通过减少辐射吸收保护内部结构。
（7）热电冷却器（用于定位冷却电子器件）。
（8）将发热组件安装在易于散热的位置。

12.5.1 表面处理的影响

为了说明表面光洁度如何降低阳光直射下的表面温度，图 12.7 列举了不同表面光洁度的吸收率和发射率。

吸收率、发射率、导热性

材料	α	ε	kW/(m · K)
铝	0.16	0.03	205
渗铝	0.14	0.11	205
白漆(GSFC)	0.19	0.92	N/A
黑漆	0.96	0.86	N/A
铜箔	0.32	0.02	401
不锈钢	0.42	0.11	16
聚酯薄膜胶带(铝背)	0.19	0.03	N/A
迭尔林	0.96	0.85	0.42

图 12.7　不同表面的吸收率和发射率以及所选金属的导热系数

为理解涂层对卫星外表面温控的有效性，再次以 $1\mathrm{m}^2$ 的面板为例，此时表面为康宁白色 DC－007 涂层。式（12.3）为面板温度方程，其中 S 为太阳通量，单位为 $\mathrm{W/m^2}$，$\sigma = 5.67 \times 10^{-8}\mathrm{W/m^2}$。

$$T(\mathrm{K}) = (S \cdot (\alpha/\varepsilon) \cdot (A_i/A_r)/\sigma)^{0.25}$$
$$= (1367 \times (0.19/0.84) \times 1/(5.67 \times 10^{-8}))^{0.25} = 271.7\mathrm{K} \text{ 或 } -1.3℃ \quad (12.3)$$

由此可见，变化显著。通过减少白色涂层面积，可以将壳体温度调节至电子设备安全工作温度区间。

12.5.2 热导率

热设计的重点不仅要达到所需温度的热量平衡，还要达到卫星冷热部分间

的热交换以及对宇宙空间的散热。传热过程有辐射和传导两种途径。仅考虑热传导,金属导体导热量的基本方程式为

$$q = k(A/L)\mathrm{d}T \tag{12.4}$$

其中,k 为热导率(W/(m·K)或 W/(m·℃));A 为导热结构的横截面(m^2);$\mathrm{d}T$ 为导体两端的温差;L 为导热路径的长度(m);q 为传导的热量(W)。

导热材料严重影响卫星重量,此处再次借助 20in×20in×36in 卫星示例说明。为将太阳辐射热量的 20% 从阳光直射一侧转移到无阳光直射的另一端,欲使用三个 20in×20in 的铝制面板。铝的导热率为 3.6W/(in·℃)。为计算铝板厚度,确保(本示例要求)铝板热变化小于 10℃,式(12.5)必须成立。式(12.5)只需重新排列式(12.4)。

$$\begin{aligned}\mathrm{Thk} &= QL/(k\cdot \mathrm{wdt}\cdot \mathrm{d}T)\\ &= (0.2\times 363\mathrm{W})\cdot 20\mathrm{in}/(3.6\mathrm{W}/(\mathrm{in}\cdot ℃)\cdot 20\mathrm{in}\cdot 10℃) = 2\mathrm{in}\end{aligned} \tag{12.5}$$

其中,Thk 为厚度;wdt 为宽度。

三块铝板的总重量过大,超出卫星总重预算。

解决方案包括以下几种:

(1) 部分太阳直射壳体安装太阳能电池板。

(2) 采用其他外表面处理方式(参见 12.5.1 节)。

(3) 使用可展开阵列,卫星外覆盖表面低吸收率涂层。

(4) 将壳体式太阳电池阵与整体隔离开。

(5) 三块板内加装热管(参见 12.5.4 节)。

12.5.3 跨螺纹板或螺栓边界热量传导

金属结构的热导率在卫星各组件节点处变小。例如,螺栓连接会产生热阻。螺栓板的热导率取决于其连接压力。《航空航天热控制手册》(*Aerospace Thermal Control Handbook*)第 1 卷给出了不同直径螺栓关节的导热率与螺栓扭矩下降的关系。

12.5.4 热管

热管是密封的真空管,部分管体内部填充某种小温度梯度液体,用于长距离散热。在卫星上,铝管内部带有凹槽并采用氨水作为工作液体。毛细作用力将工作液体沿凹槽芯从冷端吸至热源。在热源处,液体蒸发,蒸汽沿管中心向下流动,并在管冷端冷凝。与普通导体(如金属板)相反,梯度不会随热量沿管道的

传导距离而增加。由于毛细作用力较小,热管需要保持水平(倾斜度小于0.05英寸)才能在1g环境下进行测试。

热管也有传热限制。典型的1/2英寸OD热管的传热极限为5000W/in。20in的热管可承载250W。蒸发器(热量进入管道)和冷凝器(热量离开管道)各存在一个梯度。1/2英寸OD蒸发器的热导率通常为4W/(in·℃)(热量传入管道)。管道冷凝器热导率为8W/(in·℃)。以上热导不包含热管法兰上的梯度或界面梯度。

12.5.2节的例子中,72W热能在三块板上的传导梯度必须低于10℃。可以在每块板的外缘处安装一根热管(长约80英寸)。每根热管导热量为24W×40in(约1000W·in),符合运输能力范围。考虑管道半径,沿边缘的接触面积为16in。热管梯度为

$$dT_{evap}=Q/(h_{evap}\cdot L_{evap})=24\text{W}/(4\text{W}/(\text{in}\cdot℃)\cdot 16\text{in})=0.4℃$$

$$dT_{cond}=Q/(h_{cond}\cdot L_{cond})=24\text{W}/(8\text{W}/(\text{in}\cdot℃)\cdot 16\text{in})=0.2℃ \quad (12.6)$$

梯度很小,80in热管(法兰尺寸1in×0.040in)的质量为1.2磅。可见,热管是缓和设备平台梯度的有效手段。

12.5.5 百叶窗

百叶窗可调节,以实现卫星部分壳体开合(向太空空间打开控制辐射,向阳光直射一侧控制吸收率)。百叶窗过去几年应用非常广泛,但现在并不受热控系统的青睐。

12.5.6 加热器

特定的组件(如电池)正常工作环境有最低温度要求,因此需要使用加热器。加热器工作需要电力,而电力在太空空间属稀缺能源,因此只有在必需情况下才会使用加热器。加热器以继电器控制,非开即关。占空比决定加热器的平均温度。

12.6 建立卫星热模型

在上述示例中,为简化分析,将卫星理想化。热模型用于更精确的分析。热模型用于跟踪复杂的热流,可预测稳态和瞬态温度。

模型中用到了一系列节点,这些节点表征组件、外表面、内部结构、耗散热量组件以及对温度有特殊要求的组件。

节点通过电导耦合(线性)和辐射耦合(第四功率)互连,类似于电阻器组成的电路。模型通过迭代预测互连节点之间的热流,并输出每个节点的温度。Thermal Desktop 是构建卫星热模型最著名的软件。该程序基于图形,包括:

(1) 几何生成(或导入通用几何模型)。

(2) 热导耦合计算。

(3) 内部辐射耦合(radKs)。

(4) 宇宙空间的外部辐射耦合(radKs)。

(5) 外部吸热环境通量计算。

(6) 温度和热流计算(使用 SINDA)。

(7) SINDA 模型结果以图形、几何或表格形式表示。

模型构建的细化程度不应高于实际需求,否则模型自身的问题将会凸显。在 Thermal Desktop 中,细分表面只需单击几下鼠标。简化细分表面需要删除项目、重建项目,重新连接并进行验证。从简单开始,了解热驱动器。仔细检查结果,对照手动或 Excel 计算核查。任何模型都有局限性和缺陷。高效建模要了解模型的局限性,修正可能引发重大错误的缺陷。

该热模型可为各任务阶段、β 角和工作模式提供温度预测。这些结果被合并到可以与组件温度要求进行比较的预测摘要中。热模型还用于预测热测试过程中的航天器温度。

12.7　点设计实例

本节举例说明如何修改需求,以及如何连贯硬件操纵。基于该设计的目的,假定加热器电源不可用。

图 12.1 表明,电子设备的工作温度范围为 -20 ~ 40℃,某些电子设备的工作温度范围更小。因此,该设计温度变化范围应在 -15 ~ 40℃之间。

接下来讨论温度不确定性的原因及其量级,最后讨论轨道 β 角范围。

(1) 出于模型的不完美性,热设计中会对热和低温工况保留 5℃ 的裕度。因此,该设计应尽量将温度保持在 -10 ~ 35℃之间。

(2) 5℃裕度用于应对表面光洁度吸收率和辐射率的变化,以及光洁度随寿命而降低的问题。

(3) 本章已经计算了入射通量。但是,这些通量会随时间变化。具体情况是,太阳入射通量每年变化 7% 。即使在给定的 β 角度下,地球红外辐射和反照率的变化也很大。即使 β 角不变,所有因素共同作用也会引起 10℃ 的温度变化。

(4) 卫星蚀预计引起的单个轨道温度变化至少为 5 ~ 10℃。不同 β 角的轨道平均通量不适用于这种瞬态效应。

(5) 5℃裕度用于组件功耗变化(如打开发射器)而引起的瞬变。

将所有因素组合在一起,工作温度范围目标应包括 35℃不确定温度。

最热和最冷组件之间的梯度约为 10℃。但是,可以通过增设热管来降低卫星温度梯度。

20 英寸 ×20 英寸 ×36 英寸的卫星(被太阳能电池覆盖)以多个 β 角度飞行,其平均温度变化为 23℃。β 变化引起的 23℃温变与其他因素导致的温变之和,将超出允许的温度范围。

在 β 角范围内减小太阳变化的影响是热设计成功的关键。通过改变表面处理的方式,使卫星温度在 $\beta = 75°$ 高温工况和 $\beta = 0°$ 低温工况下近似相等。

如图 12.8 所示,假设外表面 30% 可修改。

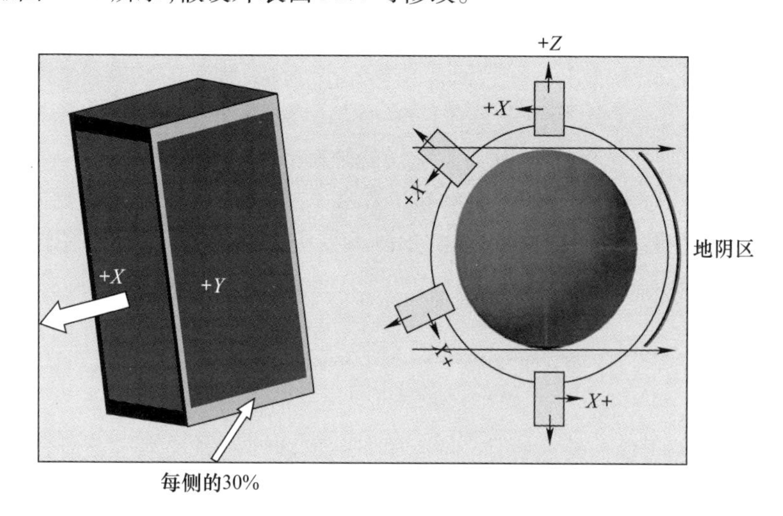

图 12.8 沿 +X 方向飞行的天底指向卫星,表面 30% 可另做处理

卫星飞行时, +Z 为天顶指向,速度沿 +X 方向。从 $\beta = 0°$ 开始,可列出多个 β 角的值。太阳位于 $\beta = 0°$ 的轨道平面内,这种情况下,对任意轨道高度而言,卫星蚀都是最长的。在每个 $\beta = 0°$ 轨道上,太阳直射卫星方位的顺序是 +X, +Z, -X, -Z。由于 $\beta = 0°$ 是低温工况,表面处理应保证最大限度吸收热量。为了防止卫星温度过低, +X, +Z, -X 和 -Z 侧应覆盖黑色涂层,或者覆盖高吸收率太阳能电池。Y 轴两面都没有太阳入射。

在 $\beta = +75°$ 高温工况下,不出现卫星蚀,太阳直射卫星 +Y 面。在 $\beta = -75°$ 高温工况下,太阳直射 -Y 面。卫星不断受太阳光照射。因此,应在 +Y 和 -Y

侧覆盖低吸热涂层或多层隔热,减少在高温工况中的热量吸收。

首选多层隔热,理由如下:

① 在高温工况下,多层隔热能够更有效阻隔太阳光入射。

② 在 $\beta = 0°$ 的低温工况下,MLI 可减少卫星的热量散逸。

由计算表格可知,初始温度变化为 23℃(β 角大小为 0° ~75°),当 70% 的蒙皮表面吸收率为 0.82,温度变化减少一半。

12.8　热测试和热真空测试

热真空(Thermal Vacuum,TVAC)测试有如下几个测试阶段:热平衡、热循环和除气测试。热循环是卫星工艺测试。除气可防止挥发性污染物在敏感表面上冷凝。热平衡测试可模拟冷热飞行环境,获得卫星飞行温度。温度记录用于分析模型预测与测试结果之间的差异。

热平衡通常在两个或三个平衡点(条件)进行测试。改变平衡点卫星辐射边界条件,模拟最恶劣的高温和低温(平均轨道)轨道环境条件。卫星以稳态模式运行(无循环负载或加热器),直到卫星达到稳态温度。在每个平衡点达到稳定状态(温度变化小于 0.1℃/h 的状态)需要 12 ~24h。

该测试在带有液氮护罩的真空室中进行。卫星周围环绕着加热(或冷却)的高发散率板块(黑色涂层或黑色阳极氧化)。六面卫星至少围有 6 块加热板,代表每一侧的入射热量。如果卫星侧面经过不同的表面处理,可以在该面的对立面安装不同温度的板块。板块温度设置为卫星提供一个具有太阳、反照率和地球红外的综合通量的模拟红外环境。组合的模拟环境称为等效热沉。加热板的实际辐射率为 0.85 ~0.90,调节加热板温度,重新达到有效热沉温度。若要将等效热沉温度降至 -50℃以下,需要冷却加热板(通常由普氮进行冷却)。在热平衡测试期间必须监控卫星的功耗。

在模型相关性分析阶段,比较得到的稳态卫星温度与模型预测温度。

12.9　符合热测试数据的模型相关性

TVAC 测试得到实际测试结果,必须与模型预测的一致,才能将热模型用于最终飞行温度预测。因此,需要更换模型以保证与测试结果一致。更换模型需要丰富的经验。

例如,若 TVAC 中的温度梯度超过了模型预测的温度梯度,在这种工况下,可以调整模型的热界面热导率,直到温度和梯度一致。

12.10 最终飞行温度预测

调整模型,得出最符合热平衡测试结果的预测结果后,将对卫星各个重要点以及卫星任务寿命中不同工况做出最终温度预测。图 12.9 和图 12.10 为说明性示例。在图 12.9 中,可以看出 10W 发射器开启后温度迅速上升。

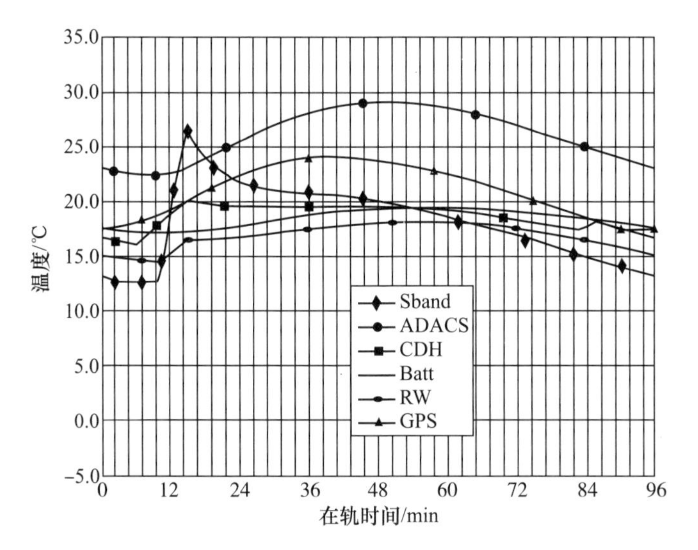

图 12.9 温度范围可接受,10W 发射机启动影响显著

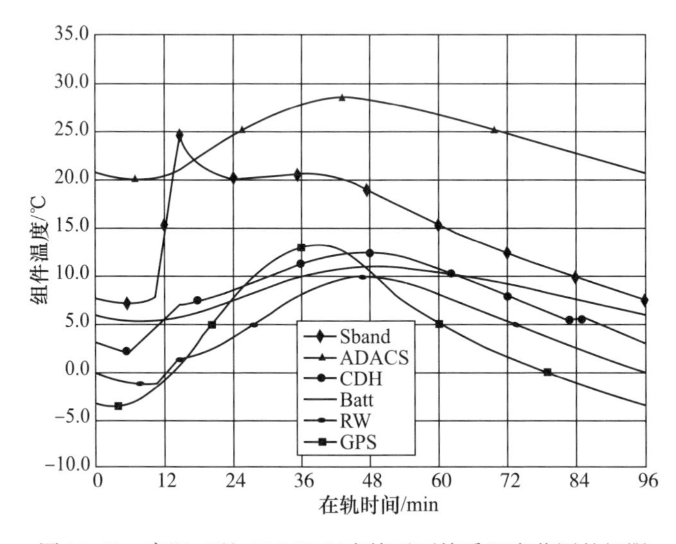

图 12.10 高温工况 ADACS 温度接近可接受温度范围的极限

第 13 章　抗辐射性、可靠性和冗余

卫星轨道寿命至少受以下三个因素影响：

(1) 针对卫星轨道高度所提供的辐射防护。

(2) 组件和卫星系统的可靠性。

(3) 卫星内部冗余。

13.1　抗辐射性

两种辐射效应会导致卫星失灵，即总辐射剂量和单粒子翻转(Single Event Upset, SEU)。

13.1.1　总剂量

总辐射随轨道高度急剧增加，并随时间线性增加。通过加装防护罩可以减少总辐射。如图 13.1 所示，铝屏蔽空间中的辐射环境为高度、功能寿命(以年为单位)和铝屏蔽层厚度的函数。图 13.2 中列举了几种工况。

铝屏蔽层厚度/mil[①]	总辐射量/krad 700km			总辐射量/krad 1000km			总辐射量/krad 2000km		
	1 年	5 年	12 年	1 年	3 年	5 年	1 年	5 年	12 年
50	7.16	35.80	85.92	14.00	42.00	70.00	164.68	2340	1976.16
60	6.51	27.66	66.12	1.00	33.00	85.00	125.63	628.15	1507.86
70	4.33	21.66	61.96	8.80	26.40	44.0	97.86	489.30	1174.32
80	3.58	17.90	42.96	7.00	21.00	35.00	80.19	400.95	962.28
90	2.96	14.80	35.52	5.80	17.40	29.00	65.71	328.55	788.52
100	247	12.36	29.64	5.00	16.00	25.00	54.34	271.70	652.08
110	2.08	10.40	24.96	4.40	13.20	22.00	45.55	227.75	546.60

图 13.1　铝屏蔽层的辐射水平与不同轨道高度下年数的关系

① 1mil = 0.0254mm。

铝屏蔽层厚度/mil	总辐射量/krad 700km			总辐射量/krad 1000km			总辐射量/krad 2000km		
	1年	5年	12年	1年	3年	5年	1年	5年	12年
120	1.83	9.1S	21.96	3.90	11.70	19.50	39.89	199.45	478.68
130	1.58	7.90	18.96	3.50	10.50	17.50	34.29	171.45	411.48
140	1.38	6.90	16.66	3.10	9.30	15.50	29.81	149.05	357.72
180	1.20	6.00	14.40	2.80	8.40	14.00	25.80	121.00	309.19
160	1.08	5.40	12.96	2.50	7.50	12.50	23.11	115.55	277.32
170	0.96	4.80	11.52	2.20	6.60	11.00	20.45	102.25	245.40
180	0.88	4.40	10.56	2.00	6.00	10.00	18.66	93.30	223.92
190	0.79	3.96	9.46	1.84	5.52	9.20	16.67	83.38	200.04
200	0.73	3.65	8.76	1.70	5.10	8.50	14.60	73.00	175.20
210	0.67	3.35	8.04	1.60	4.80	8.00	13.33	66.65	159.96
220	0.61	3.05	7.32	1.54	4.62	7.70	12.08	60.40	144.96
230	0.68	2.90	6.96	1.50	4.50	7.50	11.43	57.15	137.16
240	0.57	2.85	6.84	1.44	4.32	7.20	11.17	55.85	134.04
260	0.55	2.75	6.60	1.40	4.20	7.00	10.73	53.65	128.76

图13.1 铝屏蔽层的辐射水平与不同轨道高度下年数的关系(续)

不同电子组件对辐射的耐受性差异很大。多数商用CMOS部件的辐射耐受范围为1~10krad,而抗辐射零件的耐受性远大于100krad。NASA维护的部件清单中,提供组件可靠性及抗辐射程度的数据。抗辐射部件造价昂贵,因此设计人员不仅要考虑零件的选用和屏蔽层,还要在电子架构中引入冗余,从而降低抗辐射要求。相关知识将随着本章内容展开。

图13.2(a)显示,如果选用辐射吸收剂量为10krad的组件,700km轨道高度上,屏蔽层厚度110mil,任务寿命可达到5年。该任务所需的零件成本相对较低。如果轨道高度为1000km,5年任务寿命要求180mil厚屏蔽层。机架重量将从0.81磅增加至1.33磅。

单粒子翻转是由单个高能粒子撞击存储器或集成电路的关键点引起的。其结果可能是:①引发软件错误,少量数据会改变状态,引发错误,但不会破坏电路;②可能会引起“闩锁”,永久性破坏电路。目前减轻SEU闩锁的唯一方法是选用不易发生闩锁的组件。

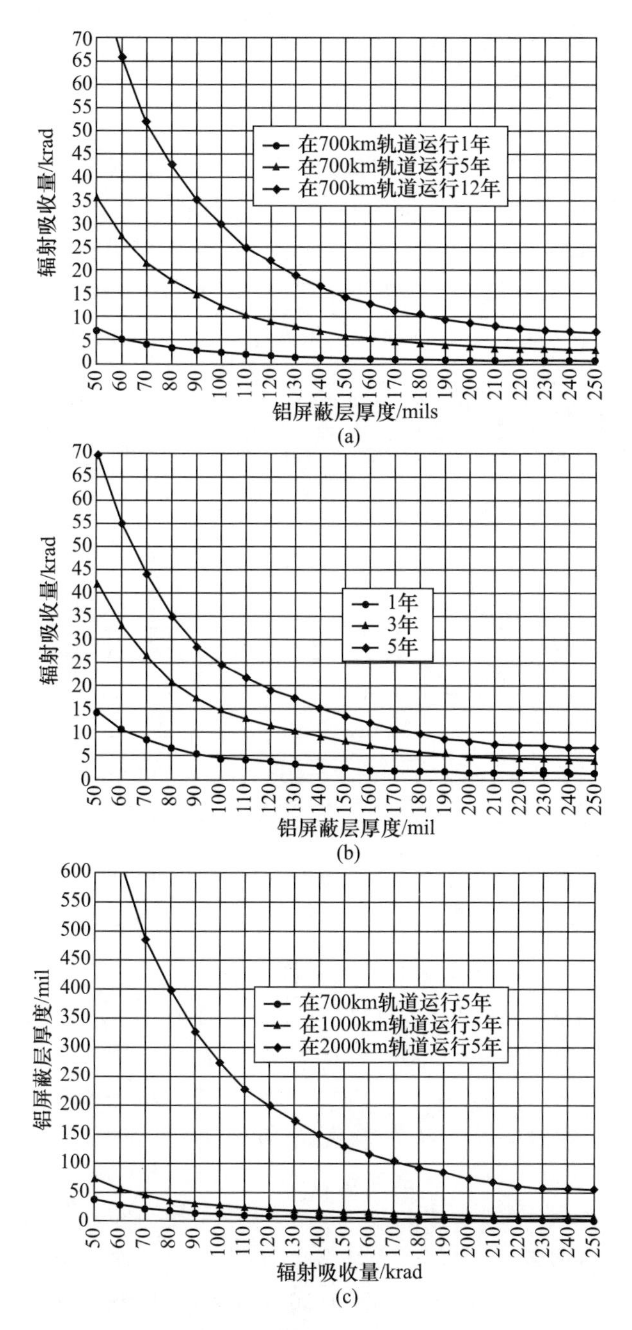

图 13.2　(a)辐射吸收量与铝屏蔽层厚度及任务寿命的关系;(b)不同铝屏蔽层厚度下辐射吸收量与任务寿命和轨道高度的关系;(c)不同高度与任务时长下,屏蔽层厚度与总辐射吸收量的关系

13.2 可靠性

设计人员要确保卫星可以达到预期的任务寿命,必须进行可靠性分析。系统级可靠性分析从系统可靠性框图开始。可靠性框图是所有模块的一系列安排,最终目的是保证卫星的正常运转。例如,图 13.3 所示为单链设计的航天器射频发射部分的可靠性框图。该图反映了每项工作必然会出现的功能框或功能的连接。冗余元件(如电池)并联时,如果发生故障,系统仍可运行。

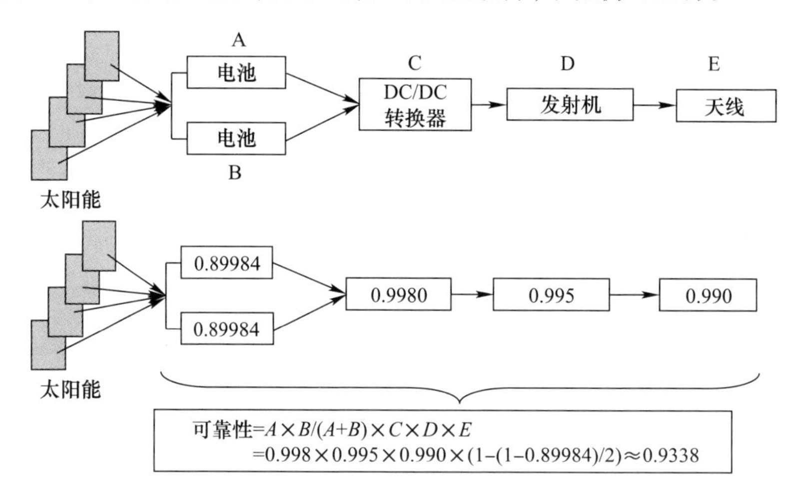

图 13.3 单链设计的航天器射频发射部分的可靠性框图

根据组件故障率(每小时 λ 个故障),计算可靠性。$R = e^{-\lambda T}$,其中 T 为任务寿命(单位为 h)。平均故障间隔(Mean Time Between Failure, MTBF)或故障前平均时间(Mean Time to Failure, MTTF)为 $1/\lambda$。因此,若零件在 5 年(43800h)的任务中,平均故障间隔为 500000h,则可靠性为 $R = e^{-43800/500000} \approx 0.91613$。5 年任务故障率为 $P_F = 1 - R$ 或 0.0837 或 8.37%。若卫星任务寿命为 10 年,故障率 P_F 为 10%,系统可靠性 R 应大于 0.89984。系统平均故障前时间为 830000h。

像发射机这种非连续使用的组件,其平均故障前时间要求应考虑占空比。例如,若 96min 轨道发射机使用仅为 10min,则 5 年的任务寿命仅要求平均故障前时间为 43500h(故障率为 10%)即可,可靠性要求可降低为 0.90043。

发射器故障概率 $P = 1 - 0.995 = 0.005 = 0.5\%$。

一块电池发生故障的概率为$(1 - 0.89984) = 0.10016 = 10.016\%$。两块电池的故障概率为 $0.05 = 5\%$。

两个并联电池的可靠性为 1 - 0.05 = 0.94992。

注意电池的可靠性是如何通过使用两节电池来提高的。

系统可靠性（从电池输入到天线输出）为 $R = 0.9338$，系统故障概率为 0.0662 或 6.62%。

通过组合组件可靠性系数可得系统可靠性：

（1）将串联元素的可靠性系数相乘。

（2）如果两个组件并联，设 $P_1 = 1 - R_1$，$P_2 = R_2$，并计算 $R = (1 - P_1P_2/(P_1 + P_2))$。

有时，某个组件的故障并不会终止任务，只会降低性能。例如，如果有两个冗余发射机，若一个出现故障，任务性能不会降低。若几个太阳能电池阵列之一停止工作，则任务只会降级，不会终止。可靠性计算不能仅考虑任务故障，还应考虑任务降级。

13.3　冗余

在组件的可靠性低于期望值的情况下，经常使用冗余组件。因此，冗余发射机、电池等组件广泛应用于卫星设计。虽然冗余组件会增加卫星的成本、尺寸、复杂性和重量，但也能显著延长其任务寿命。

冗余会增加系统复杂性，其组件的可靠性也必须计入整体考虑，因此使用冗余应谨慎，仅用在绝对必要之处。应用冗余的场景有：

（1）易发生单粒子翻转的部件。

（2）部件可靠性太低而无法满足任务要求。

（3）在临界路径上消除单点故障。

（4）冗余组件成本不高。

本书目前仅讨论了硬件的可靠性和冗余。但是冗余也适用于卫星软件，软件冗余措施有：

（1）将卫星运行软件的多个副本存入可擦写只读存储器（EPROM）。

（2）使用可上注软件。

（3）使用多数逻辑（同时在三个处理器中执行计算，若至少两个处理器给出相同的结果，则采用该结果）。此处同样需要硬件冗余。

第 14 章　集成与测试

集成是测试卫星组件、安装组件，并对整体卫星进行功能测试，再执行热测试、振动测试和热真空测试的过程。集成完成后，卫星将运送至发射场进行功能测试，确保卫星未受损坏。然后，集成卫星与运载火箭。

在此过程中，将为每个测试编写测试计划。

全新卫星的集成和测试通常需要 3 个月左右，与已有卫星耗时基本相同。典型的时间表如图 14.1 所示。

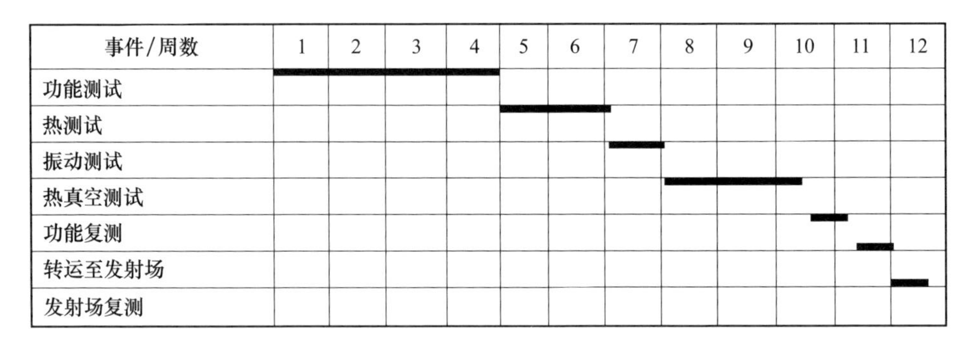

图 14.1　典型集成与测试时间表

14.1　组件级测试

对每个组件(计算机、无线电、ADACS 等)进行测试，确保各组件符合功能规范及在轨热环境和振动环境要求。以上测试由提供组件的供应商或卫星团队执行。已有卫星中使用过的成熟组件，可省略振动测试和热或热真空测试，之后在卫星成品上测试。

可展开组件必须测试，确保在失重空间环境中能够展开。在实验室中，通过使用滑轮、电缆和配重悬挂可展开组件的每个部分，可模拟失重环境。可展开部件应中断并重新启动，保证其不依赖运动部件的惯性。图 14.2 说明了在实验室中模拟失重环境下，大型可展开太阳能电池板的展开情况。

若使用热释电设备，设备的供电量要充裕，以保证热释电设备供电的可展开

图 14.2　模拟失重环境下，大型可展开太阳能电池板的展开情况
（经 Orbital - ATK 公司许可）

部件能够重复展开。

卫星结构要经过静载荷和振动测试。通常要在将卫星组件组装并与整体结构集成之前完成。结构的振动测试通常会利用电子设备的实体模型。

14.1.1 桌面联试

即使大多数机械硬件尚不可用,也要尽早开始集成和测试。为此,应建立桌面联试“Fat - Sat”,即将卫星组件(或副本)置于同一平面,并用卫星功能性线束将副本连接。如此,卫星电子设备被集成在一个平面上。这就是所谓的桌面联试“Fat - Sat”。

将完成的电子子系统全部放到 Flat - Sat,对每个子系统提前进行功能测试,并最终实现对整个卫星的功能测试。Flat - Sat 的可用性能够加速集成过程。

在此阶段,可以发现和解决概念与技术问题。除硬件问题,大多数问题都与软件有关,并非该软件无法按指定方式运行,而是指定的软件与预期不符,因此必须对其进行修订。Flat - Sat 测试对发现问题与“调试”系统助益最大。

14.2 卫星级测试

从根本上说,功能测试的目的是使组装好的卫星按预期的系统运行。电气地面支持设备(Electronics Ground Support Equipment,EGSE)向 C&DH 发送地面指令,控制卫星组件的打开和关闭。因此,功能测试应包括对此过程的验证。然后是遥测收集功能测试,以及向 EGSE 传输遥测信号(绕过 RF 链路)的功能测试。接下来执行所有可上载的命令,并测试卫星执行命令的能力。有效载荷命令和有效载荷输出的正确性验证与之相似。最后,整个系统通过 RF 链路运行。

RF 链接性能在天线范围内进行测试,天线星载时测量天线方向性图。这样就可以检查卫星对天线方向图的影响。

为模拟可检测的最小信号电平,卫星接收/输出的射频信号必须衰减。一般情况下,在实验室或开放环境中,射频信号基本不可能衰减到能够正确模拟最小可检测信号电平的程度。因此,只能尽可能地做到最好。

姿态确定与控制系统测试非常困难,最好使用 ADACS 动态模拟器。该硬件(和软件)通过 EGSE 电缆接收卫星执行器输出的信息(由机载 ADACS 计算机计算的反作用飞轮速度、磁力矩器活动度和卫星瞬时位置)。连接到卫星 ADACS 计算机的动态仿真器(图 14.3(a))计算卫星当前位置对应的矢量磁环境和太阳环境,通过模拟干扰力矩求解运动方程预测卫星姿态并将相应的磁矢量和太阳矢量信息反馈给 ADACS。由此可得卫星飞行的“硬件在回路”仿真。动态模拟器显示屏上还显示了卫星瞬时姿态,如图 14.3(b)所示。

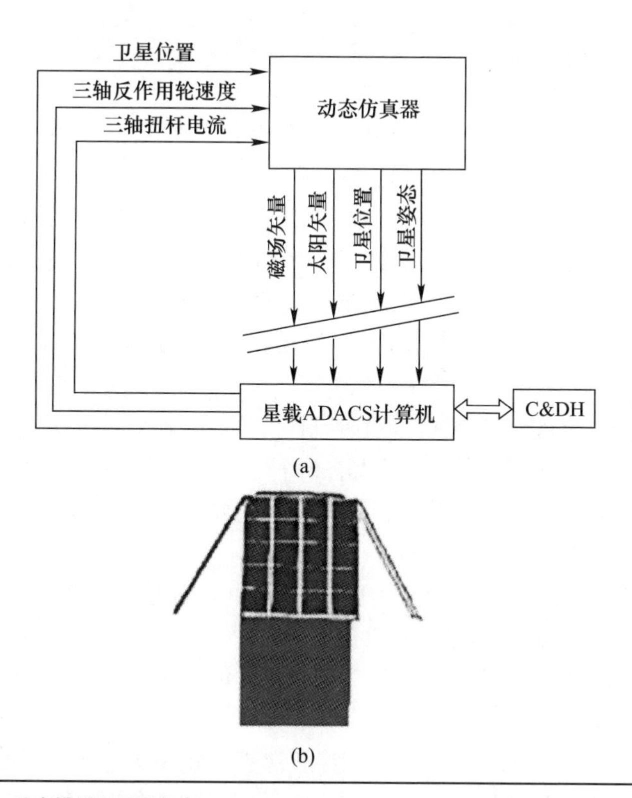

动态模拟器显示包含:
(1) 指令和实际反作用轮速度（3）与时间的关系
(2) 命令和实际扭矩活动与时间的关系
(3) 惯性坐标系中的地球磁场分量与时间的关系
(4) 卫星坐标系中的磁场分量
(5) 反作用轮扭矩命令（3）与时间的关系
(6) 太阳矢量分量与时间的关系
(7) 卫星速率与时间的关系
(8) 卫星位置与时间的关系
(9) 卫星姿态与时间的关系
(10) 卫星姿态图与时间的关系（Ram和侧视图与时间的关系）

图 14.3　(a)回路模拟器中的硬件；
(b)动态模拟器以“硬件在回路”实验室测试设置“驾驶”卫星

14.3　环境测试

14.3.1　振动测试

振动测试通常用于衡量卫星对发射环境适应性。这些测试通常包括正弦、正弦脉冲和随机测试循环。首先要选择进行测试的设备。测试设备选择有两个依据,即振动台的能力和可用仪器通道的数量。振动台必须能够让卫星和所有测试夹具达到目标振动频谱。在正弦脉冲测试中,振动台要以低于1/3 卫星最低频率令卫星获得目标加速度。第二个考虑因素是测试设备支持的仪器通道数量。每个测量轴需要一个通道。例如,测量三轴体各个轴的加速度,需要三个通道。所需的通道数量由结构工程师自行决定。理论上讲,卫星无须通过检测即可进行测试。只要测试能够承受测试环境无故障,测试就是成功的。这样做的风险是巨大的,尤其是在随机振动测试期间,但仍在可接受范围内。

卫星与振动台的连接接口需要特制。测试设备应提供用于将螺栓固定到工作台上的螺栓模式。螺栓模式有两种:一种用于横向测试台,另一种用于垂直测试台。接口配件应具有很高的谐振频率(>1000Hz),此处卫星被限制在测试台的螺栓模式下,模拟卫星为重心处的集中质量,并使用 RBE3 固定在接口配件上。测试过程中卫星与配件的组合质量都会被驱动,因此配件应尽可能轻。如果可能,接口配件不应用螺栓固定在卫星下方的振动台上,因为卫星首先要从接口配件上卸下,才能将测试台之间的组件重新定向到测试轴之间。

在测试过程中,卫星处于发射构型,通常不安装隔热毯且卫星断电。加速度计可用轻质量容器安装在卫星上方,不属于飞行构型的起重硬件已被拆除。太阳能电池板已安装并锁定在收起状态。

测试造价高昂,通常按测试设备使用时间收费。在测试过程中,结构/测试工程师负责硬件。通常,测试机构的人员会回答有关其测试平台能力的问题,但不会提供有关测试级别或程序的任何指导。对书面测试计划的任何偏差都需要在计划书上标注说明以及签名。形势所迫,使用测试设备之前必须执行完整的预测试分析。预测试分析应包括所有测试用例的 FEM 运行以及每个加速度计位置响应的书面结果。根据预测试,可以确定最关键的测试循环(安全裕度最低)。如果测试在多个轴上进行,其中一个轴上的测试会是最关键的。在施加关键测试载荷之前,可以先测试非关键轴,由此获取结构相关知识。逐轴测试还可以在更高级别测试之前验证仪器。每个轴上的第一个和最后一个测试周期都是特征周期(对正弦或随机测试都适用)。正弦信号周期频率通常为 5 ~ 2000Hz。随机信号频率范围为 20 ~ 2000Hz。两种信号方法均可用。比较每个加速度计的响应前后曲线,证明硬件在测试过程中没有发生故障。

在三个轴上,低电平正弦扫描在 5 ~ 2000Hz(4oct/min)范围内为 0.1g。

典型的低强度水平正弦信号振动测试

测试轴	频率/Hz	振幅/g(峰值)	扫描速率/(oct/min)
XYZ - 轴	5 ~ 2000	0.10	4.0

每个轴上的测试顺序是正弦波、正弦脉冲、随机振动。正弦和正弦脉冲测试与测试前的分析预测很容易比较。由此,工程师可以验证仪器是否正在工作并产生预期的响应。随机测试期间,将激活整个频率范围内的所有卫星模式。直到此时,所有分析都是使用与测试数据无关的模型进行的。测试结果首次验证了模型的准确性。某些模式可能会耦合,响应超过预期。虽然正弦和正弦脉冲测试通常会产生预期的响应,但随机响应与预测试结果截然不同的情况也并不罕见。

为了避免在测试过程中卫星过载,输入水平通过多个测试周期逐渐提高。在这些周期中,负载级别通常定义为 dB 级别。下表显示了 dB 水平与全测试负载水平之间的相关性。

dB	测试负载/%
-18	12.5
-12	25.0
-6	50.0
-3	75.0
0	100.0

例如,正弦或正弦脉冲测试的 -12dB 周期结果中,响应值应约为预期全强度水平响应的 25% 。

下表为典型的正弦振动测试水平:

正弦振动测试水平

测试	轴	频率/Hz	级别/g(峰值)	扫描速率/(oct/min)
原型飞行	推力	5 ~ 20	7.4	4
	横向	5 ~ 20	4.0	4

典型的正弦脉冲测试级别如下表所示:

典型的正弦脉冲测试级别

测试轴	测试说明	测试要求/g
XY	TBD Hz 上的正弦脉冲(5 级全水平)	5.00
Z	TBD Hz 上的正弦脉冲(5 级全水平)	9.25

注:正弦脉冲测试级别通常是设计负载级别的 1.25 倍。在分析过程中,安全计算的应力裕度包含 1.25 屈服因数,即可解决此问题。

随机测试被认定为工艺测试，而不是结构测试。在进行随机测试时，必须考虑这一点。在发射过程中，卫星与运载火箭连接，运载火箭是一种挠性约束。如果航天器是发射模式，星箭接口载荷增加，但航天器结构弹性能阻尼一些载荷。静态设计载荷基于测量的载荷（根据已有卫星发射数据）或耦合载荷分析（Coupled Loads Analysis，CLA）。这两种方法已考虑了这种阻尼作用。因此，在强度上，卫星只需能够承受1.25倍设计载荷。正弦脉冲测试是强度测试。另外，在振动测试期间，卫星安装在没有阻尼的振动台上。在航天器发射模式测试时，施加的测试载荷会比实际飞行过程中受到的载荷大。因此，在随机测试期间允许限制输入水平。输入水平限制的方法有以下两种：

（1）力限制。力计位于接口板与振动台连接的螺栓上，测量整个航天器的净加速度被限制为静态设计载荷的载荷量。这种方法相对复杂且造价昂贵，通常用于大型航天器。

（2）限幅。手动更改随机输入频谱，以在高离散频率处对输入水平限幅。此方法造价低廉且应用频繁。

在离散频率范围内对输入水平限幅的准则：

（1）离散频率范围内的水平最大限制为 -12dB。

（2）对 G_{RMS} 的总输入值的限制不得超过未限流水平的10%。

对输入水平进行限流是一个迭代操作。检查某一加速计 G_{RMS} 在 -18dB 的随机负载测试周期的变化。G_{RMS} 加速度变为满载加速度的1/8。因此，通过将 -18dB负载乘以8，就可以得出全水平 σ 负载的估算值。

然后将 σ 负载乘以3，得到 3σ 负载。如果加速度计的位置无法承受 3σ 载荷，就需要限幅。查看 -18dB 响应水平，在明显高于输入水平的频率范围内限幅输入频谱。在表格软件中使用新的输入谱时，它将提供整体输入谱 G_{RMS}，因此可以验证它在标称谱的10%以内。重新运行 -18dB 随机测试负载周期（使用带缺口的输入），并确定新的 3σ 负载是否可接受。如果可接受，提高输入级别继续测试。如果响应过大，可能需要扩大限幅力度。

随机测试不算强度测试，却是一种优秀的工艺测试。若紧固件未充分拧紧，则退回到紧固操作员处。

若没有特定的运载火箭振动频谱，可使用 GEVS 振动频谱。

三轴随机振动测试水平应为14（G_{RMS}）。级别如图14.4所示。

总之，航天器应该在三个轴上进行全套振动测试，包括正弦、正弦脉冲和原型卫星飞行随机测试。每次测试前后都应进行低水平正弦或随机测量，证明没有明显变化。在每个轴的测试完成后，以及在重新配置下一个轴之前，可进行性能限定性测试。

振动测试级别

频率/Hz	原型卫星飞行/(g^2/Hz)
20	0.026
20~50	+6.0dB/oct
50~800	0.16
800~2000	−6.0dB/oct
2000	0.026
整星(G_{RMS})	14.0
持续时间/min	1

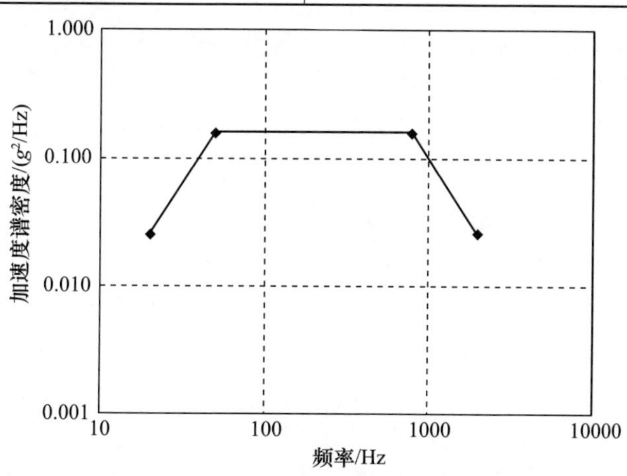

图 14.4　原型卫星飞行随机测试级别

典型的测试公差如下：

正弦振动	
正弦振幅	±10%
振动频率	±2%
随机振动	
加速度谱密度	+/−3dB
总 RMS	+/−10%
持续时间	+10，−0%
正弦冲击	
正弦振幅	±5%

14.3.2　热测试

热测试的目的如下：

(1) 通过对航天器施加热应力来发现潜在缺陷。

(2) 演示航天器在较大温度范围内的成功操纵。

(3) 收集温度数据以评估零件、电路板和装配体的梯度。

测试成功的标准如下:

目标	成功标准
发现潜在缺陷	演示高、低温范围三个无故障循环
演示航天器的运行并确定性能	演示整个温度范围和持续时间内的合规操作温度转变
评估零件、电路板和装配梯度	收集稳态温度数据

热处理室的航天器已与地面站(或 EGSE)和动态模拟器相连。地面站提供功能测试所需的电子激励。

首先进行热平衡测试。热处理室能够以不低于 3℃/min 的速度控制 -40 ~ +55℃之间的温度。试验期间的热处理室内温度梯度不高于 4℃/s。数据采集系统应监视和存储热处理室与航天器测试点的温度。地面站收集航天器遥测信息。热处理室温度在 2℃以内,会达到环境稳态。

稳态温度测试。航天器的 6 个稳态温度在热处理室内至少运行 90min,其温度为 +20℃, +35℃、0℃、-10℃、+45℃和 -25℃。航天器应在 30min 的重复场景下运行,并且该场景应该在每个 90min 的测试中重复 3 次。在每个 90min 的测试期间,遥测都会读取并存档。

动态热测试。当航天器按脚本操作时,热处理室在 +35℃和 -25℃之间循环 3 次。冷热温度限制之间的过渡时间不应少于 15min(每分钟 4℃),热或冷温度限制条件下停留时间为 45min。整个周期需要 2h,需要完成 3 个无故障循环,动态测试需要 6h(图 14.5)。

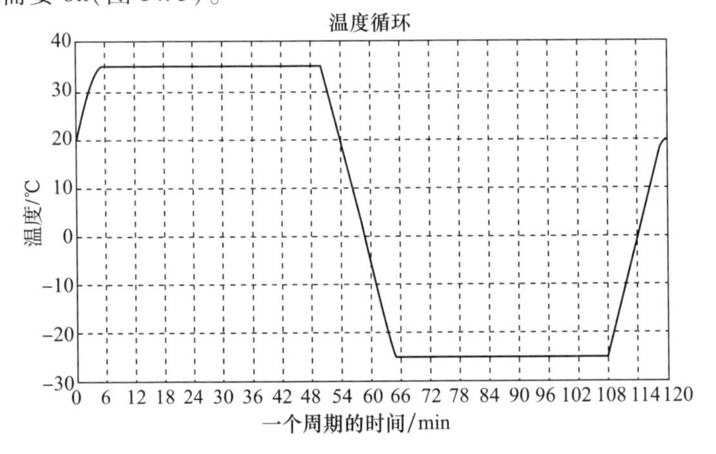

图 14.5 动态热测试温度曲线

14.3.3 退火

退火测试(可选)的目的是使航天器组件排气,排除可凝性挥发性污染物的风险。在烘烤之前,航天器经受环境压力下的热循环。热处理室清洁认证是将航天器整合到 TVAC 舱中的前提条件,即将集成之前,带有所有内部 GSE 的腔室应在 -20℃石英晶体微天平(Quartz Crystal Microbalance,QCM)上经过 60℃的 300Hz/h 污染标准认证。

目标	成功标准
40℃时完全脱气	-20℃时 TQCM 的污染水平测量值应降至规定的限值以下

航天器及其 TVAC GSE 安装在热真空烘烤室中。试验期间,热控箱压力应小于 1×10^{-5}托(1 托 =133.322Pa),温度为 +40℃。数据采集系统实时记录温度,持续监控,同时与航天器温度警报进行对比。当 TQCM 的变化率不超过 300HzTBR/h,并经过曲线的拐点时,航天器已经烘烤了至少 100h。

14.3.4 热真空测试

热真空 TVAC 测试的目标是:

(1) 通过卫星热环境测试验证卫星热设计,热环境可以保守地模拟飞行的高低温工况。

(2) 获取高低温稳态温度,收集稳态和瞬态数据,关联热模型。

(3) 以模拟在轨操作的方式操作航天器和有效载荷。

(4) 在超出轨道预期温度下操控航天器。

合规矩阵解释了在测试过程中如何实现测试目标:

目标	合规标准
验证热设计	在飞行高温和低温模拟工况中测试卫星,验证所有温度均在极限范围内
达到高温和低温稳态温度	温度稳定
收集稳态数据,关联热模型	达到 TB 标准,所采集数据有效
模拟在轨操作	证明在峰值轨道负载曲线过程中可接受的温度升高
在超出预期飞行温度的环境中操作	达到超过飞行中预期的温度
操控	在高温和低温工况下无故障运行

该测试使用液氮罩。航天器连接到与腔室电绝缘的 TVAC 测试夹具上。航天器的主散热器与舱室冷壁耦合,侧面散热器辐射与区域加热器耦合,区域加热器又与护罩耦合。TVAC 测试步骤如下:

（1）抽空。抽空过程中,航天器的运行与发射时一致,表明在上升过程中对电晕不敏感。用干燥的液氮清空 TVAC 室,防止凝结;卫星处于发射状态,将 TVAC 腔抽气,监控航天器温度,确保温度不要过高。腔室压力达到 5×10^{-5} 托时,抽气完成。

（2）高温平衡。高温平衡体现预期最高温度工况下航天器的热性能。热平衡开始后,航天器操控无功率变化。

（3）低温平衡。低温平衡体现预期最低温度工况下航天器的热性能。

（4）低温生存平衡。此测试证明,当航天器处于低功率模式时,其温度可以高于最低生存温度。

（5）高温循环。TVAC 测试的高温循环给出了在高耗散和低功率运行之间循环时,航天器的正常运行和温度响应。

第15章 运载火箭和有效载荷接口

星箭接口设计的两个基本保障是资金和耐心，运载火箭的选择和舱单确定过程很长，时间表不确定，如果发射之前，有其他卫星发射失败，发射时间又会被延迟数年。

运载火箭的选择要根据卫星的大小，大卫星是主要有效载荷，小卫星是次级有效载荷。如果是后者，运载火箭选择的主要标准是：

（1）卫星完成的计划时间内，是否存在符合次要有效载荷体积和重量的发射计划。

（2）（主要有效载荷）发射是否能够达到目标轨道倾角和高度。

（3）发射场位置；考虑政治和监管因素，是否允许发射。

（4）预算是否支撑发射和保险费用。

如果上述因素可以协调，运载火箭选择的主要任务就完成了。

15.1 现役运载火箭

目前，现役运载火箭包括美国10款、中国2款、欧盟2款、俄罗斯4个系列以及印度、日本、以色列等国共5款近地轨道（LEO）运载火箭，开发中的运载火箭数个。运载火箭的近地轨道运载能力、最大加速度及其发射地点参见附录。数据来自各运载火箭官网。图15.1仅列举了代表性LEO运载火箭。加速环境表示为航天器重量的函数，数量为近似值。运载火箭制造商的网站上运载火箭功能经常更新，如有需要，可直接联系公司授权代表。

运载火箭	LEO运载能力/klbs	发射地点	最大轴向和横向重力加速度	整流罩直径/英寸	评价
Minotaur Ⅰ	1.2	VAFB/CCAFS	9.0/±5.0	50	提供61英寸整流罩，可安装Wallops/Kodiak
Minotaur Ⅳ	3.5	VAFB/CCAFS	9.0/±3.5	92	

图15.1 约23款现役运载火箭中的代表

运载火箭	LEO 运载能力/klbs	发射地点	最大轴向和横向重力加速度	整流罩直径/英寸	评价
Falcon 9	22.0	VAFB/CCAFS	6.0/ ±2.0	181	28.5° ~51.6° CCAFS,66° ~145° 从 VAFB 发射
Dnepr	3.7	拜科努尔/Yasne	7.5/ ±0.8	118	
Atlas Ⅴ	8.3 ~19.0	VAFB/CCAFS	5.0/ ±2.0	147	有几种版本的 Atlas
Antares	13.0	Wallops/Kodiak	6.5/ ±1.5	126	
Delta Ⅱ	6.0	VAFB/CCAFS	7.5/ ±0.8	120	

图 15.1　约 23 款现役运载火箭中的代表(续)

图 15.2 所示为极低轨道高度(约 270km)的典型发射曲线。在一级燃尽之后,一、二级分离,约 190km 的高度整流罩脱离。至此,火箭已经脱离大部分大气层,但是剩余大气仍必须考虑大气加热,整流罩分离时的大气压通常降至约 0.2psi,第二阶段将卫星运送至预定轨道,卫星从运载火箭上分离。在上升过程中,来自火箭(通常是来自卫星)的遥测被发送到地面站。如果有多个有效载

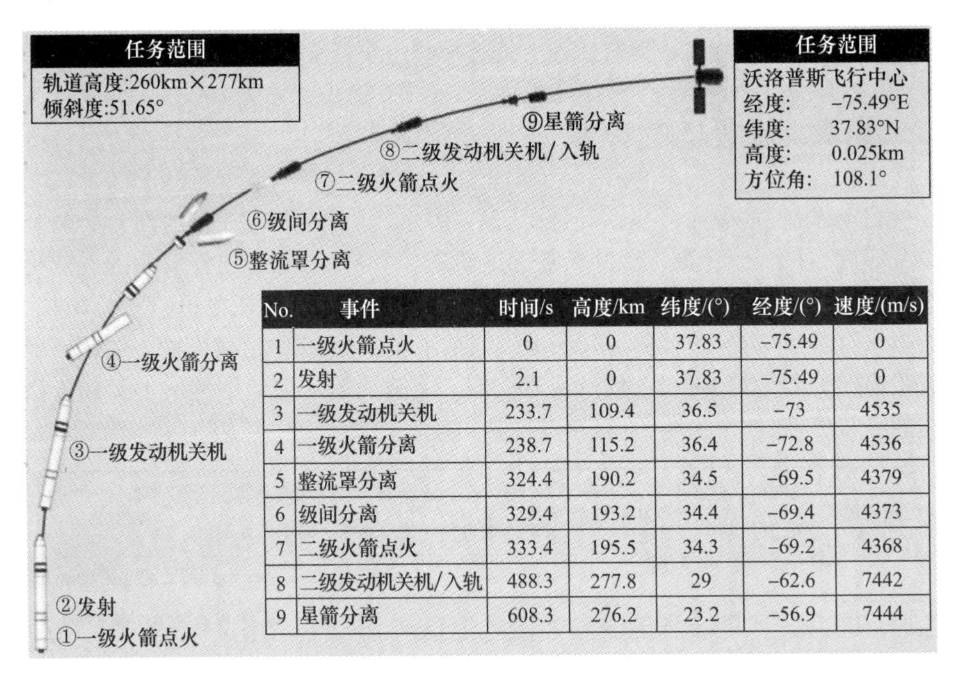

No.	事件	时间/s	高度/km	纬度/(°)	经度/(°)	速度/(m/s)
1	一级火箭点火	0	0	37.83	-75.49	0
2	发射	2.1	0	37.83	-75.49	0
3	一级发动机关机	233.7	109.4	36.5	-73	4535
4	一级火箭分离	238.7	115.2	36.4	-72.8	4536
5	整流罩分离	324.4	190.2	34.5	-69.5	4379
6	级间分离	329.4	193.2	34.4	-69.4	4373
7	二级火箭点火	333.4	195.5	34.3	-69.2	4368
8	二级发动机关机/入轨	488.3	277.8	29	-62.6	7442
9	星箭分离	608.3	276.2	23.2	-56.9	7444

图 15.2　Wallops 航天设备设施 WFF 的典型 Antares 运载火箭发射剖面图
(Orbital - ATK 公司的许可)

荷,运载火箭将按顺序分离。液体推进系统运载火箭(如 SpaceX Falcon 9)可以重新启动末级发动机,将有效载荷送到不同轨道。

附录中介绍了多种现役运载火箭,包括上述内容未列出的型号。信息来自运载火箭有效载荷用户手册。如前所述,信息也在不断更新中。

某些发射场无法将卫星发射至特定轨道倾角。例如,东部测试场,卡纳维拉尔角空军基地(Cape Canaveral Air Force Station,CCAFS),卫星发射方位角只能介于 -39°和 +57°之间,因此该发射场无法发射极轨卫星。其最大发射倾角限制为 +57°,原因是随着倾角的增加,助推器箭体会落到人口稠密的美国东海岸。同样,VAFB 发射场发射方位角限于 -70° ~ -104°之间,因此该发射场可发射极轨卫星。

15.2　运载火箭次级有效载荷接口

主要有效载荷是发射服务的主要成本支出,次级有效载荷支出要低得多。因此,如何以次级有效载荷搭载运载火箭意义非凡。

在不干扰主要有效载荷的前提下,几种运载火箭可以搭载次级有效载荷。航空工业的次级有效载荷市场的增长快速,因此,未来会有更多的运载火箭提供次级有效载荷发射服务。运载火箭决定有效载荷(航天器)接口的要求。但是,开发 ESPA 环、次级有效载荷适配器(Secondary Payload Adapter,SPA)和演进式可扩展运载火箭(Evolved Expendable Launcb Vehicle,EELV)等次级有效载荷适配器已经在一定程度上标准化。图 15.3 所示为 Atlas V 运载火箭次级有效载荷

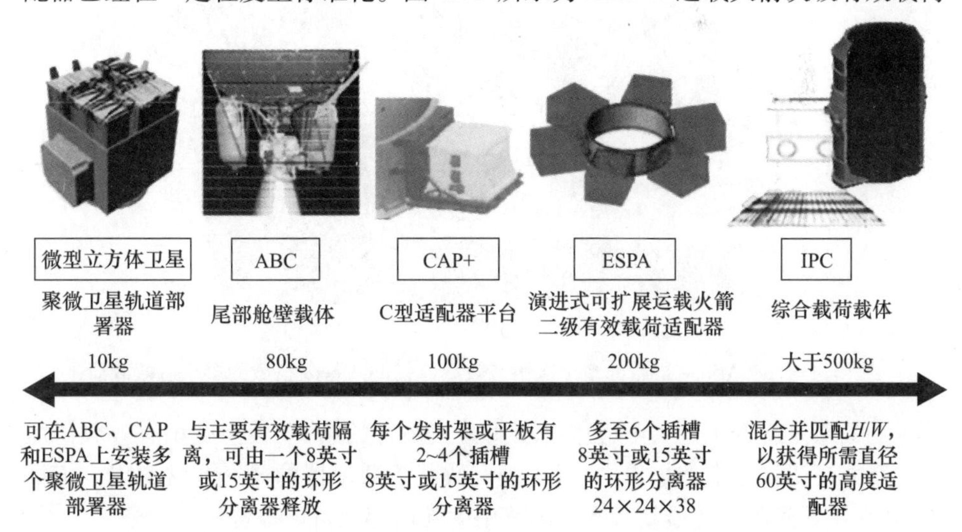

图 15.3　Atlas V 运载火箭次级有效载荷适配器(Atlas V 用户启动服务指南)

适配器。如图 15.4(a)所示,Ariane 使用 ESPA 次级有效载荷环。其他运载火箭在次级有效载荷运载上方法不尽相同。图 15.4(b)所示为 Dnepr 上搭载的多个有效载荷。

(a)

(b)

图 15.4 (a) Ariane 搭载的多个次级有效载荷;(b) Dnepr 搭载的多个有效载荷

约翰斯·霍普金斯大学应用物理实验室举行的第 17 届年度小有效载荷运载火箭共享研讨会上的报告中,对次级有效载荷适配器的研究非常突出。该报告 2015 年 6 月版本为最新版本。本节中大部内容来自该报告。

如图 15.5 所示,ESPA 环已成为多个次级有效载荷运载的主要搭载途径。

针对需要降低振动水平的有效载荷,穆格构建了 SoftRide 振动隔离系统,该系统可以将星箭的振动环境影响因子降至 10。图 15.6 展示了当前的标准接口。

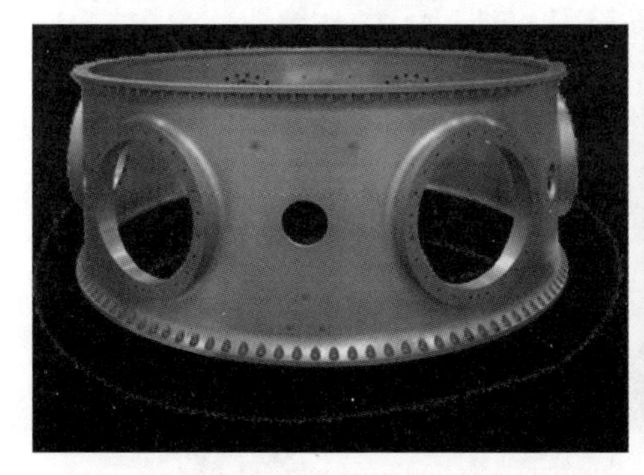

图 15.5　ESPA 次级有效载荷适配器(由 Moog Inc.,太空和国防集团提供)

直径/英寸	无紧固件/英寸	运载火箭
62.01	120¼	Atlas Ⅴ,Delta Ⅳ,Falcon 9,Minotaur Ⅳ,Ⅴ,Ⅵ
38.81	60¼	Minotaur Ⅰ,Athena,Taurus,Pegasus
24.00	36¼	ESPA Grande,CubeStack
15.00	24¼	ESPA,Atlas Ⅴ,Athena
8.00	12¼	小型运载火箭,Athena

图 15.6　次级有效载荷接口(2015 年 6 月 15 日的 APL 报告)

卫星与运载火箭或次级有效载荷适配器连接所用分离系统,大多为爆炸性的对接环或非爆炸性的电动夹具带,如图 15.7 所示。后者是 Lightband 系列(Planetary Systems,Corp.)电动夹具。

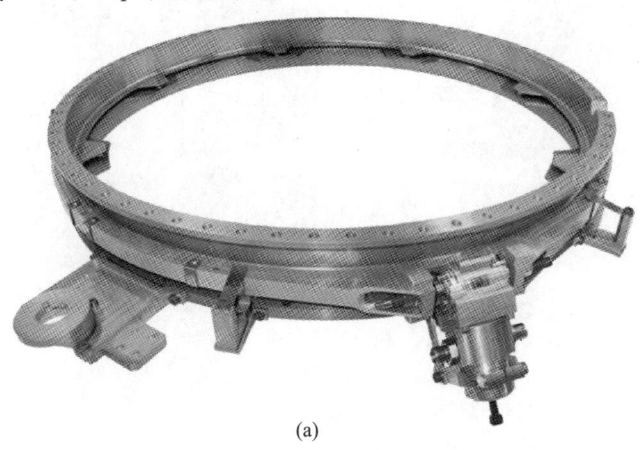

(a)

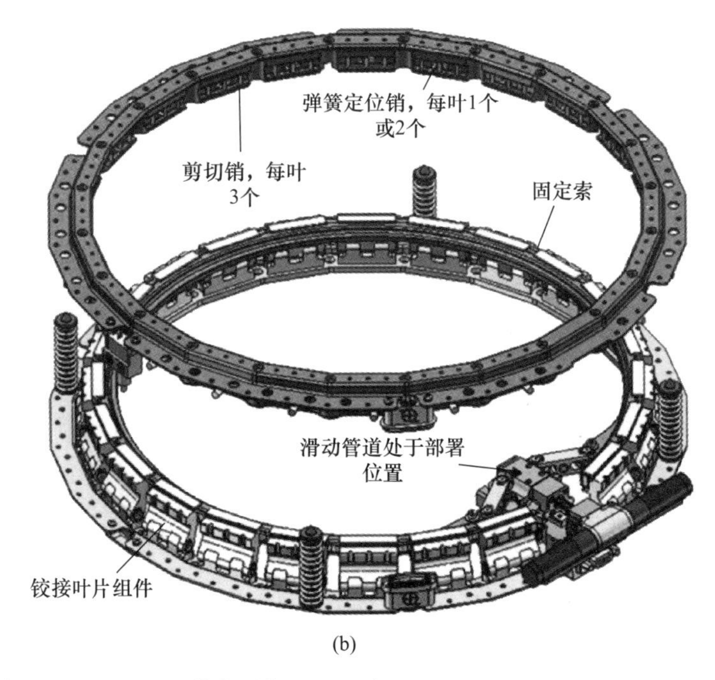

(b)

图 15.7 (a)RUAG 分离系统;(b)电动 Lightband(Planetary Systems Corp.)

对于非常小的立方星(1U,2U,3U,4U,6U),星箭接口是图 15.8 所示的立方星发射器。早期发射器用于 1U(10cm×10cm×10cm)立方星。目前已经开发出了用于多个更大 U 型航天器的发射器。立方星星箭接口精确而坚固,由接口控制文件控制。

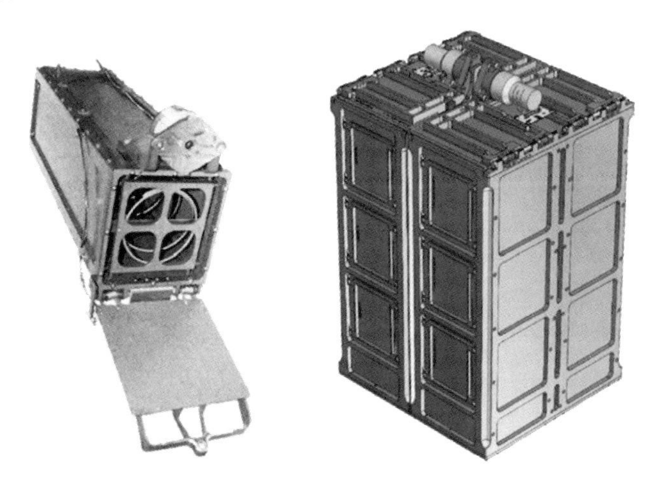

图 15.8 早期 cal poly 发射器和 6U 立方星发射器

15.3　次级有效载荷环境

卫星有效载荷必须能够承受运载火箭的振动、声学、压力、射频和其他要求。

15.3.1　振动级别

本书已讨论振动要求。如果特定适配器的信息尚不明确，按 GEVS 环境设计，如图 15.9(b)所示。注意，对于水平安装的载荷(如安装在 ESPA 环上的载荷)，纵向加速度可能会变为横向加速度。图 15.9(a)、(b)所示为 Dnepr 和 GEVS 与 ESPA 振动环境。

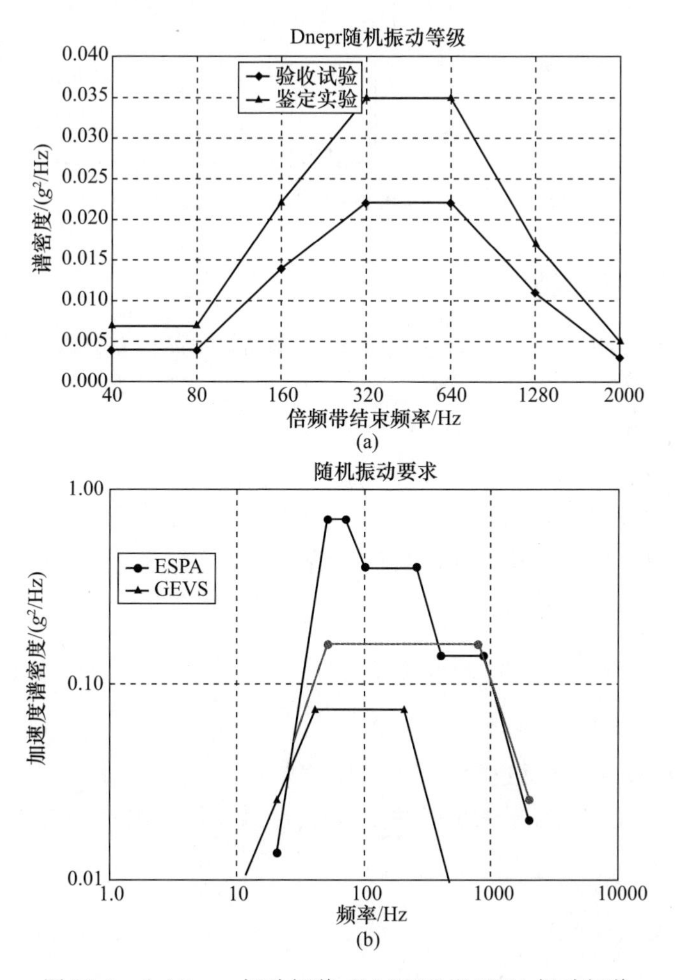

图 15.9　(a)Dnepr 振动频谱；(b)GEVS 和 ESPA 振动频谱

如果没有其他可用信息，按 $9g$ 轴向加速度和 $3g$ 横向加速度进行设计。若运载火箭供应商能够提供更多信息，以上限制可以放宽。图 15.10 给出上述频谱。

GEVS

频率/Hz			资格水平	接受程度
20		g^2/Hz	0.026	0.013
20	50	dB/oct	6	6
50	800	g^2/Hz	0.16	0.08
800	2000	dB/oct	–6	–6
2000		g^2/Hz	0.026	0.013
总计		g_{RMS}	14.1	10
持续时间		s	60	60

ESPA

频率/Hz			资格水平	接受程度
20		g^2/Hz	0.014	0.007
20	50	dB/oct	12.85	12.85
50	70	g^2/Hz	0.7	0.35
70	100	dB/oct	–4.72	–4.72
100	250	g^2/Hz	0.4	0.2
250	400	dB/oct	–6.72	–6.72
400	900		0.14	0.07
2000		g^2/Hz	0.02	0.01
总计		g_{RMS}	16.18	11.44
持续时间		s	60	60

图 15.10 GEVS 和 ESPA 运载能力和振动水平

15.3.2 质量特性

重心通常必须位于卫星纵轴的 ±0.25 英寸以内（以最小化星箭分离时的倾翻）。

CG 位置也必须已知在 ±0.25 英寸以内。

重心与运载火箭有效载荷接口的距离不得超过运载火箭相关特定距离。

必须已知惯性矩的精度为 ±5% 或 ±0.5slug · ft^2。某些运载火箭最低谐振频率必须大于 50Hz，其他运载火箭最低谐振频率必须大于 20Hz。第一卫星振动模频率应高于 8Hz。

15.3.3 入轨、分离和再接触

典型的运载火箭入轨精度为高度 ±18km，倾角小于 0.2°。星箭分离速度通常为 2 ~ 3 英尺/s。倾翻速度通常小于 1°/s。

必须分析星箭再接触的可能性。通常，运载火箭与卫星分离后，稍作机动，避免再接触。

15.3.4 射频环境

通常，卫星不能在发射场辐射射频（RF）能量。因此，发射场进行所有地面

测试要做好准备,将射频能量辐射到载荷样本上。一些航天器在发射时未测试 RF 链路。

由于发射场存在各种类型的 RF 辐射,航天器必须能够承受。通常,在 14kHz ~ 18GHz 频率范围内,无意识 RF 辐射可能会达到 114dBμV/m。在特定(通常为 S 频段)频率下,运载火箭发射器的主动辐射可能高达 160dBμV/m。

每个发射场都会公布其 RF 环境,这些公布数值是可接受值。

在 14kHz ~ 350MHz 范围内,航天器的 RF 辐射必须小于 114dBμV/m,在 350MHz ~ 1GHz 之间必须小于 140dBμV/m,在 1GHz 以上时必须小于 169dBμV/m。

15.3.5 声环境

通常,噪声引起的航天器振动会激发振动环境。运载火箭会公开卫星可能遇到的声谱,如图 15.11(Atlas V)所示。

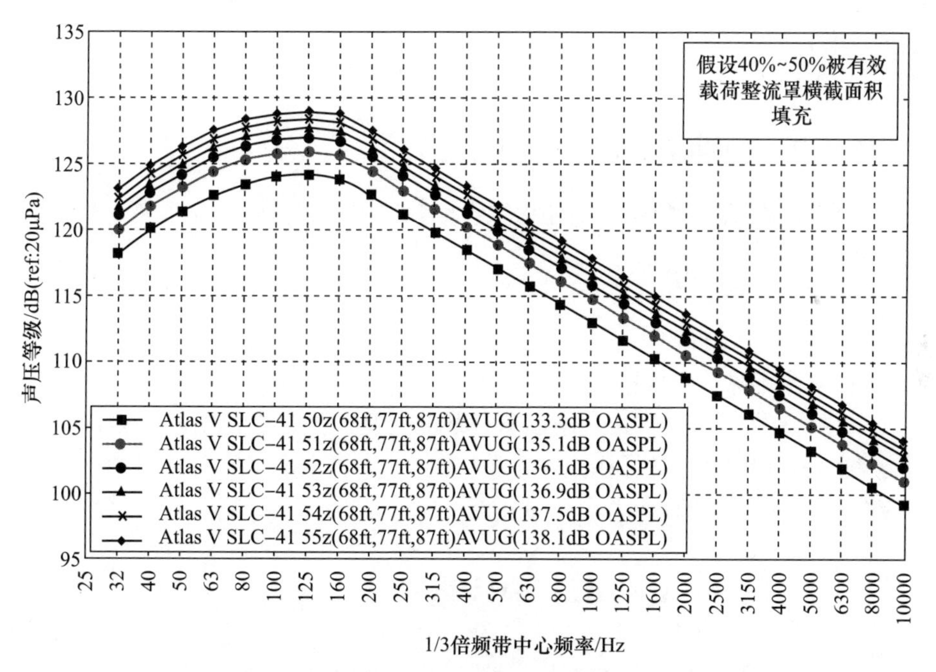

图 15.11　典型的有效载荷声环境(United Launch Alliance 许可)

15.3.6 冲击环境

航天器可能遭受的典型冲击如图 15.12 所示。

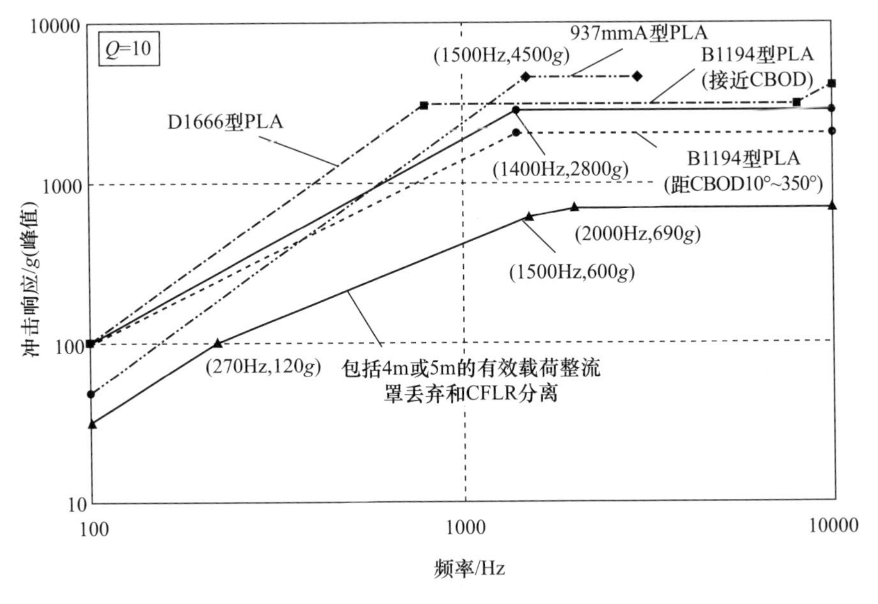

图 15.12　典型的有效载荷冲击环境(United Launch Alliance 许可)

15.3.7　其他航天器的环境及因素

除了上述环境问题,航天器还必须考虑其他因素,包括:

(1) 电磁干扰。

(2) 污染。

(3) 航天器燃料补充。

(4) 液体燃料晃动频率(精确到 2Hz)。

(5) 有效载荷检修入口在整流罩和脐带电缆布线上的位置。

此外,航天器应具备可移动的起重装置,如果将其水平安装到运载火箭上,还应配备将卫星从竖直转为水平的夹具。

15.4　分析、文档和其他因素

要满足运载火箭的整体要求,需要进行大量分析和文件编制。部分清单如下:

(1) 安全范围。

(2) 耦合载荷分析(根据星上有限元模型,由运载火箭执行)。

(3) 航天器的有限元模型。

(4) 星箭接口控制图(Interface Control Drawing,ICD),包含:

① 机械ICD。

② 电气ICD。

(5) 任务分析和有效载荷集成。

(6) 安全审查。

(7) 发射准备状态审查。

第 16 章　地面站和地面保障设备

地面站功能:①指挥航天器;②收集、显示和分析有关其健康状态的航天器遥测数据;③指挥有效载荷并接收数据。

某些机构和客户要求使用并兼容现有地面站和双向通信系统。许多可用的优秀地面站软件包几乎不需要进行调整,即可应用到航天器上。这些软件大部分为数字显示,而非图形显示。无论是直接使用现有地面站,还是设计全新地面站,基本要求都是相同的。接下来将做详细说明。

16.1　地面站

1. 地面站需求

经验表明,站在地面站(Ground Station,GS)的访客角度,根据其可能会提出的要求,很容易确定地面站需求。第一个问题:“航天器现在在哪里?”GS 应能够显示世界地图以及航天器在地图上的瞬时位置,还应显示航天器的通信范围轨迹。

在 GS 观测范围内,航天器高度、仰角和方位角数据。这些数据也用于驱动 GS 天线。以图 16.1 为例。注意,卫星不在 GS 观测范围内,因此未显示有关卫星仰角和方位角的数字。范围条目表示卫星和地面站的距离。换算为分钟,该航天器与地面站相距 56.05min。

第二个问题:“卫星状态如何?”即航天器的健康状况。因此,地面站收集卫星遥测数据,并(以数字和图形方式)显示与卫星(和有效载荷)健康状况有关的 TTM 数据子集。相关数据包括:

(1) 关键点的温度。

(2) 硬件组件开/关状态。

(3) 所选组件的电压和电流。

(4) 航天器姿态和 ADACS 遥测。

(5) 电池充电状态。

(6) 接近异常情况的参数。

(7) 载荷相关数据。

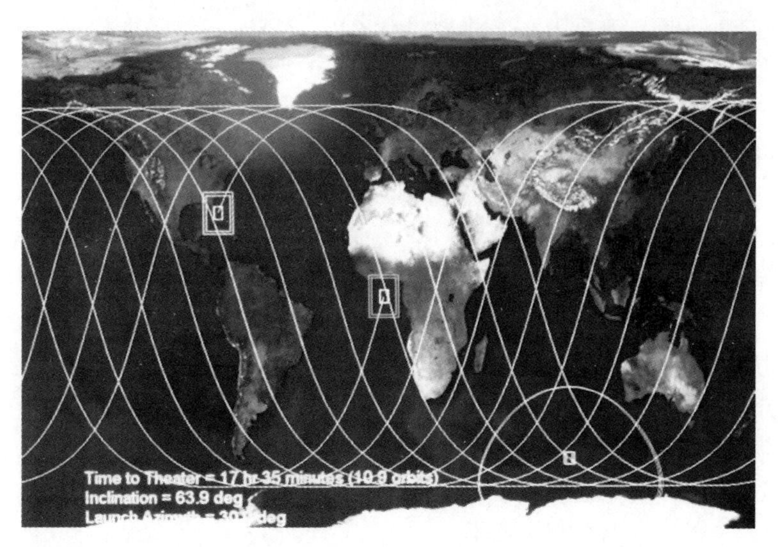

卫星ID	卫星1	地面站	Bos	卫星位置	卫星可见性	否
轨道号	6598	纬度	+38.92°	−16.57°	仰角	
日期	07/21/2016	经度	−77.23°	+69.42°	方位角	
时间	14:37:28	高度	26m	568km	距离/km	23542.7

图 16.1　航天器相对于 GS 的距离位置、仰角和方位角

为了使 GS 运营商能够快速查看卫星健康状况，数据应以图形显示，且不能局限在当前轨道，而应包含多条轨道的数据。

第三个问题："卫星何时进入本地面站通信范围？何时进入其他地面站通信范围？"图 3.3(b)访问时间表(同图 16.2)就是答案，GS 会显示此图。

过顶	开始时间(UTCG)	停止时间(UTCG)	时长/s
1	2016 年 8 月 31 日 04:26:44.649	2016 年 8 月 31 日 04:40:06.258	801.610
2	2016 年 8 月 31 日 06:07:21.438	2016 年 8 月 31 日 06:18:33.846	672.408
3	2016 年 8 月 31 日 18:34:18.880	2016 年 8 月 31 日 18:43:05.994	527.113
4	2016 年 8 月 31 日 20:11:13.687	2016 年 8 月 31 日 20:24:34.033	800.346
5	2016 年 8 月 31 日 21:52:18.323	2016 年 8 月 31 日 22:04:21.323	723.000
6	2016 年 8 月 31 日 23:35:46.300	2016 年 8 月 31 日 23:44:24.396	518.095
7	2016 年 9 月 1 日 01:18:11.672	2016 年 9 月 1 日 01:26:49.920	518.248
8	2016 年 9 月 1 日 02:58:14.680	2016 年 9 月 1 日 03:10:17.845	723.165

图 16.2　地面站对卫星访问时间

第四个问题:“卫星下一步将要做什么?”卫星遥测读回之前对卫星发出的指令,即可回答此问题。

除了 TTM 显示,GS 还必须指挥卫星。因此,提供命令生成对话框,组合航天器的命令集。操作航天器及其有效载荷需要许多命令,但是大多数命令是重复的。因此,重复命令应写入脚本,以减轻 GS 操作员的工作量。

通常指令形式如下:什么? 何时? 如何做? 最好将这些指令组装在 GS 上(而不是对航天器进行微管理)。卫星将高级命令转换为执行命令必做的详细步骤。

例如,以下高级指令:11∶05 时发送消息 A,频率 2.065GHz,卫星转换为:

(1) 11∶043 时,待机模式下给发射机加电。

(2) 调至 2.065GHz。

(3) 从内存中检索消息 A。

(4) 设置功率电平和比特率。

(5) 在 11∶05 激活发射机并发送消息。

前几年,卫星指挥并非如此。卫星响应的每一步都是逐条控制的。计算机技术的进步结束了这种模式,让卫星可以解析高级命令,并自动分解这些指令。

2. 异常解决和安全模式

当卫星发生异常时,如果卫星仍在视线范围内,卫星或地面站应上传命令集脚本,解决异常。异常解决首先要开启卫星安全模式。该模式可以最大限度地减少功耗,仅调动卫星必要组件,以获得明确下一步指令的时间。卫星和地面站设计应预见所有可能发生的故障,并设计好故障解决脚本。大多数情况下,航天器可以监视相关点,确定是否发生异常,并且可以调用脚本步骤来纠正或解决异常,无须地面站介入。如此,地面站仅需接收来自卫星的异常报告与异常解决报告。

16.2 地面保障设备

地面保障设备(Ground Support Equipment, GSE)由机械地面保障设备(Mechanical Ground Support Equipment, MGSE)和电气地面保障设备(Electrical Ground Support Equipment, EGSE)组成。二者共同为卫星地面活动和发射场活动提供支持。

MGSE 通常包括支持航天器在实验室、运输或发射场上的抬升、转向和移动的机械装置。

EGSE 实际上是地面站的配对版本。航天器通过脐带缆线与 EGSE 连接,可在不调动地面站天线的情况下，模拟卫星的太空操纵行为。理想情况下，EGSE 可将航天器按硬件在回路中操纵，类似于 14 章中动态模拟器将姿态确定与控制系统按硬件在回路中的方式操纵。

EGSE 主要用于航天器的研发或测试阶段，实现实验室中对航天器功能的反复测试。功能测试是一项耗时的重复性工作，因此 EGSE 应为半自动化，充当自动测试设备（Automatic Test Equipment，ATE），从而加快卫星功能的测试和验证。

设计中往往会低估开发优质 EGSE 的成本和时间。EGSE 建设时不要吝惜成本。EGSE 成品可用于不同的航天器飞行任务，实现 EGSE 的分散。

16.3　地面站手册和操作员培训

操作航天器的地面站手册应包含以下内容：

（1）航天器及运行方式说明。

（2）所有命令列表。

（3）卫星发送到地面的所有遥测列表。

（4）控制航天器的按键列表。

（5）地面站软硬件说明。

（6）异常情况列表、异常识别方法以及处理办法。

（7）TTM 和 CMD 数据存储方式。

提供操作员培训手册/课程。根据上述地面站手册中涉及的功能，指导未来的地面站操作人员。操作员培训课程应保证操作人员具有实操经验。因此，可以将课程安排在航天器检验的最后阶段，利用航天器和地面站的 EGSE 仿真进行操作。

优质地面站手册和操作员培训课程准备工作举足轻重，在时间和精力上要做好充分准备。

16.4　其他地面站事项

（1）卫星射频请求和跟踪。假定航天器接收机处于打开状态，但当航天器从地平线上升时，发射机未处于关闭状态。根据卫星星历表，地面站天线可调整至预定方向。如果航天器和地面站天线是相对低增益天线，可通过地面站开环跟踪航天器，即仅需要用到根据航天器轨道根数得来的方位角和仰角。如果地面站天线增益很高，天线系统必须首先搜索方位角和仰角的不确定区域，直到捕获并跟踪航天器(闭环)。为此,航天器发射机必须打开并发射(通常是遥测)信号。

向航天器发射信号时,在地面站发射机频率相反方向上,应利用瞬时多普勒频率进行预多普勒频移。同样,在接收航天器信号时,地面站接收器应进行预多普勒频移,避免占用多普勒搜索的时间。

(2) 使用多个地面站。单个地面站每天只能访问航天器 4 ~5 次。所有数据都要在访问的几分钟内下载。但是,对于极地或近极轨道卫星,使用高纬度自动地面站,可增加对卫星的访问次数与每天可下载数据量。某些卫星系统可使用此类地面站。美国发射的卫星,地面站设在阿拉斯加,可增加卫星吞吐量。

第 17 章　航天器运维

航天器及其有效载荷的运维方法有：

(1) 任务规划。

(2) 显示健康状况和状态遥测数据。

(3) 改变航天器或有效载荷参数设置中的指令。

(4) 操控推进系统(如果有)。

(5) 解决和纠正航天器的操作异常。

卫星入轨后,卫星运维的人力成本最高。下文将介绍最大化自动化、最小化人力需求的地面站设计和卫星运维方法。

17.1　航天器的地面站/有效载荷操控功能

航天器和有效载荷的实时操作中必须执行的功能如下：

(1) 任务规划——规划出航天器下个时间段任务。

(2) 在星模拟器上模拟运行任务计划(可选)。

(3) 下载和更新航天器的轨道参数。

(4) 时间安排——设置通信联系时间(未来几天)。

(5) 检查航天器 - 地面站任务时间表。

(6) 准备上注的指令。

(7) 卫星通信时,捕获遥测(TTM)和数传数据。

(8) 检查 TTM,确保航天器(和有效载荷)的健康状况良好。

(9) 如果存在异常,则解决异常或命令航天器进入安全模式。

(10) 将有效载荷数据传递给有效载荷用户。

(11) 查看和存储 TTM 数据。

(12) 决定是否必须进行其他操作。

图 17.1 所示为实现这些功能的地面站硬件和软件框图。

地面站显示模式种类繁多。最重要的有：

(1) 显示航天器位置的地图。

(2) TTM 数据的字母数字和图形显示。

（3）航天器命令生成显示。

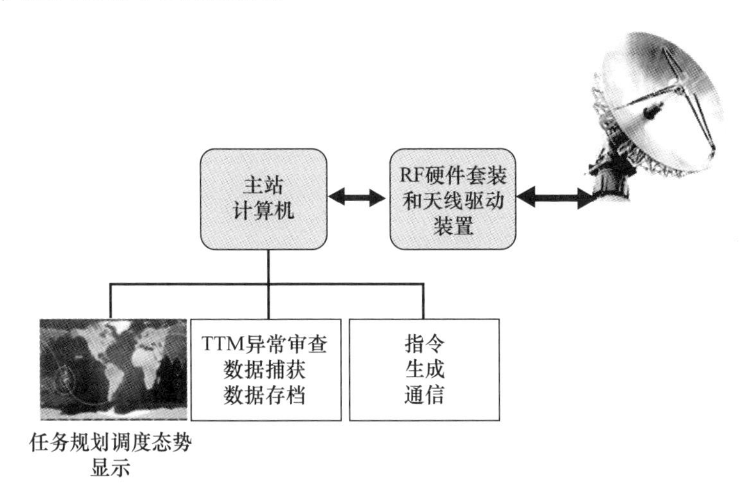

图 17.1 通用地面站框图

17.1.1 地图和访问时间间隔显示

为了解任务进行情况,需要未来几个小时(或几天)内的卫星轨道星下点轨迹。图 17.2 所示为部分轨道、地面站位置(华盛顿特区)、卫星当前位置以及 0°,15°和 30°的仰角等高线。卫星工具套件(Satellite Tool Kit,STK)生成分析图形。其他程序(如业余卫星协会的 NOVA)也可以生成此类显示。

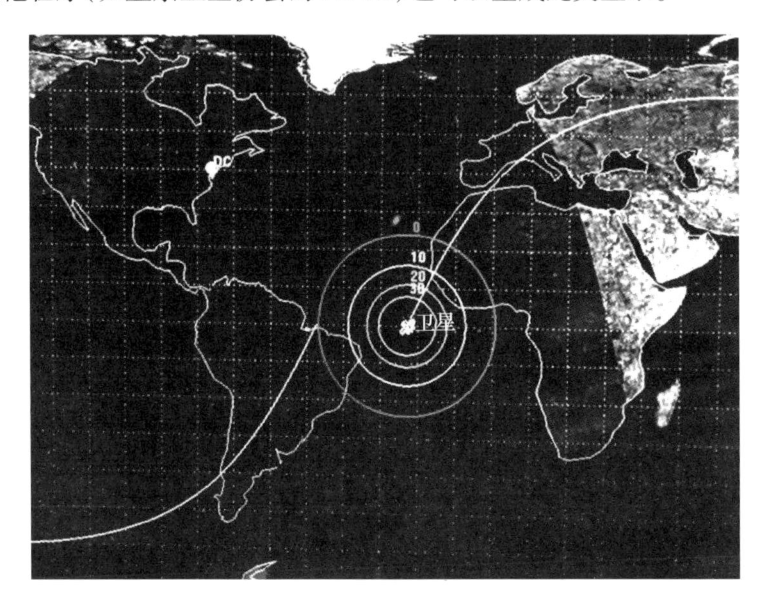

过顶	开始时间（UTCG）	停止时间（UTCG）	时长/s
1	2016年8月31日04:26:44.649	2016年8月31日04:40:06.258	801.610
2	2016年8月31日06:07:21.438	2016年8月31日06:18:33.846	672.408
3	2016年8月31日18:34:18.880	2016年8月31日18:43:05.994	527.113
4	2016年8月31日20:11:13.687	2016年8月31日20:24:34.033	800.346
5	2016年8月31日21:52:18.323	2016年8月31日22:04:21.323	723.000
6	2016年8月31日23:35:46.300	2016年8月31日23:44:24.396	518.095
7	2016年9月1日01:18:11.672	2016年9月1日01:26:49.920	518.248
8	2016年9月1日02:58:14.680	2016年9月1日03:10:17.845	723.165

图 17.2　卫星位置、通信覆盖区和通信访问时间

根据显示选择下行链路遥测以及将命令发送至卫星的通道。通常，应避免夜间和低仰角过顶。但是，如果为了更频繁地观测到卫星，使用自动化或高纬度地面站，每个通道都可以用于遥测下行链路和命令上行链路。

17.1.2　遥测监测

遥测需求呈现过剩趋势。遥测（诊断和纠正异常的遥测除外）应概述航天器最后几个轨道周期的状况，并提醒操作员注意接近异常，每分钟采样一次遥测点，绘制每个点的连线图，每个轨道有 90～96 个样本。LEO 卫星典型遥测点 100 个，18000 个样本足够绘制两个轨道活动。若每个样本为一个字节，则总的遥测下行链路为 144kb。在 19.2kb/s 的数据速率下，下行链所有遥测约耗时 7.5s。特定的三轴稳定成像卫星参见 2.2 节。遥测点如图 17.3 所示。

遥测数据可用表格形式显示，也可以是每个遥测点的两个轨道图，并以若干图形（EPS、ADACS、推进等）进行组织。通过图形显示可以一目了然地查看情况，无须查看数据。

遥测点设有极限值，在该极限范围内遥测读数正常。操作人员会关注超出范围的读数。

除了上述常规遥测，航天器还应能够根据下行链路需求进行更详细的工程遥测。例如，航天器在轨检查阶段，机动过程中航天器姿态与时间的关系值得关注。位置保持机动期间，需要更详细的遥测信息，航天器应提供详细遥测。航天器收集和下行链路此类遥测的指令规定：①单点或多点采样；②采样的时间间隔；③采样率。

遥测点	位	遥测点	位
EPS		望远镜/相机	
2 电池温度	16	3 望远镜温度	24
2 电池电压与电流	32	2 相机温度	16
4 太阳能电池板电流	32	1 相机电流、电压	16
3 DC/DC 转换器 *I* 和 *V*	48	1 图像处理器温度，*I*，*V*	24
2 电池加热器开/关状态	16	射频系统	
ADACS		1 发射器功率	16
3 反作用轮电流、电压	48	1 使能发送器	8
3 反作用轮速度	48	1 使能接收器	8
3 反作用轮和温度	24	1 接收器信号强度	16
ADACS 计算机温度，电流	16	1 发射器、接收器温度	16
姿态，GPS 轨道根数	144	发射器、接收器开/关状态	8
结构		推进	
8 结构温度	64	2 燃料箱压力，温度	48
分离开关状态	8	4 推进器温度	24
数字信号		4 推进器开/关状态	24
1 C&DH 温度，*I* 和 *V*	24	其他事项	96
		总位/样本	856
		TTM 位数，180 样本	154080

图 17.3　LEO 航天器典型遥测点和遥测数据

17.1.3　航天器命令生成

地面站控制所有硬件和航天器(及有效载荷)功能。指令生成应该通过菜单来实现,该菜单的默认参数与指令的常规值相对应。

随着自动化程度的提高,为简化航天器操控,应准备更高级别的命令或命令序列。更高级别的命令形式为:什么,何时,如何?例如,命令航天器在特定时间发送 TTM,只需在地面站向卫星发出以下指令:在 09:35:35 发送 TTM。随后,卫星将解析命令,并将其转换为执行命令的动作序列。例如:09:35:15,发射器通电至待机状态 09:35:30,从 C&DH 计算机传输 TTM 数据至输出缓冲区。09:35:35,锁定发射机,发送 TTM 数据。脚本化的高级命令越多,人为操作错误可能性越小。

如果深度检查中需要用到特殊遥测,应根据要求设计数据集。正常的 TTM

数据应与不常用数据隔离开。

17.1.4 异常发现和解决

通过查看TTM数据可以发现异常。例如,如果在命令发送器通电后电流为零或很低,即说明存在问题。可能是发射机功能不正常或电压电流监视器不工作。无论是哪种问题,都属于故障。

TTM监测可发现大多数异常。因此,地面站能够自动查出故障。TTM可独立完成故障监测,因此卫星上也可以加载相同的异常检测逻辑,以便自动检查故障。

几年前,地面站和星上自动异常检测并未进入公众视野。现在,计算机和微处理器功能和速度的提高使高度自动化成为现实,减轻了地面站的工作量。

要解决和纠正异常,首先要具备故障和纠正措施清单,地面站软件应具有纠正措施脚本命令库。

与星上自动异常检测相同,某些异常分辨率纠正也可以在卫星上自动进行。

卫星下行链路遥测中应包括故障描述及纠正措施。

17.1.5 TTM和数据存储

对此无须赘述,显然是规定动作。

17.2 数据和数据速率限制

计划任务时必须考虑地面站接收卫星数据量的限制。下行遥测仅需几秒,但下行有效载荷数据却不同。

例如,某个成像航天器以24位/像素拍摄16MP图像,每个图像大小为384Mb。6.4min时间内,1Mb/s传输速率,只能传输1个图像,即使通过增加发射机的功率或天线增益的方式提高传输速率,每次可下行的图像数量也很少。如果使用JPG压缩,图像就会被压缩至原图的1/10。由此,每次可下行10~40张图像。这样更容易被接受,地面站对卫星的访问次数每天只有4~5次,因此单个地面站可接收图像数量限制为40~160。

某些地面站(如高纬度自动地面站),每天的图像数据接收可达到15次。如此每天可接收50~600张图像,卫星系统能力大幅提高。

增加航天器系统吞吐量的另一种方法是使用对地静止卫星中继站。每天收集的图片数量理论上会很大。系统吞吐量的限制会波及电力系统,须限制发射机的开启时间,或者限制参与图像拍摄和传输过程的其他组件的供电时间。

17.3　其他地面站事项

17.3.1　发射后工作及检测

航天器发射后，地面站必须立即建立初次连接，接收并解析第一次遥测，上传初始时间表。然后开始卫星检测。检测过程包括向卫星发出所有指令，并验证其执行的正确性。该步骤非常耗时，因为地面站每天对卫星的访问次数十分有限。较复杂的卫星，检测过程可能需要几个星期。

除了在检测过程中引入自动化，迄今仍没有更高效的解决办法。卫星命令可以是一长串字符串，通过遥测，可自动评估卫星对命令的响应性能，大大降低检测时间和人员配备要求。

17.3.2　测试计划和报告

地面站开发和运维需要大量(约 20 个)规划和文件。不仅卫星要正常运行，地面站也必须根据预先计划的方案和操作来规划与执行卫星和有效载荷操作。要重视数据准备和报告要求，准备不足可能引发失败。

17.3.3　地面站人员配备

数年前，航天器运维需要一整个军队。但现在情况不同了。如果一切顺利，一个人也可以操纵多个航天器。但是，如果出现故障，工作人员需要立即联系卫星设计人员和软件工程师。如此，一个专职人员可以承担 5 人以上的工作量。

17.3.4　航天器运维成本

卫星只需要开发一次，也只能发射一次，但是卫星可以持续工作很多年。因此，地面站人员配备的费用是航天器系统总(或生命周期)成本的关键支出项。

卫星和地面站的自动化程度越高，人员和地面操作的成本就越小。新型自动控制地面站(和航天器)设计是大势。

17.3.5　操作员培训和航天器模拟器

《操作员手册》和《培训手册》保证地面操作的顺利进行，协助操作员圆满完成任务。

通常，尤其是在针对异常情况制定纠正措施时，必须在航天器模拟器(而非航天器本身)上验证。因此，地面站通常会设有卫星模拟器。卫星模拟器是“桌面卫星”,由工程模型硬件组成,该硬件可在航天器设计和建造过程中开发。

17.3.6 任务寿命终止

太空垃圾越来越多。因此,通过销毁卫星来终止卫星飞行任务意义重大。卫星分解可以通过以下几种方式:

(1) 受控再入,即使卫星的椭圆轨道低入大气层,也可以在星上保留一些燃料用来降低轨道高度。“受控”一词通常是指控制卫星到达50km的低空时对应地球上的位置(最好是在海洋上的某个偏远位置)。

(2) 把卫星“踢”到无害的暂泊轨道上。该过程也需要推进,但LEO航天器消耗不多。

(3) 燃料燃尽。星体材料的熔化或烧蚀是一种低成本解决方案。但注意并非卫星所有部件都会在脱轨期间熔化。

17.3.7 地面站开发时间表

航天器设计工程师热衷于航天器设计工作,因此经常会拖延地面站设计。管理层必须确保地面站设计按时开展。匆忙的地面站设计,成果不会很出色,效率也会大打折扣。

第 18 章　低成本设计与开发

1995 年,笔者的一篇“降低太空任务成本的 RADCAL 航天器”的文章,被《空间技术丛书》收录。该书编辑是詹姆斯·沃茨(James Wertz)和威利·拉尔森(Wiley Larson)。这一章有一部分介绍了以非常低的成本设计出功能强大且复杂的航天器的实践。这一计划从签署合同到启动只用了不到一年的时间。开发 34 个航天器后重新审视此文,其低成本的程序设计方法在当前飞行器设计中依然奉行。因此,本章基本是 1995 年出版物的节选,适用度与当时别无二致。

18.1　降低成本的方法

不存在可以实现低成本的神奇公式或技巧。如果非说有,也只是自航空工业崛起时所有优秀项目经理人都知道的公开秘密:

(1) 团队人员少而精干。

(2) 时间表简短。

(3) 抉择决策当机立断。

(4) 制造与设计之间实行明智的并行。

(5) 不要拖延,不做无意义的分析。

(6) 不允许任何人拖后腿。

(7) 计划项目经理负责整个计划。

(8) 与客户保持良好关系。

高科技、高质量产品的研发方法要大胆创新,实现这些要谨慎保守,在成品的实际操作条件下测试要彻底。

18.2　合同应侧重于功能而非技术规格

合同文件要言简意赅,侧重于功能描述而非技术规范。这样可以在合同基础上给予设计团队节约成本的最大抉择权。设计人员可以权衡不同子系统特性,便于确定成本允许的实施方案。要允许“按成本定制”。事无巨细的技术规格会束缚设计师的手脚。这也是低成本的重要因素。

宽松规定合同需求的唯一缺点在于，“需求蔓延”在开发过程中不可避免，客户很容易将额外需求模糊在合同范围内。如果不能持续进行系统级权衡，可能会导致成本超支。

与客户建立和谐关系的关键是让客户知悉程序开发情况、预测客户可能提出的问题、针对问题做出合理解释，最好能将问题解决在萌芽期，如此客户方面不会拖慢开发进度。

18.3　经验丰富的小型项目团队

如果团队成员不能绝对执行项目经理工作安排，不要采用矩阵管理模式。项目始于经验丰富核心团队的组建。从最初构思到最终发射，每个成员都对其子系统负责。系统工程师、初步设计师、硬件开发工程师、集成和测试工程师及卫星发射团队都不能自成体系。团队成员不仅是子系统专家，还应是系统工程师。经验丰富的团队负责人参与过卫星的整个“生命”，因此，新人可以随其学习。如此，学有所成的成员就可以在下次项目中负责某一子系统。

基于需求，开发团队扩展至包括技术人员、装配、加工车间等。项目每一阶段的工作人员人数通常都是平均全职人数的三倍。这种做法可以降低成本。相比雇用大量全职人员，这种形式的团队平均支出水平要低得多。成员分工完成后，立即移出团队或安排其他工作。

18.4　纵向整合

纵向整合（一体化）尽可能在系统内建造。其优点有两个：一是降低组件成本，二是提高可用性。由于生产制造工作（如商品化姿态控制系统组件）不是我们的主营业务，因此无须支撑生产制造企业，也不必维护完整的工程设计、营销、项目管理，以及子系统的制造过程（子系统供应商也是如此）。所以，同一子系统的价格可能会大大降低。纵向整合的另一个优势是该组件随时可用，急需的组件可自给自足。

18.5　开发与制造周期缩短与并行化

缩短周期就是变相节省成本，这意味着没有时间花掉更多的钱。缩短周期还迫使工程开发和生产制造同时进行。

在常规开发过程中，项目始于资深工程师们的系统工程和前端设计。然后，团队进行初步设计评审,弥补缺陷后,继续详细设计和关键设计评审。此时,开发和制造才能正式开始。这是一种昂贵的经营方式。设计完成后制造工作才会开始,繁重的前端设计工作也在此时告一段落,关键设计审查后,前端设计人员工作量微乎其微。闲来无事,他们就会做很多不甚相干的事,如完善、研究或重新设计,无论哪项都是耗时耗资的。

因此要另做安排。首先,评估哪些子系统或组件在细节设计期间不会更改,然后立即投产。这样,完成系统设计或新组件设计后,工程师时间空闲,此时成熟组件正在制造,可以校验并进行子系统集成。前端工程完成马上投入其他工作,打消了开发人员的拖延情绪,也节省了无用的分析时间。因此,即使系统其他部分尚未设计完成,许多硬件也可以通过关键设计审查完成。

拥有丰富项目经验的工程师对措施实施的时机有一种后天的“直觉”,运行此种模式非他们莫属。对于经验丰富的工程师,“任务并行”意味着很多内容。

任务并行的成本和周期的关系趋于线性,而非常见的S形,这是由于缓慢积累、中间加速以及最后逐渐降低所致。原因如下:一是更多组件是在系统内构建的。因此,与其订购交付时必须付费的组件(导致支出递增和S形),不如在内部建造组件,而一旦组件投入生产,便会消耗劳动力。二是短周期。没有时间进行积累,必须快速启动。

18.6 快速果断地权衡主要技术和成本

项目经理(或公司管理层)应每2~4周进行一次“竣工成本”估算,并亲自监控费用执行情况。问题萌芽期(技术、成本或进度)时,项目负责人必须考虑大局。几乎所有的成本和进度问题都源于技术。一旦发生技术故障,负责人必须判断故障解除所需的时间与成本,并将该值增加30%。如果总值超预算,必须考虑更换技术手段。技术上取舍要迅速,基于全局,果断做出继续或更改的决定。小更改不会省大钱。

18.7 提高效率的生产协调员

低成本制造的关键是为每个项目分配一个协调员。协调员确保进度表按计划进行,没有遗漏,按产品进度要求解决故障。协调员参加开发进程会议。在产品制造之前,协调员要完全了解产品,督促工程图发布的进度,提醒项目组成员任务职责,确定必需组件的订购,跟踪部件状态,确定开始下一部分工作。参与每周的项目状态检查会议,向团队负责人解释子系统,指出缺点和问题。如此项目团队成员之间可交换信息,及时解决问题,当项目所做改动对某个成员负责的部分产生不良影响时,允许其现场提出。协调员是确保严密生产计划顺利实施的关键。

18.8　测试阶段要不吝成本

设计和制造的速度可以加快,但草草测试绝不是明智之举。需在模拟的条件下投入大量时间测试和使用系统。一般检查无法检测出的问题,只有在运行过程中才会凸显,而这些问题往往出现在概念上。只有通过运行任务场景,才能发现“按设计”并不一定是“按计划”。航天器子系统完全组装好且检测完成,到准备就绪运送到发射场,通常需要 5 个月的时间。

18.9　严格执行项目预算

预算管理与习惯管理的实践和观念背道而驰。通常将项目划分为多个工作包,并为每个主要任务分解结构(Work Breakdown Structure,WBS)分配一位审理负责人,为所有成员提供时间表和预算,工作期间所有人必须对时间和成本负责。这种传统方法必定超支,原因有两个:

(1) 某些工作包可能被错误低估成本,其预算将不得不增加。为每个工作包分配预算和确认,让项目负责人难以平衡,很难通过减少一位分包负责人的预算去补贴另一位资金不足的负责人。

(2) 工作量少的分包负责人会节省开支。大多数都会超支,更有甚者会严重超支。善于管理财务的负责人会在预算范围内完成任务,但不会低于预算很多。结果就是项目总支出还是超标。

相比之下,项目经理自己把握全部预算好处更多。项目负责人选择不同工作包分配预算和储备金,但不向分包负责人告知预算数额。如果在与团队负责人讨论技术方法、工作包的时间表和成本时,成本估算高于预期,项目负责人可要求团队负责人考虑其他实施方案。反复讨论,直到满足预算要求,或者项目负责人确信必须增加预算。如果预算估计低于计划标准,在验证方案可行性后,接受方案,并将多余预算添加到管理储备金中。

这样,分包负责人可依自身情况执行任务,项目负责人也可以建立必不可少的项目管理储备金,项目管理储备金必须充足。Norm Augustine(基于实际数据)说过,“项目负责人总是将‘成品成本’少估计 30%”,事实也确实如此。

18.10 结论

大幅降低航天器成本不需要魔法或技术进步。严格管理、小项目核心团队、简短时间表、高成本技术折中以及工程与生产并行是低成本的关键。高质量高科技产品的关键在于大胆的技术决策、保守执行决策以及对最终产品进行广泛测试。

第19章　系统工程与项目管理

19.1　前言

项目负责人有义务交付满足客户功能要求和规格的航天器，并在资金和时间要求范围内建造航天器；必须确保航天器满足运载火箭和地面站接口要求，并确保航天器在轨执行任务的能力。

系统工程首先确定航天器和地面系统的客户功能详细内容，然后将其下沉至航天器子系统和组件细节，开发满足客户要求、任务需求、成本目标的航天器设计，保证航天器子系统在规定时间安排内开发和建造。系统工程要权衡分析备选方案，确定最适合项目和客户需求的技术方法，还要在开发程序中执行维持和保障分析。系统工程地维护硬件、软件、测试计划和测试结果文档。

本书在设计和建造成像航天器系统的背景下，对上述功能做出详细解释，如2.3节。

19.2　顶层需求

顶层系统需求通常由客户指定，陈述功能而非技术要求，给予设计团队最大的权衡空间。例如，多星成像航天器系统，顶层要求应说明系统覆盖地理区域、分辨率(GSD)、重访时间、航天器系统的敏捷性、系统应提供的每单位时间的图片数量或角度间隔、图片大小或覆盖范围、卫星之间的距离以及航天器在一天内出现在指定区域的时间。

顶层说明中不可包含非必要技术细节。但是，要确定哪些最高要求是固定的，哪些是可以放宽并与客户“协商”的。航天器是某运载火箭的次级有效载荷，主要有效载荷控制精确的轨道倾角、轨道高度和偏心率，上述要点至关重要。

19.3　需求分解

从顶层需求出发，系统工程应制定轨道和子系统的技术要求。航天器技术详述来自该流程。

例如,根据卫星应传输到地面的图像尺寸和分辨率的最高要求,可计算图像的像素。从某区域每次经过所得图像的数量,可得下行链路比特率。然后,通过计算指定地面站天线尺寸的 RF 链路方程,可以获取任意频率带宽的卫星发射 EIRP(等效全向辐射功率,为发射机功率与航天器天线增益之和)。如果合理的发射机功率和低增益天线可以闭环链路,就可以轻松确定发射机功率和下行链路比特率。另外,如果目标 EIRP 很大,可能需要高增益天线和/或较高的发射机功率。由此引入了复杂工作,具体形式如:①开发用于航天器天线指向和旋转的机制;②使用较复杂的调制和前向纠错(FEC)方法,相同的误码率(BER)下,该方法要求较低的接收信噪比;③星上数字化图像,用于向地面传输;④使用对地静止中继卫星来延长可用于下行链路图像的时间。

顶层需求分解为子系统需求的另一个例子是:目标星间距离对推进子系统提出技术需求,推进子系统必须保证卫星移动的速度以及位置保持的操作。此时需要与客户“协商”顶层要求,如第 11 章所示,航天器在发射后几个小时内快速就位需要大量燃料,如果就位时间延长至几天,燃料消耗将大大减少,间接缩小了燃料箱体积和重量,简化燃料箱的安装方法。由此可见卫星部署速度严重影响航天器的尺寸、重量和成本,这点可以成为航天器项目负责人与客户谈判的重要论据。

19.4 多种方法

多种方法可将顶层需求降级到子系统级别。上例中目标 EIRP 获得的方法就是一个典型。可通过两种方法实现:①高功率发射机和低增益天线;②使用低功率发射机和高增益天线。前者简化天线系统,降低指向精度要求,但提高了电力需求(需要更大的太阳能电池阵列和更高 DC/DC 转换器功率转换能力)。

在电源子系统内,可由单个 DC/DC 转换器根据组件电压分配电源(在组件的输入端安装单独的开关控制),也由单独的 DC/DC 转换器为每个组件供电,按需控制转换器开关即可。后者的分布式系统减少了每个转换器的功率转换需求,并为整个系统的可靠性提供额外的度量方法,但可能会增加系统的复杂性和重量。

为达到 GSD 要求,航天器飞行在较高高度轨道上以延长卫星寿命,因此要求望远镜孔径增大。选择较低的轨道高度,望远镜成本较低,但是需要小型推进系统提供阻力补偿。由于卫星入位和位置保持都需要推进系统,阻力补偿所需的燃料增量是可以接受的。高轨道大孔径望远镜的成本要比阻力补偿的燃料费贵得多。

在满足任务和功能需求的前提下,多数子系统会采用多种方法结合的方式。因此,需求下调过程要经历多次权衡。

19.5　商业研究

商业研究应确认多种航天器设计方法,比较技术风险、成本、进度和性能风险或可靠性,这就是商业研究的目标。商业研究将支撑设计,影响成本和进度,因此要尽快进行。

19.6　选择设计点

航天器设计在商业研究未完成前是无法确定或停止的,因此首先要权衡最重要的部分,其结论对卫星设计和任务执行能力以及费用和时间表的影响最大。

其他次要的商业研究可以与航天器的详细设计过程同时进行。

只要权衡之后确定了方案,就可以完成卫星基线设计,并制定每个子系统的技术规格。

在点设计选择时,项目负责人和设计团队的经验对于既符合预算和进度,又稳定而简单的设计选择至关重要。

19.7　运维纲要

运维纲要是描述航天器－地面站系统从发射到任务结束运行情况的文件,描述命令系统执行系统功能的方式,以及执行任务的过程,详细描述了系统生命周期中的"一天"。运维纲要是系统工程最重要的初始输出之一,从中可以识别和纠正潜在的概念性系统问题。

运维纲要应随着系统设计的成熟定期更新。

19.8　初步设计评审

当航天器初步设计完成并且已经完成了几乎全部权衡取舍,要与客户一同进行初步设计评审(Preliminary Design Review,PDR)。此时,设计团队汇报顶层需求派生子系统需求的过程,以及合规子系统设计。没有硬件和软件实际设计的阶段,PDR 可完全描述航天器。此外还展示了航天器如何履行"运维纲要"。

19.9 接口控制文档

接口控制文件(Interface Control Document,ICD)定义了子系统之间的机械、电气、信号和通信协议接口。在工作人员或子系统分包商众多的航天器设计中,ICD必不可少。

每个ICD就像子系统或分包商之间的合同,只要满足相关ICD,每个ICD都可以独立工作。

ICD需求也体现了子系统设计人员可能遇到的技术、成本或其他困难。为得到预算范围内可行且具有成本效益的设计,可能需要重新协调子系统之间的ICD。由于ICD的协调通常涉及预算或进度表的更改,因此要求项目负责人主持(如果需要)。

19.10 详细设计

PDR确定航天器的技术方法和基本设计之后,即可以开始其详细设计。某些情况下,子系统设计成熟,也会开始实践。

随着设计的推进,需监控成本和进度,确保项目总成本控制在预算之内。成本估算无法做到精确,并且在很大程度上取决于设计团队的熟练程度,因此成本控制并非易事。

19.11 关键设计评审

航天器的详细设计完成后,将进行关键设计评审(Critical Design Review,CDR)。CDR与PDR都介绍卫星及其所有子系统设计,CDR还提供技术方法选择及原因的详细备份。

CDR生成卫星的最终设计基准,介绍即将建造的内容,是定义设计的最重要文件。

其也标志着某些大型项目构建过程的开始。但是,如前所述,设计和制造的慎重并行可显著减少周期和成本。

19.12 系统和任务模拟

在详细设计过程中对系统性能仿真并不是强制必需的,但在该过程中可以发现问题,增加设计人员的设计信心。因此,通常会创建系统的软件仿真环境,然后将其转换为"硬件在回路"仿真工具。该仿真实现系统在不同情况中运行,还可以在故障期间观察系统性能。系统仿真是确保最终系统可以执行任务要求的重要工具。

19.13　测试平台和"桌面联试"

通过使用硬件测试平台可以促进航天器的开发,各子系统均在硬件测试台测试并体验高保真飞行条件。

例如,具有可编程电源的电力测试台会生成等同于太阳能电池板输出的电流,这些电流是时间函数。然后给航天器电源子系统硬件供电,子系统硬件的电池、充电调节器、DC/DC 转换器、电源开关和 EPS 遥测收集子系统开始工作并为航天器组件供电。航天器组件模拟是与实际功耗相等的电阻块。

最终,桌面航天器的测试平台配备了航天器物理硬件(或副本),桌面卫星变为硬件在回路仿真系统。

19.14　工作说明

工作说明书(Statement of Work,SOW)详细阐述了航天器系统的设计、建造和测试方式,以及设计和建造团队的具体活动。为了工作说明简洁易用,按工作分解结构(WBS)分解为多个工作包。WBS 是每个特定任务的集合。下述为成像航天器的 WBS。

19.15　工作分解结构

WBS 由运载火箭、星箭集成、发射场活动等相关的工作包组成。本节将详细介绍与航天器建造有关的 WBS。

19.15.1　卫星

(1) 项目管理:项目负责人控制和监管项目整个生命周期整体认知、技术、成本和进度绩效,也是客户与项目的主要媒介。

(2) 系统工程:在此任务中,客户需求下沉至子系统技术要求。折中技术、成本和进度,选择符合项目技术、成本和进度要求的点设计。在设计和构建阶段持续分析,支持硬件和软件开发。系统工程还维护着航天器设计记录,并经常更新该数据库。

19.15.2 结构

(1) 结构设计:航天器结构设计要容纳航天器电子组件、可展开太阳能电池板、星敏感器(星空视野清晰)、多推进器推进系统、所有必备天线、望远镜(航天器结构不得干扰天线展开)。配合热设计,确保望远镜的温度变化幅度小到可以保持望远镜聚焦。如果望远镜温度变化超出聚焦极限,启动自动聚焦功能。计划选用 Lightband 分离系统。电子组件安装要保证航天器重心始终位于卫星轴向中心的 0.25 英寸范围之内(运载火箭的标准),为防止飞行时大气阻力造成的航天器倾倒,CG - CP 距离应为最小值。维护航天器的重量说明。绘制航天器结构 CAD 图纸。

(2) 结构分析:建立结构的有限元模型,并对其进行分析,确定推进燃料消耗时,已发射航天器的共振频率、裕度、质量特性、CP 和 CG 偏移。务必格外重视望远镜的安装,最大限度地减少振动负荷。迭代设计,直到确定低重量结构设计。向运载火箭供应方提供 NASTRAN 文件,分析耦合载荷。在开发阶段,根据需求不断为程序提供分析支持。

(3) 结构制造:将结构加工图纸发送到机械车间并监控生产制造过程。完成后立即组装并验证重量。在装配中,使用质量模型代替尚不可用的电子零件。

(4) 质量模型制作:设计和制造质量模型,其力学性能与组件 ICD 的机械零件(重量、CG 位置、共振频率)一致。

(5) 结构测试:制定静载荷和振动测试计划并保障测试。执行测试并比较测试结果与预期性能,调整结构模型,实现模型和测试结果一致。

19.15.3 望远镜/相机

(1) 确定光学系统技术要求:确定指定 GSD 和轨道高度上望远镜孔径尺寸要求。可将望远镜设计为调制传递函数的折叠光学系统,该光学系统大小可实现在视场中的任意位置获得所需的 GSD。对望远镜进行机械设计,保证其能够承受运载火箭振动(运载火箭频谱)。另外,合理使用零温度系数材料设计望远镜的机械结构,确保焦距在可能的温度变化范围内保持不变。望远镜的机械设计要阻挡杂散光与视野光的干扰。必要时设计镜头盖,阻挡望远镜的太阳能热量,并设计镜头盖关闭装置,阳光直射望远镜时关闭镜头盖。进行辐射分析,确定获得满意图像的最短曝光时间,以及一天中光线强度满足望远镜成功成像的时间间隔。在满足 GSD 要求和最短的曝光时间要求的前提下,选择灵敏度够高、像素尺寸够小的相机。设计照相机与望远镜配合的机制。设计一个电动聚焦机构,可实现温度变化范围扩大的情况下,望远镜 - 相机组合的聚焦保持。与望远镜分包商合作,共同实现上述目标。

(2) 获得望远镜:将望远镜条款列于合同内,监控合同,支持 PDR 和 CDR,监管望远镜和相机的制造与测试过程。

(3) 相机:比较可用相机后选择曝光时间短、像素低、灵敏度高的相机。确保相机与望远镜可轻松配对。相机要有两台:一台供内部使用,另一台与望远镜集成。如此,制造望远镜时,可以使用内部摄像机测试/检测图像捕获和处理数字硬件。

(4) 图像捕获和处理电子设备:设计、构建和测试图像处理子系统。从相机捕获图像,图像要进行 JPG 压缩,而且要加密,并附加拍摄瞬间的航天器位置和姿态,用于地球上的图像位置计算。图像捕获和处理电子设备可以是单独的数字处理器,也可以将主要功能附加在 C&DH 计算机中。数字图像处理器的设计应包括前向纠错和通信协议。如此,输出数据流可直接用于卫星下行传输发射器。图像处理器接受来自 C&DH 的成像命令。

(5) 望远镜/摄像机 EGSE:测试航天器成像有效载荷(望远镜摄像机)的设计、构建和测试硬件与软件。该 EGSE 包含一个准直仪,用以在实验室环境中生成望远镜成像的标定目标图像,还包含模拟实际条件改变目标光强度和对比度的硬件。

19.15.4　命令和数据处理

(1) C&DH 硬件:选择的 C&DH 硬件,要求其速度、字长、输入和输出端口数量、内存、抗辐射性和软件操作系统满足任务要求。硬件预算要控制在其子系统成本预算范围内。确定候选 C&DH 可靠性、SEU 敏感性和冗余满足在轨数年任务要求。功耗在 PDR 中 C&DH 功率范围内。硬件的机械设计或外壳具备一定的辐射防护作用。如果非内部建造,可向分包商采购并监控其开发和制造进度。

(2) C&DH 软件开发:开发 C&DH 软件规范,并从这些软件模块描述和方程式生成。对软件模块进行编码、代码测试,然后将模块加载到 C&DH 软件,在 C&DH 和其他组件接口上模拟输入,对其进行测试。测试中加载异常,检测恢复的能力。记录软件并维护和更新软件配置。C&DH 软件开发任务量巨大,通常将其分解为多个小的子任务。

19.15.5　ADACS

(1) ADACS 设计和分析:开发初始 ADACS 子系统规范,从最高系统需求入手,进行折中分析,比较 ADACS 备选方案的性能。比较三个反作用轮的三轴稳定系统和控制力矩陀螺仪的三轴稳定系统。姿态感测中,权衡研究应使用单个或两个星敏感器比较系统性能。研究在操纵过程中使用惯性测量单元(IMU)跟踪航天器的姿态。根据折中分析的结果,选择满足项目技术成本、权重、功耗和进度计划要求的基准 ADACS 配置。折中的关键数据是反作用轮的大小,通常由航天器的敏捷性要求决定。敏捷性成本较高,因此应最小化反作用轮扭矩和动量要求。航天器装有用于保持位置和快速入轨的推进系统,因此必须检查 ADACS 上的推进活动要求。折中分析必须比较航天器在成像、推进和其他操作(包括不同天底目标之间的快速机动)期间,确定 KE Block Ⅱ 的姿态知识并控制其精度的性能。确定达到精度要求的传感器和执行器套件。在各种机动下模拟 SC,确定典型 SC 任务期间,传感器和执行器套件的实际性能。升级当前的 Proprietary MAI 动态仿真器,执行仿真。视情况需要,分析其他 ADACS,继续支持项目开发。

(2) 购买或构建 ADACS 硬件。

① 订购三轴磁力仪:指定并订购三轴磁力仪,通过实验确定磁力仪与产生磁场的航天器组件(ADACS 扭矩线圈、电机等)的距离。如有必要,修改航天器的机械设计,确保磁力仪安装与读数不受航天器活动的影响。另外,确定航天器磁活动低或为零时(如扭矩线圈之间的活动)操纵磁力仪的方法。

② 订购磁力矩器或线圈:通过折中分析确定是否使用扭矩线圈或杆及其可能产生的磁矩。若航天器足够大,则转矩线圈作动器较轻,且磁场不会滞后。扭力线圈或扭杆应以继电器控制方式操作。此法简化了扭矩线圈驱动器,将其应用于扭矩线圈或杆无磁场时,可获得磁力仪读数。确定并得出扭矩器规格后,订购扭矩线圈或杆。

③ 采购反作用轮或 CMG:采购指定的反作用轮或 CMG,监控分包商生产过程。反作用轮或 CMG 工期较长,因此在项目早期订购。CMG 常用于提高 ADACS 系统的控制权限及机动速度。如果功耗较低、动量存储较大,应选择反作用轮。与生产反作用轮的厂家相比,CMG 厂家相对较少,出于时效性可能要更换作动器,采用更易取得的反作用轮。权衡后最终确定方案,生产或采购反作用轮或控制力矩陀螺仪。

④ 太阳传感器系统:太阳传感器系统(包含传感器、电子设备和软件)粗略度量轨道日照部分卫星本体坐标太阳矢量方向。务必确定太阳传感器元件的类型及其在航天器上的位置。创建实体模型,传感软件应在实验室中完成和评估,还要制造和采购飞行硬件。

⑤ 惯性测量单元(IMU):实时测量航天器的姿态变化。其估算结果将用于

ADACS 的操纵过程,某些推进系统需要长时间推进才能保证航天器沿特定方向加速,这种系统也要用到这些估计值。推进过程中,航天器 CG 的推力矢量角误差将因方向错误导致航天器翻滚或漂移。IMU 不间断测量航天器的姿态,发现推进过程中的姿态误差。基于 IMU 数据,调整不同推进器的作用时间,致使净推力通过 CG,从而消除在错误方向上的翻滚或漂移。采购 IMU 并制造 IMU 与 ADACS 和/或推进系统的电子设备和软件接口。

⑥ 星敏感器:要获得卫星 24h 精确姿态信息,需要一个或两个星敏感器。根据航天器轨道参数,分析并确定航天器上星敏感器的数量、位置、指向(航天器本体坐标系)以及指向的依赖关系。星敏感器需要安装挡板阻挡日光或月光直射,根据挡板尺寸调整星敏感器位置和方向。星敏感器将被采购。

(3) ADACS EGSE:ADACS 电子地面支持设备是评估和测试 ADACS 总体性能的关键工具。动态模拟器(第9章)是 EGSE 的重要组成部分,其模拟太空环境,向航天器姿态传感器发送信号,根据轨道预报器和航天器作动器活动模拟航天器位置和姿态的飞行。应建立 ADACS EGSE,并与推进系统 EGSE 结合。

(4) 组装、集成和测试 ADACS:组装 ADACS 子系统。组装后,使用动态模拟器模飞航天器,按 ADACS 测试计划测试系统。在晴朗的夜晚,单独在户外测试星敏感器。

(5) ADACS 软件、确认和验证:开发 ADACS 软件,以硬件在回路配置(包括航天器和 ADACS EGSE)对其进行测试。确认软件和硬件模块正确性之后,不定时进行软件验证。在此压缩过程中,使用了大多数航天器功能。如果一切顺利,比较遥测数据与已有数据。比较工作自动进行,“验证”测试得出无效 - 有效比率。

19.15.6　射频通信

(1) 射频分析:除了遥测的 LOS(Light - of - Sight,视线)通信、TTM 和影像、航天器命令的 LOS 通信与分配频段中的 CMD 外,考虑使用(或额外使用)对地静止轨道中继卫星实现航天器与地面站间的持续通信,提高卫星的吞吐量。这种 L 波段通信很可能通过国际海事通信卫星(Inmarsat)。确定航天器天线增益需求、发射机功率以及航天器天线仰角和方位转向需求。考虑使用备用卫星天线(相控阵或机械可控天线)。确定不同天线对顶层设计、功耗、航天器姿态控制、展开和操纵天线需求、成本效益和时间效益的影响。初步设计天线构型。根据常见地面站天线尺寸分析链路裕量,考虑使用移动天线。选择最佳调制类型(FSK、BPSK、QPSK、O - QPSK 等),生成兼容现有地面站功能的稳定链路。传统 FSK 调制模块具备许多操作和硬件优势,但并不是最优的调制类型。

（2）图像发射器：星载 RF 发射器用于发送高数据速率遥测，与低数据速率遥测 RF 发射器不同。图像传输通常选择高频大功率发射机，不同于使用地球覆盖低功率低频发射机的遥测传输。卫星发射器和天线组合的选择必须符合最大地面功率密度的 FCC（Federal Communications Commission，美国联邦通信委员会）要求，即卫星发射器最大功率应介于 10～20W 之间。第 5 章中的通信链路计算证明 10～20W 发射机即可。发射机频率取决于与地面站的兼容性要求，介于 S 波段和 X 波段即可，但发射机选择越来越趋向高频，以求可应用在更大的带宽范围上。但是，如果我们使用商业地球静止轨道中继卫星，上行链路频率应更改为 L 波段。因此必须选择新的图像发送器。出于可靠性要求，冗余发射器非常重要，因此可考虑使用备用发射器进行遥测。发射器采购要选择最高性价比的方案。需时常监控制造过程。

（3）遥测发射机：上述内容也讨论了这一问题。采购 TTM 发射机。

（4）命令接收器：命令接收器普遍功率低、数据传输率低，可以选用 SDR（Software Defined Radio，软件无线电）或旧式无线电接收器。应具备接收和解码加密命令的解密功能，还要具备旁路加密功能以保证可靠性。卫星接收上行链路 CMD 的天线是全向的，即使卫星姿态机动，也可以实现卫星通信。购买 CMD 接收器和解密硬件或软件。

（5）天线和功率分配器：卫星天线要在所有方向上满足增益需求，地球覆盖下行链路天线的情况下，其峰值增益为 3～4.5dB。天线应安装在航天器上，避免扭曲天线辐射方向图。通常，为保证星载天线的正确安装，可以在无回声室内或在开放的测试场构建卫星模型，将天线安装在模型上，在卫星和天线整体模型上测试天线。若使用卫星中继，则天线指向必须向上，方位角和仰角都必须有很强的波束控制能力。应选择天线组合，采购天线，监控采购周期进展情况。如果发送图像和遥测数据由一台发射机发送，应装载功率分配器。传输图像数据时，发送器被馈送到高增益天线；发送低数据速率遥测时，又被馈送（通过功率分配器）至全向天线。

（6）通信处理：信号/数据频率必须可控制，数据必须加密和随机化（以使其 DC 分量为零），并与 HDLC 协议兼容，这是任务通过通信处理器完成的。虽然 C&DH 最好与通信功能各自独立，但 C&DH 还是会包含数字处理程序。必须开发处理器和软件，务必在模拟地面站上测试通信功能。

（7）地面站 SDR：地面站不止一个。可移动的新地面站多使用现代软件定义无线电，而对兼容性有要求的旧式地面站会使用传统无线电。如果使用对地静止轨道中继卫星提高数据速率，地面站可能已具备接收器，卫星设计只需要考虑与地面站解调器的兼容性即可。

19.15.7　电子电力系统

(1) EPS 分析:计算卫星的 OAP(Orbit Average Power,轨道平均功率)消耗。所有子系统的功耗及其占空比汇总,决定了 OAP 和峰值功率需求。分析 EPS 要求及电池电量要求,由此可得太阳能电池板的尺寸和构型,应用 EPS 架构选择 DC/DC 转换器及开关。另外,针对最可能选择的轨道,确定产生最佳电力展开太阳能电池阵列的方式。分析结果将支撑电力系统及其硬件的全面分析。机械协调设计要确保规划太阳能电池阵列及其展开机制与航天器的结构设计兼容。按 EPS 架构选择充电调节器和 DC/DC 转换器的配置。在开发阶段,不断进行 EPS 分析,解决新出现的问题。

(2) 太阳能电池板:设计符合上述要求的太阳能电池板,使用设计面板,在面板上安装太阳能电池,为设计面板提供所需电压和二极管保护,防止反向电流。太阳能电池板还将包含额外的布线,面板电流将流过该布线,以最大限度地减少太阳能电池板产生的磁场;设计和制造展开部件、其他机械零件和铰链。

(3) 电池系统:确定所需的电池系统电量(Watt - Hours,WH)。电池系统电量应满足卫星蚀、电池的充放电效率低下、需求蠕变、温度和寿命影响情况下对电量的需求之和。最终电量需求要远超卫星蚀期间卫星运行所需电量。然后确定所选电池类型,考虑冗余,最后确定电池系统采购电池。

(4) 充电调节器:设计、制造或采购和测试多个充电调节器(数量等于电池系统中“电池组”的数量)。

(5) 配电:将母线电压分配至不同的 DC/DC 转换器,为组件供电。设计或指定转换器,确定转换器的切换方法,并制造或采购配电系统。为了消散配电功能产生的热量,PCB 的底盘会向星体散热,热量将被传导并辐射到卫星之外。

(6) EPS 计算机和软件:电力系统的控制和 EPS 遥测的收集通过一台小型计算机和相关软件完成。计算机接收来自 C&DH 的命令,通过打开或关闭 EPS 组件来执行命令、监控遥测点、收集遥测数据,准备将其下行至地面站。选择计算机,编写 EPS 软件,并将硬件和软件整合到 EPS 中。

(7) EPS AIT:完成整个电力系统的所有组件后,组建 EPS,并将组件和软件集成到 EPS 系统中;使用 EGSE 测试系统。该测试应包括太阳能电池阵列模拟器,以及模拟 EPS DC/DC 转换器电负载的方法。

19.15.8　航天器软件

航天器软件描述所有软件功能并将其分解为软件模块。生成每个软件模块的输入、过程和输出,描述整个软件。然后开始对每个模块编码,每次修改后,存档和更新代码。软件将在目标硬件(C&DH、EPS处理器、通信处理器、ADACS计算机或图像处理器)上进行测试。6台计算机软件各自独立,计算机间通过文件传输通信。软件首先在模块级别上测试,然后在子系统级别上测试,最后在整个航天器级别上测试。

19.15.9 推进

(1) 推进分析:计算推进系统的速度增量ΔV要求。考虑到顶层需求中对卫星入轨时间要求、位置保持需求、位置保持机动次数(或不进行)的要求,如果要改变轨道高度,所需阻力补偿需求。然后计算获得该速度增量需要的燃料。对小卫星而言,简单的冷气推进系统就足够了。然而,如果ΔV较大,就需要使用肼推进系统。接下来计算燃料箱尺寸和压力,保证燃料箱尺寸合理且匹配航天器。最后,选择减压器和推进器,并将推进器安装在航天器上。推力矢量应穿过卫星质心。如果无法保证穿过卫星质心,或者燃料耗尽会改变CG的位置,应使用多台推进器,通过不同推进器间歇性、时间不等的工作,可以使推力合力通过CG,重复操作直至燃料耗尽。还需设计推进器配置的备选方案。此处执行机动速度增量时,航天器水平飞行。实际上,除了要执行成像任务,航天器可以一直水平飞行。然后水平航天器转向并指向天底方向。该系统的潜在优势是减少了航天器的阻力,CG和CP几乎位于同一位置,从而最大限度地减小了阻力引起的倾覆。推进器必须安装在卫星底部,并有意将多个推进器略微错位,操控推进器让平均推力矢量通过CG。航天器的阻力面积在水平飞行中会减小,因此这种航天器的飞行构型还可以延长任务寿命。但是,这个系统较复杂。分析备选推进系统,定义基准推进系统。

(2) 推进系统设计:根据上述分析设计推进系统,选择组件。推进子系统组件的设计将在后续章节中介绍。

(3) 燃料箱:可供选择的燃料箱有多种。冷气氮气系统可以使用高压罐。储罐最高压力一般为6000psi,但普遍使用易于采购的4500psi储罐。其中最轻的储罐由薄铝箔制成,并用石墨环氧织带包裹,保证燃料罐可以承受较高的内部压力。其他高压罐为钢制,内部压力相等的情况下,质量较大。肼推进燃料罐中设有内部气囊,分隔肼与增压剂。选择燃料罐并采购。

(4) 推进器、阀门和减压器:选择和采购冷气推进系统的推进器、截止阀、推进器控制阀、减压器和管道。推进器的选择会影响推进系统的运行。冷气推进器开关延迟约为5ms,所以推进粒度限制约为5ms。因此,推进器应相对较小,推力持续时间应超过5ms。同样,虽然推进器的工作压力很高,但推进系统停止工作时燃料箱压力较低,因此对推进器低压下的工作能力也有要求。低压下燃料箱残留的燃料会浪费掉,因此要选择稍大的燃料箱。

(5) 推进电子设备:设计和制造控制阀门和推进器的电子设备。考虑将小型计算机集成到推进系统中,使其具有更大的自治性,减轻 C&DH 或 ADACS 计算机的计算负担。推进器电子装置控制推进器和截止阀,推进器一般需要 28V 电压的较高电流。因此,在推进系统电子设备中应使用独立的 DC/DC 转换器。

(6) 推进系统相关算法:反向推进时,执行机动使 SC 转向的算法;通过 SC CG 并在正确方向上保持净推力的算法。飞行瞬时来自 ADACS 中 IMU 的方向数据。该算法可感测方向(或姿态)变化、选择启动推进器以及达到目标姿态所需用时。

(7) 推进软件:编写软件完成上述算法。该软件将被安装到目标硬件中并进行测试。

(8) 推进系统 AIT:选择合适的分包商组装推进系统,焊接不锈钢零件。与推进电子设备和软件组合并集成完成后,在模拟条件下测试整个推进系统,此时动态模拟器将引入推力瞄准误差。推进系统是一个独立的子组件,不用依赖卫星其他部件即可进行测试。

19.15.10　其他事项

(1) 线束:用以连接卫星硬件组件。电子工程师熟悉所有卫星电子硬件,并提供电线清单。制作线束并将其安装到卫星上,然后束好线束并缚在底盘或特定组件上。通电前检查线束是否存在接线错误。

(2) 实验室和飞行备件:分析备件需求,并根据预算适量采购或建造备件。

19.15.11　测试

(1) 功能测试:组件级测试主要由组件供应商进行,内部构建的组件由航天器项目团队测试。卫星组装完成后立即开始功能测试,其内容包括所有模式下卫星操纵测试及所有条件下卫星性能测试。收集测试方案和遥测信息或工程遥测响应,比较预期性能和实际性能。这些测试将在室温下反复进行。

(2) 测试计划:编写测试计划,进行功能性、航天器级别的热、振动、磁整理、推进和热真空测试。此外,生成任务模拟测试的方案。测试计划将规定测试的目标、测试程序和测试结果的极限值,若超出极限,则测试失败。

(3) 组件级热测试:虽然整体热测试将在全航天器级别上进行,但某些组件的制造商在交付之前并未进行热测试,因此要先对这些组件进行热测试,然后整合到卫星上。例如 ADACS(内部建设子系统)、数字子系统和望远镜。热测试温度范围为 $-40 \sim +55$℃。

(4) 航天器级热测试:整个航天器置于热处理室内,在上述温度范围内进行测试。航天器通过热测试要获得三个无故障测试循环。在测试期间,航天器将执行一个调用所用功能的活动方案。热测试是极其重要的测试之一,从中可以发现潜在的硬件问题。如果航天器通过了热测试,基本都会通过热真空测试。

(5) 航天器级振动测试:航天器将在三轴上进行正弦扫描和随机振动测试。正弦扫描测试确定航天器的共振频率,并将其与结构分析所预测的共振频率进行比较。除非运载火箭允许较低水平的振动激励,否则通过调整 GEVS 输入水平,完成卫星随机振动测试。检查航天器是否变形或破裂,并重新测试望远镜-相机的光学性能,确保性能无退化。

(6) 磁整理:将航天器置于大型的亥姆霍兹线圈设施中,再确定航天器的剩磁矩,并通过补偿永磁体来消除偏置。同时,使用磁力仪确保读数正确且不会受任何航天器剩余磁通量影响而产生偏差。

(7) 推进测试:测试推进系统及其控制电子装置,验证该系统是否能够在通过航天器 CG 的特定方向上实现长时间(60s)的推力作用,由航天器净角加速度决定。另外,测量总推力水平,并与推进系统所需的名义推力进行比较。

(8) 热真空测试:在实际任务场景模拟中,对航天器进行三次无故障的热真空测试。

(9) 任务模拟测试:室温条件下,测试航天器各种任务场景下的所有功能。航天器接收(通过 RF)EGSE 上行命令,然后执行,并通过 RF 与 EGSE 通信(图像和遥测传输)。动态模拟器通过 EGSE 与航天器连接,根据航天器 ADACS 的扭矩和反作用轮的活动来模飞航天器,生成相应的模拟航天器姿态传感器信息,并由 EGSE 将信息发送至航天器。

19.15.12 GSE 和地面站

(1) 机械 GSE:包括实验室中用以支撑不同姿态航天器的装置、太阳传感器测试中自旋装置、与低压或低压适配器水平或垂直集成的装置,还包括用来装载和运输航天器的可移动起重装置以及运输集装箱的建设。

(2) 电子 GSE:EGSE 用于在实验室和发射点的航天器供电、指挥和通信。设计和建造 EGSE,EGSE 包括动态仿真器,可实现硬件在回路测试,还支持完整的自动验证测试,完成从方案上载到自动收集测试数据以及将其与预期数据进行比较。它加速了航天器的重复测试,节省了成本,是一个重要硬件。

19.15.13 独享地面站

客户经常会要求独享地面站使用去运维航天器。此时需要一个独立的地面站。设计、建造、测试并与航天器集成的地面站,可以控制和操作卫星星座。根据链路研究,确定地面站天线尺寸,设其为 3.5m。独立地面站能够生成航天器命令,接收并恢复其遥测和图像数据传输,基于独立地面站命令,对星座卫星进行编程,使其在世界任何地区运行。根据成像要求,地面站可以命令所有航天器执行机动并对目标成像。

(1) 地面站发射机:采购能够与地面站集成的发射机,将其与 3.5m 天线和接收子系统集成,共同构成地面站的 RF 硬件。该地面站核心是软件无线电(SDR),它会生成发送的已调制 RF 信号到航天器,并接收、解调和解密接收到的 RF 信号,以输入地面站计算机和显示器。为地面站构建 SDR。

(2) 地面站天线:指定并采购 3.5m 地面站天线、天线馈源、双工器和低噪声放大器(Low Noise Amplifier,LNA)。若使用 GEO 中继与航天器通信,地面站天线系统必须在 L 波段工作,或者采购单独的 L 波段天线系统。

19.16　成本

通过估算每个 WBS 要素的工时和材料成本或分包商成本,确定项目成本。项目总成本为所有人工成本与材料成本之和。项目负责人还要将管理储备金加到项目成本中,成本必须在预算之内。

项目开始时,以这种方式得出的项目成本通常超过可用资金。然后,项目负责人要更改技术方案和人力估算,将项目总成本控制在预算之内。这一过程非常困难,但必须严格、经常、重复进行。

19.17　计划

除了计算每个 WBS 成本,还要估计每个 WBS 的工作时长,任务启动时,必须将表示性能周期的结果条放置在计划表上。受上一 WBS 完成情况制约的 WBS,计划表上时间连续。

此处要标记从事该 WBS 的工作人员姓名。WBS 的工作时间表必须如此安排,才能避免工作人员(无意中)在同一时间段被安排到两个 WBS 中,造成时间表冲突和延误。

确定了每个 WBS 的工作人员之后,可重新计算每个 WBS 的成本,提高总体计划成本的准确性。

成本的时间函数可以由 WBS 成本要素与时间的总和构建。由此可得项目的成本支出概况,并将其与当前已产生的成本进行比较。

使用甘特图(许多软件制造商都可以提供)是对每个WBS和整个项目人力资源执行调度和成本核算的简单方法。甘特图在图表的连续线上划分每个WBS,水平轴为日历时间。可指定每个WBS的开始和完成,并确保观察和维护WBS时间表的相互依存性。还给出了可轻松理解的时间线、开发过程中重要事件、里程碑事件的图示,以及项目成本概况显示。

19.18 关键路径

整个项目的执行周期由关键路径决定。这是连续执行WBS任务的路径,这些任务花费的时间最长,并能确定项目的最短持续时间。

时间表首次创建后,关键路径可能预示该项目无法在计划时间内进行,或者某些WBS的开始时间必须提早,项目才能按计划完成。

项目负责人必须确保时间安排切合实际,按照时间表执行任务,在规定时间段内完成项目。

为了便于创建此类时间表,实际进度表必须安排几个宽限期。设计人员可将宽限时间用完,但不会影响整个计划进度。没有宽限时间的计划表是不切实际的。

19.19 时间安排宽限

某些WBS(如电力子系统的设计、制造和测试)的任务序列的执行周期较短,以至于子系统完成时间早于整个航天器的建造、集成和测试过程对其要求的时间。

因此,子系统的开发包含时间宽限,即使将宽限时间全部用尽也不会影响整个进度安排。

项目负责人应确保(如果可能)每个相互依存的任务序列包含宽限时间,但这基本无法实现。任务计划表中应设置一定的宽限时间,以最大限度地减少总体计划延误的风险。

19.20 获得成本

上文已经提到,可以从每个WBS成本相对于时间的累积总和中获得预测的计划成本概况。可以通过已完成WBS的累计成本和某些部分完成WBS估算成本,计算项目总成本。

换言之,已完成的 WBS 实际成本就是该 WBS 所分配的成本。如果实际成本高于计划成本,超出部分即为超支。若实际成本低于计划成本,则差额会提高项目负责人的管理储备金。

务必要经常对实际成本进行连续计算和监控,并将其与预测的成本状况进行比较。如果不进行比较,项目负责人就无法确定项目完成情况与预算控制的状态。

如果实际成本大大低于预期的成本估计,项目负责人必须确定余下 WBS 成本的降低方案。该任务很有挑战性。

19.21　完工尚需成本计算

另一项重要计算是每隔一段时间执行一次的完工尚需成本计算。

完工尚需成本是基于对每个尚未完成的 WBS 再次检视,根据其当前状态或知识重新估算成本,它是新 WBS 成本与项目结束所需剩余时间之和。

完工尚需成本计算必须仔细且准确地完成。时任陆军副部长的诺曼·奥古斯丁(Normal Augustine)曾说过,数据显示,项目负责人常会低估完工尚需成本,缺额约为 30%,航天器项目负责人要避免此种情况发生。

19.22　需求蠕变和工程变更提案

在项目执行期间,经常会有更改,某些符合合同范围,某些则超出合同范围。除非收到成本补偿,否则项目不能接受合同范围外的更改。

通过工程变更提案,将超出协议范围的变更成本告知客户,以确定接受或取消变更。

客户往往热衷于“多多益善”的附加功能,只有这些功能的成本才能让他们冷静。出于预算限制,客户会撤销或放弃所提出的性能改进计划。

19.23　重新分配预算和成本管理

在项目执行过程中会发现,某些子系统及其相关的 WBS 成本和进度被低估,另外一些又被高估。因此,项目负责人必须重新分配预算,增加或削减特定工作的时间和成本预算。

削减成本拨付困难重重,且极易引起被削减方的不满,但却不得不做。

项目负责人要动态控制预算,防止项目超支,这点与普遍接受的项目管理实践相悖。但是,如果管理缺少灵活性,项目很难成功。

19.24 文件编制

卫星开发项目的文件要求非常广泛,其包括技术建议书、权衡文件,初步设计审查和关键设计审查文件,测试计划、测试报告和特殊要求报告、技术交流会议(TIM)记录、子系统与运载火箭之间的接口控制文档、《装运前审查》和《运载现场程序》。

19.25 测试计划和报告

测试计划要在航天器子系统以及航天器整体测试之前完成。测试计划包括:

(1) 力学静载荷测试。此时航天器结构(通常带有电子组件的质量模型)将承受其潜在最大负载的测试。测试结果显示航天器结构的应变和变形。根据测试结果,需要对某些结构进行修改,增加静载荷裕量。

(2) 电力子系统测试计划。该测试计划将电力子系统暴露于真实任务环境中,在真实运行环境下,太阳能电池板的输出为时间函数。基于 EPS 子系统真实任务中的温度范围,监控电池中的电能存储和系统中不同电压下的电能产生。

另外,还准备了许多其他测试计划,包括但不限于:

(1) 电力子系统测试计划。

(2) 姿态确定与控制系统(ADACS)测试计划。

(3) 天线测试计划。

(4) RF 子系统测试计划。

(5) 推进子系统测试计划。

(6) 振动试验计划。

(7) 热测试计划。

(8) 声学测试计划。

(9) 热真空测试计划。

(10) 磁整理测试计划。

测试计划通常包括预期结果和测试值,若超出预期值,则表明子系统或测试项目未通过测试。

报告中应详细记录每个测试的结果,以便评估子系统或整个航天器的合理性。

第 20 章 航天器设计实例

本章的航天器设计实例,可供读者实践所学知识。尽管“需求”很明确,但并不是很具体。不存在满足需求的完美答案或设计。

20.1 航天器任务需求

假设现有多个新闻媒体组织,欲联合出资发射一颗长期在轨卫星,用其来拍摄地球任意地点的新闻事件照片。他们听说购买这种航天器费用不到 1000 万美元(加上发射费用)。实际上,这些新闻媒体组织所指的航天器中,800 万美元的航天器 GSD 为 1m。客户要求分辨率应满足报纸刊登的优质彩色图片要求,在轨寿命至少应为 5 年。为了帮助航天器设计人员,客户同意将人员送往飞机和汽车易于到达的地方。他们希望卫星主要是为偏远或政治上无法进入的地区成像。

20.2 衍生技术要求

首先要决定的是如何将客户提出的要求转换为技术要求。航天器的分辨率应该是多少?根据摄影测量可知,目标尺寸和所需像素数之间的关系遵循图 20.1给出的近似规则。将这些规则应用于某些潜在目标,可得到图 20.2。

探测	指引	识别	确认	技术描述
5 像素	18 像素	40 像素	200 像素	500 像素

图 20.1 各种识别度的目标像素数

项目	长度/m	宽度/m	检测 m/像素	识别 m/像素	确认 cm/像素	描述 cm/像素
5t 卡车	7.9	2.5	1.5	0.20	4.0	1.5
汽车	4.5	1.8	0.9	0.11	2.3	0.9
小厂房	10.0	10	2.0	0.25	5.0	2.0
坦克	8.5	3.7	1.7	0.21	4.3	1.7
小型飞机	40	30	8.0	1.00	20.0	8.0
火山口	138	138	27.6	3.45	69.0	27.6
驱逐舰	122	10	24.4	3.05	61.0	24.4

图 20.2 地面目标和各种识别标准所需的分辨率

可以看出，理想情况下，分辨率应该在 20 ~ 50cm 的数量级，才能识别各种目标。这种要求级别很高，且满足要求的成本也很高。上文已经说过，成像系统成本变化率为 $n^{2.5}$。因此，如果客户可以负担 1m 分辨率的系统成本，50cm 分辨率将增加 5.65 倍，25cm 分辨率成本将增加 56 倍。显而易见，这超出客户预算，客户需要确定可接受和负担的分辨率。

此时要为客户提供一组以不同分辨率成像的图片，让客户对卫星成像效果有一定了解。例如，图 20.3 所示的船图像，分辨率为 1m，刊载在报纸上是可接受的。从该图像中可以清楚地看到甲板上没有人，船没有受到任何损坏，并且可以看出船的名字。自然，25cm 分辨率会好得多，但是如果 1m 分辨率的航天器成本 800 万美元，客户还愿意为 25cm 分辨率的航天器投入 4500 万美元吗？

图 20.3　1m 分辨率拍摄的船图像

假设客户确定耗资 2050 万美元购买一台分辨率为 75cm 的成像航天器，并且申明这是其可以支付的最高成本。默认客户知悉该航天器将比 1m 分辨率的航天器重量大很多，发射成本也将大大增加。

接下来选择轨道。航天器必须实现对地球上的任何位置成像，因此选择极轨道或太阳同步轨道。成像将在白天进行，所以选择太阳同步轨道。

望远镜的孔径必须满足图 2.10 中的要求。对于 $0.75\text{mGSD} = 1.22\lambda H/D$，因此，当 $\lambda = 5.5 \times 10^{-6}$ 时，H/D 必为 111773。对于 35cm 的孔径，轨道高度应为

391km。391km 处大气密度太大，如果没有阻力补偿推进系统，在该高度下无法实现 5 年的任务寿命。因此，轨道高度至少要提高到 550km，才能在无推力条件下实现 5 年寿命（图 3.15）。该高度下望远镜孔径应为 49.2cm，系统成本将增加 2.3 倍，超出预算。

如果航天器在 391km 高度轨道飞行，相机孔径保持在 35cm（成本底线），需要推进系统来进行阻力补偿，估计 ΔV 为 50m/s。虽然增加推进系统使航天器复杂化，但对成本的影响相对较小，而且这种成本增长远远不及孔径增大引起的成本增加。

运载火箭选择向来难以确定，但极地或太阳同步轨道飞行器的运载火箭选择并不困难。因交付周期为 2～3 年，可将其作为某个发射任务的次要有效载荷。

将客户需求下沉到 ADACS 子系统，可确定客户对航天器敏捷性没有其他需求。这样很好，因为敏捷性需要更多的反作用轮、更大的功耗和更大成本。

航天器必须倾斜至目标方向，才能对其成像，因此需要具备 3 个反作用轮的三轴零动量系统。如果摄像机 CCD 像素为 5.5μm，并且以宽高比 3/2 拍摄 16 张兆像素图像，则每个图像像素为 3265 × 4899。每个像素 75cm，图像将为 1633m × 3674m（星下点），远大于客户成像的任何区域。因此，只要目标保持在成像视场中，就可以放宽指向精度。假定 400m 的指向精度即可，目标应在图像中心约 14% 范围之内。391km 高度的 400m 指向精度为 ±0.058°。因此，姿态测量需要精确到约 0.028°，建议使用 2 个星敏感器。

初步技术要求集合如图 20.4 所示。

轨道高度	391km
倾角	极地或太阳同步
成像仪	
望远镜孔径	35cm
焦距	TBD（#f/8～#f/10）
相机	16Mpixel，5.5μm/pixel
ADACS	
三轴零动量稳定	三反作用轮
指向精度	±0.058°
姿态测量	±0.028°，2 个星敏感器
推进	≈50m/sΔV，冷气或肼
尺寸 s	TBD
重量	TBD

图 20.4　成像航天器的初步需求

20.3 初步设计

在开始详细的航天器设计之前，应考虑太阳能电池阵列的配置和推进类型。

在太阳同步轨道中，太阳相对于航天器始终处于同一方向。因此可使用固定的可展开电池板，如图 20.5 所示。该电池板能够极有效地为航天器供电。确定推进器安装位置，保证推力矢量通过航天器的 CG，这并不简单。图 11.6 为 4 推进器配置，图 11.15 为推进比冲，但是，这也仅是众多可行方案中的一种。

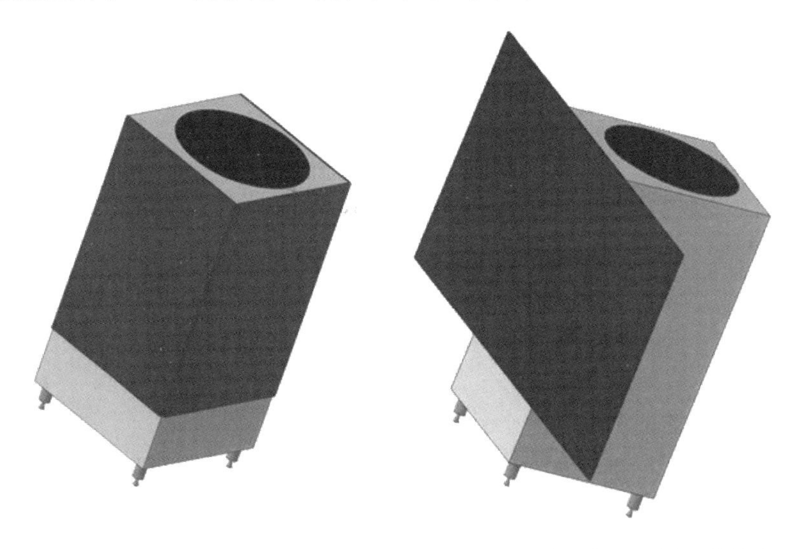

图 20.5　装有固定可展开电池板的航天器配置，电池板收起及展开的状态

20.4 设计步骤

既然客户需求衍生了更具体的技术要求，读者应练习航天器的设计。设计步骤概述如下：

(1) 绘制航天器的初步框图。

(2) 确定每个组件的初级要求。

(3) 选择数字计算机体系结构（一台计算机做所有工作需要，还是多台计算机联合？）。

(4) 估计每种模式下每个组件的功耗，确定所需轨道平均功率。

(5) 研究并选择太阳能电池板配置。

(6) 选择结构。

(7) 确定航天器敏捷性要求(确定反作用轮尺寸)。

(8) 制定具有适当裕度的初步重量表。

(9) 进行初步热设计和结构分析。

(10) 将整个设计汇总到初步设计文档中。

至此,连贯的设计包完成。

第21章　可下载数据表

航天器设计中有许多重要的数学关系。一些更重要的参数存在于航天器及其轨道、给定最小仰角以上的各种高度过顶的持续时间、RF信噪比和地面仰角之间的过顶时间等方面。这些关系形成电子表格，是航天器工程师的参考资料。电子表格列表及其简要说明如图21.1所示。

1	地磁场属性	地磁场与纬度和高度的关系，倾角与磁场的纬度的关系
2	重力加速度、重力梯度、振荡周期	重力与高度，重力梯度与高度，重力梯度稳定度，振荡周期与尖端质量，动臂长度和航天器重量的关系
3	衍射和几何分辨率	衍射极限，几何分辨率与高度、焦距、孔径
4	曝光时间与俯仰速率和指向误差的关系	不同高度所需的俯仰率与曝光时间的关系，以及轨迹误差与俯仰的关系
5	轨道之间的经度范围	轨道之间的经度范围与不同纬度下的高度的关系
6	指向目标的俯仰和偏航	俯仰和偏航，针对不同海拔和CPA，目标指向与范围的关系
7	卫星过顶属性	高度和CPA范围的关系，通过持续时间和CPA范围的关系
8	过顶时间	不同CPA的通过时间与最小仰角间的关系
9	各种量与仰角的关系	射频链路方程与仰角的关系，倾斜和地面范围与不同姿态下仰角的关系
10	锂电池寿命	电池寿命与放电深度
11	卫星OAP要求	卫星组件表格，操作模式，功耗产生的航天器OAP要求
12	两匝四线天线方向图	天线方向图
13	碟形天线增益	碟形天线增益与频率和天线直径的关系
14	N转螺旋天线	N转螺旋天线增益
15	2，3GHz链路方程	给定天线和传输功率时E_b/N_o与仰角的关系
16	BER和E_b/N_o关系	不同调制形式下E_b/N_o和仰角的关系
17	四线天线链路裕度	使用卫星四线天线的链接裕度与仰角的关系
18	全波四线天线链路裕度	使用卫星全波四线天线的链接裕度与仰角的关系
19	俯仰偏置动量稳定化	调整反作用轮的尺寸，稳定俯仰偏置动量

图21.1　电子表格列表及其简要说明

20	GEVS 随机振动	GEVS 随机振动要求
21	重量表	重量说明，卫星组件重量的重心位置
22	推进增量	到达位置和位置保持的推进增量需求
23	推进关系	火箭方程，位置保持，霍曼转移轨道，星座间距
24	辐射屏蔽	KRAD 总剂量与防护层厚度的关系，各种防护层厚度和轨道高度的年数的 KRAD 剂量关系
25	可靠性	可靠性与 MTBF 和占空比的关系
26	方位角与距离	不同 CPA 的方位角与范围的关系
27	β 角与时间的关系	β 角一年中与时间的关系
28	卫星俯仰和滚转	指向地面目标时，卫星俯仰和滚转与时间的关系
29	OAP 与 β 角关系	OAP 占各种太阳能电池板配置的装机功率百分比

图 21.1　电子表格列表及其简要说明(续)

附件1　SS 小螺丝的抗拉强度

螺丝尺寸型号	拉伸强度/磅	扭转至英寸磅	间隙孔/英寸	丝锥钻头尺寸型号
4 -40	360	5. 2	0. 116	43
6 -32	550	9. 6	0. 144	36
8 -32	850	19. 8	0. 169	29
10 -24	1050	22. 8	0. 196	16

注:型号 4 -40 表示 4 番 40 牙。

附件2　美国宇航局结构设计文件

http://standards. nasa. gov

ANSI/AIAA S－080－1998	太空系统－金属压力容器、压力结构和压力组件，1999年9月13日
ANSI/AIAA S－081A－2006	空间系统－复合包裹压力舱(Composite Overwrapped Pressure Vessels, COPVs)，2006年7月24日
JSC 65829	航天硬件的载荷和结构动力学要求
JSC 65830, rev. 2	航天硬件中带有螺纹紧固件的机械关节的临时要求和规范
NASA－STD－5019	航天硬件的断裂控制要求
NASA－STD－5012	液体燃料空间推进系统发动机的强度和寿命评估要求，基线，2016年6月13日

附件3　材料温度系数

材料	10^{-6}m/(m·℃)	10^{-6}in/(in·F)
铝	22.2	12.3
铍	11.5	6.4
黄铜	18.7	10.4
青铜	18	10
镉	30	16.8
铸铁	10.8	6
铬	6.2	3.4
铜	16.6	9.3
铜铍合金	17.8	9.9
环氧树脂,铸造树脂和化合物,未填充	45~65	25~36
玻璃(硬)	5.9	3.3
玻璃,耐热玻璃	4	2.2
玻璃,平板	9	5
金	14.2	8.2
铬镍铁合金	12.6	7
铟	33	18.3
因瓦合金	1.5	0.8
铱	6.4	3.6
纯铁	12	6.7
铸铁	10.4	5.9
铁,锻造	11.3	6.3
卡普顿	20	11.1
铅	28	15.1
锂	46	25.6
镁	25	14
镍	13	7.2

续表

材料	10^{-6}m/(m·℃)	10^{-6}in/(in·F)
尼龙,类型 11,模塑和复合材料挤压	100	55.6
石蜡	106 ~ 480	58.7 ~ 265.8
磷青铜	16.7	9.3
塑料制品	40 ~ 120	22 ~ 67
聚碳酸酯(PC)	70.2	39
涤纶	123.5	69
聚氯乙烯(PVC)	50.4	28
工业用瓷	6.5	3.6
锡铅 - 锡,50% - 50%	24	13.4
钢	12	6.7
奥氏体不锈钢(304)	17.3	9.6
钨	4.3	2.4
锌	29.7	16.5

附件 4　霍曼转移轨道

霍曼转移轨道是提高轨道高度耗能最小的机动。以下为方程式推导及例子。例子中,轨道高度由 600km 升高到 700km,速度增量为 53.768m/s,例子中还列出了以 20km 步长抬升轨道的过程。

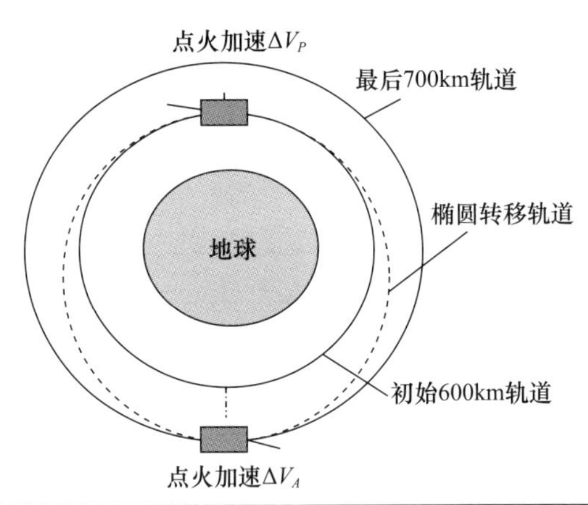

属性	方程	值	单位
地球半径	R	6378.137	km
初始轨道高度	H_P	600.000	km
最终高度	H_A	700.000	km
初始轨道周期	$P_1=0.00016587(R+H_P)^{1.5}$	96.689003	min
初始轨道速度	$V_1=2\pi(R+H_P)/P_1/60$	7.55772399	km/s
半长轴	$\text{SM}=R+(H_P+H_A)/2$	7028.137	km
Δa	$\Delta a=(H_A-H_P)/2$	50	km
ΔV_P	$\Delta a=2a\Delta V_P/V_1;\Delta V_P=\Delta aV/2a$	26.884	m/s
近地点时刻	$P_E/2$	48.865	min
近地点时刻	$P_E/2/60$	0.814	h
高轨周期	$P_2=0.00016587(R+H_A)^{1.5}$	98.77483	min
所需最终速度	$V_F=2\pi(R+H_P)/P_2/60$	7.5041463	km/s
高轨周期	$P_2=0.00016587(R+H_A)^{1.5}$	98.77483	min
高轨速度	$V_F=2\pi(R+H_P)/P_2/60$	7.5041463	km/s
ΔV_A	$\Delta V_A\approx\Delta V_P$	26.884	m/s
总ΔV	$\Delta V_A\approx 2V_P$	53.768	m/s

从600km升轨至

600km	0	m/s
620km	10.815	m/s
640km	21.815	m/s
660km	32.353	m/s
680km	43.075	m/s
700km	53.768	m/s

附件5　从航天器到地面目标的各种 CPA 距离仰角和方位角

CPA 的地面距离是自变量。确定从航天器到目标的航天器俯仰和方位角视角,还要找到从目标到航天器的仰角。

首先求解 CPA 对向角 c,然后求解地面距离到 CPA 对向角 ϕ。由此可得天底偏角 α。计算到目标的俯仰角和方位角,并得出仰角。方程如下表所示,以轨道高度 600km、地面距离 2000km、CPA 距离 500km 为例。

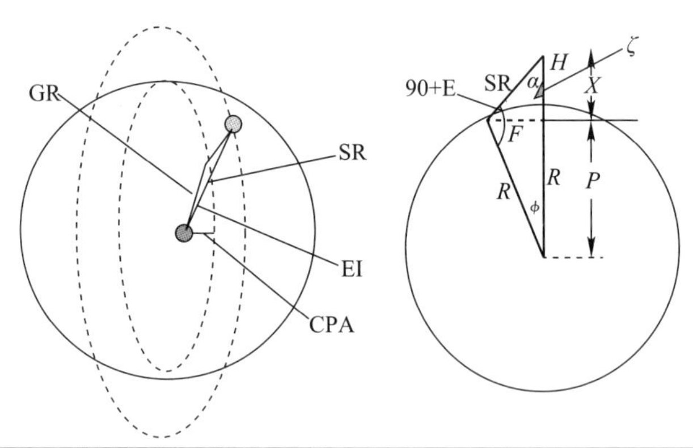

项目	符号	单位	数值	等式
地球半径	R	km	6378.30	
高度	H	km	600	输入
CPA	CPA	km	500	输入
到CPA的距离	GR_{CPA}	km	2000.00	输入
CPA倾斜角	c	(°)	4.491	$c=180/\pi\cdot(CPA/R)$
GR_{CPA}倾斜角	ϕ	(°)	17.966	$\phi=180/\pi\cdot(GR_{CPA}/R)$
	P	km	6067.30	$P=R\cos(\phi)$
	F	km	2068.20	$F=R\tan(\phi)$
	X	km	911.00	$X=H+R-P$
天底偏角	α	(°)	66.228	$\alpha=\arctan(F/X)$
	α	(°)		$\alpha=180/\pi\cdot\arctan(R\tan(GR_{CPA}/R)/(H+R-R\cos(GR_{CPA/R})))$
俯仰角	p	(°)	23.772	$p=90-\alpha$
目标方位角	az	(°)	14.036	$az=180/\pi\cdot(CPA/GR_{CPA})$
天底偏角	α	(°)	66.228	$180/\pi\cdot\arctan(R\tan(GR_{CPA}/R)/(H+R-R\cos(GR_{CPA/R})))$
仰角	ε	(°)	5.806	$\varepsilon=90-\alpha-\phi$

附件 6　β 关于时间的函数(日期)

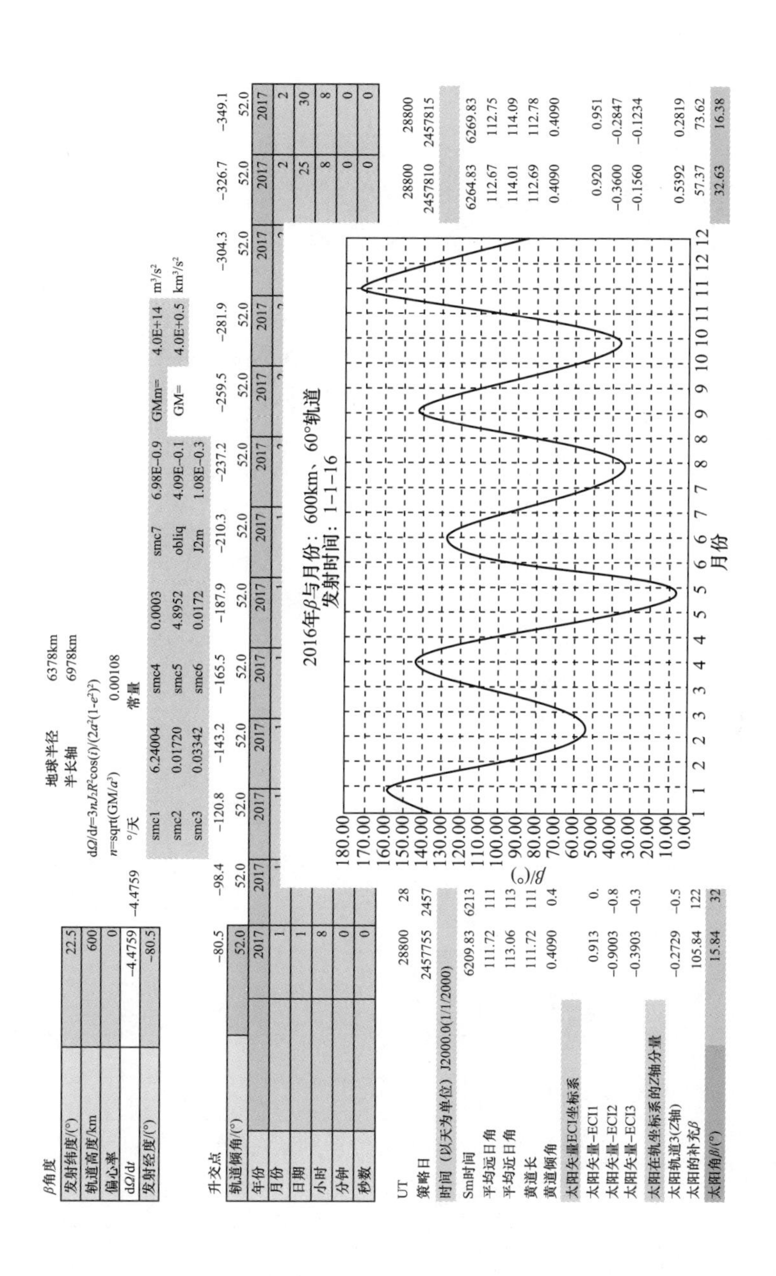

附件 7　卫星蚀时间

卫星蚀的持续时间是 β 的函数，在图 A7.1 和图 A7.2 中给出。

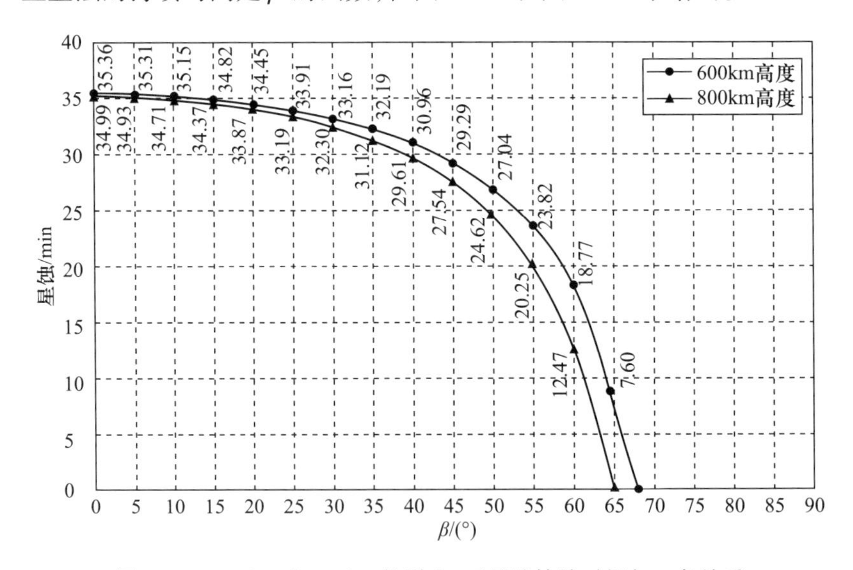

图 A7.1　600km 和 800km 轨道上，卫星蚀持续时间与 β 角关系

周期(min) = 0.00016557 $(R_E + Alt)^{1.5}$

Alt/km 周期/min, β/(°)	600 96.5175Ecl/min	600 真近点角/(°)	800 100.6964Ecl/min	800 真近点角/(°)
0.0	35.36	131.89	34.99	125.09
5.0	35.31	131.70	34.93	124.88
10.0	35.15	131.11	34.71	124.09
15.0	34.82	129.87	34.37	122.88
20.0	34.45	128.49	33.87	121.09
25.0	33.91	126.48	33.19	118.66
30.0	33.16	123.68	32.30	115.48
35.0	32.19	120.07	31.12	111.26

图 A7.2　卫星蚀时间与近点角和 β 角的关系

Alt/km 周期/min,β/(°)	600 96. 5175Ecl/min	600 真近点角/(°)	800 100. 6964Ecl/min	800 真近点角/(°)
40. 0	30. 96	115. 48	29. 61	105. 86
45. 0	29. 29	109. 25	27. 54	98. 46
50. 0	27. 04	100. 86	24. 62	88. 02
55. 0	23. 82	88. 85	20. 25	72. 40
60. 0	18. 77	70. 01	12. 47	44. 58
65. 0	7. 60	28. 35	0. 00	0. 00
70. 0	0. 00	0. 00	0. 00	0. 00
75. 0	0. 00	0. 00	0. 00	0. 00
80. 0	0. 00	0. 00	0. 00	0. 00
85. 0	0. 00	0. 00	0. 00	0. 00
90. 0	0. 00	0. 00	0. 00	0. 00

图 A7. 2　卫星蚀时间与近点角和 β 角的关系(续)

名 词 表

重力加速度。重力加速度乘以物体的质量即为该物体所受的地心引力。离心加速度乘以物体的质量就是绕地球旋转物体的逃逸力。轨道高度是指重力加速度等于卫星某一轨道速度下离心加速度的高度。重力加速度与高度的平方成反比。在地球表面重力加速度为 9.8m/s^2,即 32.174 英尺/s^2。

ADACS。航天器的姿态确定和控制子系统。ADACS 可以使用其光学、磁和红外传感器确定航天器的姿态。还可以通过使用星载 GPS 接收机,确定航天器的位置。ADACS 计算机根据多个传感器数据计算最佳姿态,并通过计算得出达到姿态变化时,扭矩杆和反作用轮的命令。ADACS 还与扭矩杆和反作用轮连接,实现目标姿态变化。

反照率。地球表面反射的红外辐射。

挡板。一种挡光板,遮蔽光学系统,防止光线从视场(FOV)之外射入。

弹道系数。弹道系数是卫星质量与其阻力的比。阻力等于大气密度乘以阻力系数。航天器阻力系数通常约为 2.2。弹道系数是物体抗大气阻力减速能力的量度。卫星弹道系数通常在 60~200kg/m^2 的范围内。

β。太阳矢量与轨道平面之间的角度。$\beta = 90°$,太阳垂直于轨道,太阳在航天器上的入射角最大。

相机像素。相机图像传感器由 Y 行 X 列传感器组成,提供 $X \cdot Y$ 点阵或像素,完成成像。通常相机像素排列方法有两种。在“推扫式”相机中,像素全部排成 1 排或 2 排,随时间推移,卫星像推扫一样扫出矩形区域,拍摄图像。另一种像素排列方式和普通商用相机一样,位于凝视传感器,以矩形阵列排列。

CMOS 传感器。互补金属氧化物半导体常用于构造图像传感器,替代 CCD(电荷耦合器件)传感器。

CMG。控制力矩陀螺仪是航天器姿态控制设备。陀螺仪的转子连续旋转,并且当需要改变或旋转航天器姿态时,会对转子轴施加直角扭矩,使陀螺仪受压,从而改变航天器姿态。CMG 常代替反作用轮,以其更高的扭矩提高航天器的敏捷性,但功耗更高,质量也更大。

COTS。商用现货。

CPA。最近会遇点。

立方星。符合一系列要求的小型卫星，大小为 10cm × 10cm × 10cm（1U），10cm × 10cm × 20cm（2U），10cm × 10cm × 30cm（3U），目前最大为 6U。

衍射极限。可分辨的图像之间最小角度间隔。表示太空望远镜的地面分辨率能力时，衍射极限是指已知孔径的太空望远镜可分辨的地面最小距离。衍射极限为 $DL = 1.22\lambda H/D$，其中 λ 是光的波长，H 是轨道高度，D 是光学孔径的直径。

干扰力矩。作用在航天器上的小环境扭矩，包括重力场变化、由航天器重心和压力中心偏移引起的气动阻力或扭矩、由残余磁矩引起的磁扭矩、太阳辐射扭矩以及由燃料泄漏或其他原因引起的扭矩等。

地平线传感器。航天器上用于确定航天器坐标中地球地平线方向，至少有两种地球地平线传感器。传统传感器机械旋转红外探测窄光束。旋转轴接近水平并垂直于轨道平面。偏斜瞄准线，生成锥形扫描路径。当接收光束与地球边缘相交时，地球的红外特征使接收到的信号上升；当接收光束不再与地球边缘相交时，信号下降。所得脉冲二等分出现在光束笔直指向下方时，用作俯仰偏置动量稳定卫星的俯仰姿态。地球地平线传感器的另一种类型采用一组独立的 IR 传感器，这些传感器覆盖横跨地球边缘的星上弧线。根据探测器是否接收到地球红外能量，确定地球边缘的方向。地球地平线传感器的精度通常在 0.5° ~1.5°。

地球扁率。地球不是球形的。北极和南极的半径比赤道的半径短 1/297。由此出现轨道节点进动和地球传感器姿态估计误差。

卫星蚀。卫星看不到太阳时的轨道部分。在低轨道和 $\beta = 0°$ 时，最大卫星蚀约为 35min。在 $\beta = 90°$ 时没有卫星蚀。

EGSE。电气地面支持设备，由支持航天器地上操作的电气或电子设备组成，包括用于给电池充电、命令航天器、从航天器收集遥测以及进行测试和运行航天器的装置。

EPS。电子电力子系统由航天器上的硬件和软件组成，这些硬件和软件与所有星载电子设备的供电和开关以及电池充电有关。通常包括用于发电的太阳能电池板、用于为电池充电的充电调节器、用于将电池总线电压转换为航天器组件所需的所有电压的 DC/DC 转换器，以及用于打开或关闭每个卫星组件电源的开关。此外，EPS 通常还包含一台小型计算机，用于管理 EPS、收集 EPS 遥测数据并接收来自 C&DH 的命令。

FEC。前向纠错包括在数据流中引入附加位以使数据流的接收不受一个或多个位错误影响的方法，FEC 算法有多种。

有限元。有限元模型通过卫星结构的 CAD（计算机辅助设计）计算卫星中每个点的应力和应变,以及谐振频率。有限元法是结构分析中的主要数学工具。

FlatSat。将航天器电子设备组装在一个平面上,在组装实际航天器之前,用于开发和测试航天器组件与航天器系统。其功用是加速开发,并通过测试获得航天器设计的信心。

几何分辨率。几何分辨率是指在高度 H 处,焦距 F、相机像素大小 P 的太空望远镜可以分辨的地面目标大小。GSD = PH/F,以这种方式获得的 GSD 大于望远镜的衍射极限。

GEVS。NASA 通用环境振动规范(适用于航天器)。

石墨环氧树脂。一种强度高、重量轻的材料,可用于制造星载航天器结构和望远镜筒。石墨环氧树脂几乎是完全不导电的。

重力梯度。重力梯度动臂利用重力加速度随高度的增加而减小的特性(即重力梯度),稳定装有长垂直臂和尖端质量的航天器。由于动臂长度的重力梯度,末端质量的作用力与航天器主体上的作用力不同。因其航天器和尖端质量的钟摆运动,使航天器呈现指向地球的姿态。可以达到几度的垂直俯仰和滚动指示精度。

GSD。地面采样距离是系统在地球表面的分辨率。

热管。一种热导体,通常内部包含铝管和工作流体。对比金属导体,热管可以更有效地将热量从一个点传导到另一个点。

肼。N_2H_4 是一种液体推进剂,当冷气推进无法为航天器某些功能提供足够的推力时,将使用肼推进。其 I_{SP} 为 160,N_2 的 I_{SP} 约为 70。

霍曼转移。霍曼转移轨道是改变轨道高度的耗能最小机动。

ISO9000。质量管理体系,由一系列制造程序组成,并由政府定期审查。

$\boldsymbol{I_{SP}}$。特定比冲量是一种衡量航天器推进系统燃油效率的方法。它是每单位消耗推进剂输送的总冲量(动量变化)。典型的燃料 I_{SP} 值范围约从 77(压缩氮气)到 290(火箭燃料)。

IGRF。国际地磁参考场。长期磁场的数学模型。通过比较星载磁力计读数与模型值,航天器可以确定其姿态并进行导航。

IMU。惯性测量装置是一种固态陀螺仪,在航天器角速率超过星跟踪器追踪星体能力的敏捷机动过程中,提供准确的姿态辅助航天器 ADACS。出于相同的原因,IMU 也用于推进系统。

因瓦合金(Invar)。铁和镍的金属合金。当镍的百分比约为 36% 时,金属的温度系数几乎为零。因此,因瓦 36 经常用于建造太空望远镜的结构元件。

ITU。国际电信联盟。

J2000。地球中心惯性(ECI)坐标系,原点位于地球中心。在特定的 ECI 坐标系(即 J2000 坐标系)中,x 轴指向平春分点,z 轴是地球自旋轴的方向,y 轴在天赤道 90°以东。该坐标系用于航天器 ADACS。

卡尔曼滤波器。一种计算方法,可根据航天器上的各种姿态传感器确定在轨(姿态)的最佳最小二乘估计。通常,星跟踪器和 IMU 的姿态估计值用于获得更准确的姿态估计值。

远地点变轨发动机。一般是固体推进剂火箭发动机(如 ATK STAR 系列发动机),用于运载火箭第一级将卫星推至目标高度后圆化卫星轨道。由于卫星在轨道远地点与运载火箭分离,因此称该发动机为远地点反冲发动机。

链路裕度。误码率一定的情况下,RF 接收器输出超过 RF 信号的裕度。例如,BER(误码率)为 10^{-5},接收非相干的 FSK 信号,与噪声能量相比,每比特信号裕度约为 15dB。若信号大于该值,则链路余量为多余信号,以 dB 表示。

LVLH。指向地球的航天器使用当地垂直、当地水平坐标系。$+X$ 方向为轨道速度方向,$+Y$ 为负轨道法线,$+Z$ 为天底指向。

星箭对接环。用于将航天器固定到运载火箭上。包带由两个半圆形的机械带组成:一端铰接在一起,另一端用易碎螺栓固定在一起,卫星和运载火箭通过对接环彼此固定。卫星和运载火箭的连接表面是倾斜的,对接环半圆环也是倾斜的,因此星箭对接环固定时将航天器和运载火箭挤在一起。到达轨道且航天器需要与运载火箭分离时,通常使用一种炸药切割器将易碎螺栓切断,航天器与运载火箭即可分离。

MLI。多层隔热。由多层绝缘材料和反射性或吸收性表面材料组成的覆盖物。用作卫星热控制系统的一部分,覆盖卫星部件的外表面。

MGSE。机械地面保障设备。用于举升、转向或以其他航天器操纵的机械固定装置统称为 MGSE。

MTF。调制传递函数是光学系统空间分辨率的度量。像电子设备一样,传递函数表示在每个频率下从电子电路的输入到输出的幅度和相位变化,MTF 同样表示作为输入图像粒度的光学系统的输入 - 输出关系。MTF = 1 是完美传输,而 MTF = 0. 1 时,图像勉强可接受。

NASTRAN。有限元数学计算模型,用于计算结构振动模式。航天器的 NASTRAN 模型会提供给运载火箭供应方,以计算与运载火箭连接后航天器的耦合载荷和共振频率。许多公司都提供 NASTAN 软件。

nT。纳特斯拉,磁场单位。在地球表面的磁赤道处,磁场约为 30000nT,而在极地地区,磁场强度约为 60000nT。

OAP。轨道平均功率。在轨产生或消耗的平均功率。

轨道预报器。一种计算工具,用于随时根据航天器的 6 个轨道要素(或 GPS

数据序列）预测航天器的位置（和速度）。

近地点。轨道高度最低的点。

极轨道。轨道倾角为90°的轨道。极轨道经过南北两极，可用于监测整个地球。

QPSK。正交相移键控是一种调制类型，其中 $a+1$ 位信息产生90°载波相移，而 $a-1$ 位信息则产生 $-90°$ 载波相移。

石蜡作动器。石蜡加热后会膨胀至其初始体积的125%左右。用于构建作动器。膨胀的石蜡会推出一个销钉，释放卫星上的可展开设备。

辐射分析。针对指定的光圈、时间累计、一天中的时间、太阳仰角和其他参数，计算入射到相机像元上的光量。

飞行方向指向。指向轨道速度矢量的方向（或向前）。

反作用轮。由电动机驱动的大转动惯量的旋转轮。在高转速下，反作用轮可以存储较大的角动量，从而使航天器具有稳定的姿态。加速时，转矩会产生一个角动量，进而改变航天器姿态（通过系统角动量守恒）。

再接触。当空间中的两个物体被释放或相互排斥时，在同一轨道上有两个速度略有不同的物体。在将来的某个时间（通常是整数个轨道周期之后），两个物体可能会相互碰撞（或再接触）。因此，要进行再接触分析，确保不会发生再接触。

RAAN。升交点赤经。表示卫星向北飞行与赤道相交的地心赤经。

卫星过顶。地面上的观察者可以观测到的轨道部分。卫星升至某地地平线以上，到达最高地面标高点，然后下降到地平线以下。LEO卫星的过顶时间通常最长约为12min。

分离系统。分离系统用于将航天器固定到运载火箭上并根据命令将两者分离的机制。最常用的分离系统是星箭对接环，详见本词汇表。由Planetary Systems Corp. 制造的电动Lightband不使用爆炸螺栓来释放，因此对航天器和运载火箭的冲击都较小。

SEU。单离子翻转由于电离粒子撞击电路中的敏感点，导致航天器计算机内存中的数据状态发生变化。电离粒子可能导致SEL（Single Event Latchup，单事件闩锁），从而造成无法弥补的损害。SEU错误只能通过重启计算机来纠正。

软件无线电。一种RF接收器，由控制所接收的无线电信号的软件构成，包括数字混频器、滤波器、解密和前向错误解密软件。

SADA。太阳能电池阵列驱动组件。航天器上的旋转太阳能电池板的机制，使其与太阳光垂直，最大化太阳能电池板的发电能力。

南大西洋异常。地球南大西洋的一个区域，卫星在此地上空所受辐射高于正常水平。这种情况是由地球及其磁偶极子的非同心性引起的。此处是范艾伦辐射带最靠近地球表面的区域,低至200km。经度在-70°~+30°之间,纬度在0°~-45°之间。

自旋稳定。一种通过利用旋转体的陀螺稳定特性来稳定航天器的方法。早期的休斯通信卫星就是自旋稳定的。

星敏感器。一种光学和数字处理系统,其中光学系统会观察星空,然后将其投射到CCD摄像机上,从中计算恒星之间的角距离并将其与内部存储的恒星目录匹配。该仪器可以非常精确地确定所在航天器的姿态。

恒星目录。列出较亮的恒星及其在天空中的角位置。借助恒星目录,星敏感器可以非常精确地确定航天器姿态。戈达德太空飞行中心提供了星敏感器所用的恒星目录。

卫星星下点。地球表面上航天器正下方的点,即卫星和地球中心连线与地球表面相交的点。

太阳同步轨道。在这种轨道上,卫星在每天的同一时间都会出现在地球上方同一点。通常,太阳同步轨道的倾角略大于90°。

热真空测试。在装有加热器和冷却器的TVAC(Thermal Vacuum Chamber,热真空室)中,对航天器组件或整个航天器进行测试。该室可模拟太空环境。航天器在TVAC室中运行。成功操控卫星完成几个无故障的温度变化循环测试,测试才算成功。

TRL。技术成熟度是指系统、子系统或组件的开发状态。共有9个TRL级别。其分别是:

TRL 1 从科学研究到应用研究的过渡。

TRL 2 技术概念和/或应用定制。

TRL 3 概念的分析或实验证明阐述。

TRL 4 实验室环境中的组件或子系统验证。

TRL 5 系统、子系统或组件已通过相关环境的全面测试验证。

TRL 6 系统或子系统模型演示。

TRL 7 运行环境下原型的演示。

TRL 8 系统已完成并在运行环境中测试合格。

TRL 9 通过成功执行任务验证系统“任务正确性”。

TTL。遥测是一种数字数据流,经航天器RF下行链路通信发射机发送。TTL以时间的函数形式表示所有相关航天器参数的数值。

三轴磁力计。三轴磁力计(3-axis Magnetometer,TAM)包含三个正交线圈,用于测量地球磁场的分量。星载TAM是一种低精度的航天器姿态传感器,可在夜间工作。

看门狗时钟。一种计时器,一般由软件控制,若正确执行,则表明计算机运行正常。如果计算机得出不正确的结果,说明计算机已被禁用,需要采取某些措施(如重置计算机)纠正。

本影。同卫星蚀,是地球阻挡太阳的轨道部分。

世界时。UTC 是格林尼治标准时间(Greenwich Mean Time,GMT)的现代版,是航天器使用的时间标准。

参考文献

1. Atlas V User Guide, downloadable from the Atlas V web site
2. R.R. Bate, *Fundamentals of Astrodynamics* (Dover, New York, 1971)
3. L.V. Blake, *Antennas* (John Wiley and Sons, New York, 1982)
4. G. Born, B. Tapley, B. Schutz, *Statistical Orbit Determination* (Elsevier Academic Press, Amsterdam, 2004)
5. A. Cambriles V. Monsalve, D. Taboada, Galileo stationkeeping strategy
6. M. Dean, et al., Configurable fault-tolerant processor for space based application, Naval Post Graduate School, Small Satellite Conference, 2015
7. F. de'Lima, Designing single event upset mitigation techniques for large SRAM-based FPGA devices, Porto Alegre, 2002
8. Digital Globe and Digital Globe Data Sheet – WorldView 2 Overview from the Digital Globe web site
9. A. Dissanayaka, *Rain Attenuation Modeling*, (COMSAT, Washington, DC, 1998)
10. EENS 6340/4340 The Earth Magnetic Field
11. R. Farley, *Spacecraft Deployables* (University of Maryland)
12. FEMAP FEC Software
13. R. Fischell, Gravity gradient stabilization of earth satellites, APL Technical Digest, 1964
14. T. Flatley, J. Forden, D. Henretty, G. Lightsey, L. Markley, On- board attitude determination and control algorithms for SAMPEX. Flight mechanics/estimation theory symposium 1990, NASA-GSFC, pp. 379–398
15. G.F. Fowles, *Introduction to Modern Optics* (Dover Publications Inc, New York, 1975)
16. J. Furumo, Cold gas propulsion for satellite attitude control, station keeping and deorbit, University of Hawaii
17. E.M. Gaposchkin, A.S. Coster, Analysis of satellite drag
18. GSFC-STD-7000A, General Environmental Verification Standard (GEVS) for GSFC Flight Programs and Projects, 2013
19. D. Gibbon, The review of butane as a low cost propellant, in *Space Propulsion*, (Surrey Satellite Technology, San Sebastian, 2010)
20. D. Gibbon, C. Underwood. Low cost butane propulsion system for small spacecraft, USU Small Satellite Conference, 2001
21. E. Gill, J. Guo, Enabling intersatellite communications and ranging for small satellites, Delft University of Technology, August 2016
22. D.G. Gilmore, *Satellite Thermal Control Handbook* (Aerospace Corp, El Segundo, 1994)
23. C. Hall, *Gravity Gradient Stabilization* (Virginia Tech)
24. B. Huettle, C. Willey, Design and development of miniature mechanisms for small spacecraft Utah Small Satellite Conference, 2000
25. J. Hussein, G. Swift, Mitigating single event upsets, XILINX, 2015
26. International Geomagnetic Field Model. The Enhanced Magnetic Field Model(EMM 2015)is downloadable from the NOAA web site
27. Iridium website
28. ISO/WD/27852 Determining Orbit Life
29. ITU Rain Attentuation Model, Recommendation IRU-R P.838–3
30. T.R. Kane, *Spacecraft Dynamics* (McGraw Hill, New York, 1983)

31. M.H. Kaplan, *Modern Spacecraft Dynamics and Control* (Wiley, New York, 1976)
32. V. Khoroshilov, A. Zakrhvevskii, Deployment of long flexible element on spacecraft with magnetic damper. J. Model. Simul. Identif. Control (2014)
33. S. Koontz, Space radiation effects on spacecraft materials and avionics systems, NASA/MIT Workshop, 2012
34. I. Martinez,, Space environment, lecture on July 11, 2008 on the web
35. D. Mortari, M.A. Samaan, C. Bruccoleri, J.L. Junkins, The pyramid star identification technique. NAVIGATION, Journal of The Institute of Navigation **51**(3), 171–184 (Fall 2004)
36. T. Murphy, Overview of deployable structures, AFRL, 2008
37. G. Ning, B. Popov, Cycle life modeling Li-ion batteries, U. of South Carolina. J. Electrochem. Soc. **151**, A1584–A1591 (2004)
38. S. Ogden, et al., Review on miniaturized paraffin phase change actuators, valves and pumps, microfluidics and nanofluidics, 2013
39. J. Opiela, et al., Debris assessment software version 2.0 user's guide, NASA Johnson Space Flight Center, 2012
40. M. Ovchinnikov, et al., Spin stabilized satellite with three stage active magnetic attitude control system, Russian Academy of Science, 2011
41. V. Pisacane et al., *Stabilization System Analysis and Performance of the GEOS-A Gravity Gradient (Explorer XXIX)* (Johns Hopkins University APL, Maryland, 1967)
42. J. Prowald Santiago, Large deployable antennas, ESA ESTEC, Cal-Tech Large Space Aperture Workshop, 2008
43. Quadrifilar Helix Antennas, Antenna Development Corporation, 2008
44. RADC Reliability Engineer's Toolkit, 1988
45. Radiation Dose and Deose Rate, NASA Spacemath GSFC
46. Radio Frequencies for Space Communication, Australian Space Academy, 2016 web site
47. Reliability of Systems with Various Element Configurations Chapter 26
48. Satellites to be Built and Launched by 2023, Euroconsult Research Report, 2014
49. S-Band Horn, Surrey Satellite Technology Ltd. web site
50. A. Siahpush, et al., A study for semi-passive gravity gradient stabilization of small satellites, Utah State University, USU conference on small satellites, 1976
51. Singe Board Computer, OBC 750, Surrey Satellite Technology Ltd Spec, 2015
52. W. Skullney et al., Structural design of the MSX spacecraft. J. Hopkins APL Tech. Dig. **17**(1), 59 (1966)
53. Small Spacecraft Technology State Of the Art, Ames Research Center, 2014
54. Space Micro 200k DSP Processor Board Spec Sheet on the web
55. Spacecraft-Deployed Appendage Design Guidelines, NASA, GSFC
56. SpaceQuest spec sheet of Turnstyle Antenna on the web
57. Spectrolab Solar Cell spec sheet for 28.3% Efficient UTC GaAs Solar Cells
58. Structural Design Requirements and Factors of Safety for Spacecflight Hardware, NASA JSC, 2011
59. R. Struzak, *Basic Antenna Theory* (ICTP, Trieste, 2007)
60. Surrey Satellites Product Spec Sheets
61. B. Tankersly, B. McIntosh, Largest Mesh Deployable Antenna Technology, in *The Space Progress Proceedings*, (Harris Corp, 1982)